海水海砂混凝土中 FRP 筋性能时变及其演化机理

金祖权　熊传胜 等　著

科 学 出 版 社

北　京

内 容 简 介

本书聚焦于新型结构材料——FRP 筋增强海水海砂混凝土，系统探讨了其在严酷海洋环境下的长期性能退化规律及内在机制。全书以海洋工程中资源高效利用和耐久性提升为核心，深入分析了海水海砂混凝土的制备工艺与性能演化规律，并提出了高耐久配合比的建议方案。此外，本书探明了 FRP 筋在碱、水、盐、热、力等复杂腐蚀环境下的力学性能与粘接性能退化规律。通过宏-微-纳多尺度研究，阐明了 FRP 筋树脂基体、纤维及界面区的劣化机理，并提出了树脂耐蚀改性与纤维混杂设计的高耐蚀 FRP 筋开发方案。最后，结合国内外现行规范与建立的性能时变预测模型，提出了 FRP 筋增强海水海砂混凝土的设计建议。

本书面向土木工程材料与海洋工程领域的科研人员、高校教师及研究生，同时可为从事远海岛礁建设、滨海基础设施设计的工程技术人员提供数据支撑。其内容兼顾理论深度与工程实用性，既可作为海洋腐蚀防护与复合材料研究的参考专著，也可作为土木工程与土木水利专业本科生及研究生的教材，助力新型耐蚀材料在海洋工程中的推广与应用。

图书在版编目（CIP）数据

海水海砂混凝土中 FRP 筋性能时变及其演化机理 / 金祖权等著. -- 北京 ：科学出版社，2025. 8. -- ISBN 978-7-03-082839-2

Ⅰ. TU528

中国国家版本馆 CIP 数据核字第 2025H7M474 号

责任编辑：刘　冉 / 责任校对：杜子昂

责任印制：吴兆东 / 封面设计：东方人华

科学出版社出版

北京东黄城根北街 16 号

邮政编码：100717

http://www.sciencep.com

天津市新科印刷有限公司印刷

科学出版社发行　各地新华书店经销

*

2025 年 8 月第　一　版　开本：720×1000　1/16

2026 年 1 月第二次印刷　印张：15 3/4

字数：320 000

定价：138.00 元

（如有印装质量问题，我社负责调换）

序

随着我国海洋开发战略的实施，海洋基础设施正在近远海及岛礁进行大规模建设。混凝土结构因其优良的力学性能、耐久性、易成型和性价比高等优点，已成为世界上应用最广泛的建筑材料，也是海洋基础设施建设的主要结构材料。然而，海洋混凝土结构不仅面临波、浪、潮、流、涌等物理作用，还受到严酷而复杂的腐蚀环境的破坏。根据统计，2014 年我国腐蚀损失占当年 GDP 的 3.34%，总额超过 21000 亿元人民币，相当于每个中国人需要承担 1555 元的腐蚀成本。开发利用高抗腐蚀结构材料是工程界和学术界关注的重要课题。FRP 筋增强海水海砂混凝土不仅能实现远海岛礁建设的就地取材，还通过高抗氯盐腐蚀的筋材保障其耐久性，成为一种具有发展潜力的新型结构材料。

FRP 筋具有轻质、高强度和免于氯盐腐蚀等优点，但也存在韧性差、不耐火和易吸湿老化等问题。为将其应用于海洋工程，需要系统研究其在混凝土中的性能时变规律，揭示其损伤劣化机制，并通过有效措施提升其耐蚀性能。金祖权教授团队在国家自然科学基金的资助下，针对海水海砂混凝土中 FRP 筋的性能劣化及其演化机理开展系统研究，并对 FRP 筋增强混凝土材料进行了实海及工程现场暴露试验。新型耐蚀 FRP 筋已开展试生产，并在市政工程进行了示范应用。

本书通过实验室加速试验、实海暴露、数值模拟等多种手段研究了混凝土中 FRP 筋的性能演化规律，从宏、微、纳观多尺度揭示了 FRP 筋的损伤劣化机制。在试验方法、损伤机制揭示、高耐蚀 FRP 筋开发等方面具有创新性。研究成果为高耐蚀 FRP 筋以及高氯离子结合海水海砂混凝土的设计与开发，FRP 筋增强海水海砂混凝土的耐久性设计提供了理论和数据支撑，为上述材料的工程应用奠定了基础。希望此书能为研究人员和学生提供参考，并为工程技术人员在 FRP 筋设计与应用方面提供借鉴。

刘加平

2025 年 7 月

前　言

海洋资源开发利用须以海洋工程为依托，但海洋严酷而复杂的腐蚀环境给工程结构设计、建造和维护带来了巨大挑战。传统钢筋混凝土结构在海水和盐雾作用下，极易发生钢筋锈蚀等问题，严重影响了结构的使用寿命和安全性。为了提高海洋工程的耐久性和可靠性，研究新型材料在海洋混凝土结构中的应用，成为工程材料领域的一个重要方向。纤维增强聚合物（fiber reinforced polymer，FRP）作为一种新型结构材料，具有优异的机械性能和耐久性能，已经广泛应用于土木工程领域。然而，FRP 筋在海水海砂混凝土中的长期性能时变规律尚未得到深入研究，这引发了工程界对 FRP 筋增强混凝土耐久性和可靠性的担忧，同时也影响了该结构在海洋工程中的应用。

本书共分为六章，分别介绍了工程背景、海水海砂混凝土的基本性能及氯离子结合能力提升措施、FRP 筋在模拟海水海砂混凝土孔溶液中的力学性能退化、FRP 筋树脂基体与纤维的粘接性能、FRP 筋在海水海砂混凝土中的性能时变以及 FRP 筋改性等。本书从宏/微/纳观多层次，并结合室内外试验与数值模拟多手段研究了 FRP 筋劣化规律和腐蚀机制，为海洋环境下结构材料的腐蚀损伤提供了一系列新的试验方法。通过研究揭示了海水海砂混凝土中 FRP 筋的性能时变规律，获得了长期服役过程中力学折减系数等数据，为 FRP 筋增强海水海砂混凝土的耐久性设计与工程应用提供了试验基础。本书既可作为海洋腐蚀与防护的参考专著，也可作为研究生教材，同时为滨海及岛礁建设的耐久性设计与运维提供参考。

本书的研究成果得益于国家自然科学基金（52225905）、山东省泰山学者计划（TS20190942）等项目的支持；同时也得益于侯保荣院士的精心指导，以及湖南大学朱德举教授的大力支持。特别感谢东南大学刘加平院士为本书作序，以及对团队研究工作的指导与支持。本书由金祖权、熊传胜、郭向柯、李师财、王攀、孙亚楠撰写，书中部分数据、模型和论述引用了朱德举、吴刚等国内外专家的研究成果。研究生宋华苗、冯光岩、徐翔波等参与了本书的试验研究与理论分析。在此，作者对本书中所引用的国内外科研工作者、本课题组的研究人员和指导教师，以及科研项目支持单位等表示诚挚的谢意。

由于作者水平有限，书中难免有疏漏和不足之处，敬请同行和读者批评指正。

著　者

2025 年 5 月

目　录

第1章 绪　论

1.1 海洋钢筋混凝土腐蚀

混凝土因其高抗压性、良好的耐久性、易于成型和价格低廉等优点，已被广泛采用，成为世界上使用量最大的建筑材料。钢筋的引入克服了混凝土低韧性和易脆裂的缺点，使得钢筋混凝土成为跨海大桥、海底隧道和超高层建筑等重大基础设施不可或缺的结构材料。例如，在实际工程中，建设杭州湾大桥消耗了 245 万立方米混凝土；青岛胶州湾跨海大桥消耗了 230 万立方米混凝土；青岛胶州湾海底隧道和地铁 3 号线累计消耗了 194 万立方米混凝土。在我国漫长的海岸线上，无论是民用建筑（如跨海大桥、海底隧道等），还是重要设施（如掩体、机场等），钢筋混凝土结构都是不可或缺的。2021 年，我国水泥产量约为 24 亿吨，相当于混凝土方量超过 100 亿立方米，消耗的砂石原材料约为 200 亿吨，淡水消耗约为 20 亿吨，这对天然资源造成了极大消耗。混凝土生产过程中进行的开山采石和河底挖沙已导致严重的生态环境破坏，难以实现可持续发展。随着我国海洋工程向近海、中远海和岛礁的发展，砂石和淡水原材料资源进一步短缺，长距离海上运输也导致成本增加。因此，在岛礁和中、远海建设中，就近使用海水海砂混凝土成为一种可行选择。

然而，混凝土在海洋环境长期服役过程中存在的耐久性问题，一直以来都是工程界十分关注的焦点。其中，钢筋锈蚀是导致海洋工程混凝土结构承载力下降和耐久性失效的首要原因。海浪、潮汐、海水和海雾中大量的氯离子、硫酸根等持续作用于混凝土，导致钢筋锈蚀提早发生，锈蚀速率加快。侵蚀离子诱导混凝土中钢筋锈蚀的过程可以分为三个阶段：①海水中大量的氯离子通过混凝土的扩散和毛细抽吸等作用，持续到达钢筋表面，破坏钢筋表面致密的钝化膜。当钢筋钝化膜被破坏后，露出的铁基体与尚完好的钝化区域形成电位差；铁基体作为阳极受到腐蚀，而大面积的钝化膜区域则作为阴极，从而形成小阳极-大阴极腐蚀模式，导致钢筋开始锈蚀。②钢筋锈蚀后，铁基体生成膨胀性腐蚀产物，铁氧化物体积不断膨胀，产生锈胀应力，导致混凝土出现微裂缝。③裂缝逐渐扩展至混凝土表面，外界腐蚀性物质迅速进入，进一步加剧腐蚀。该过程周而复始，裂缝持续扩展，最终导致保护层剥落，造成混凝土与钢筋脱粘，进而引发建筑结构失效。

腐蚀的三个阶段如图 1-1 所示。

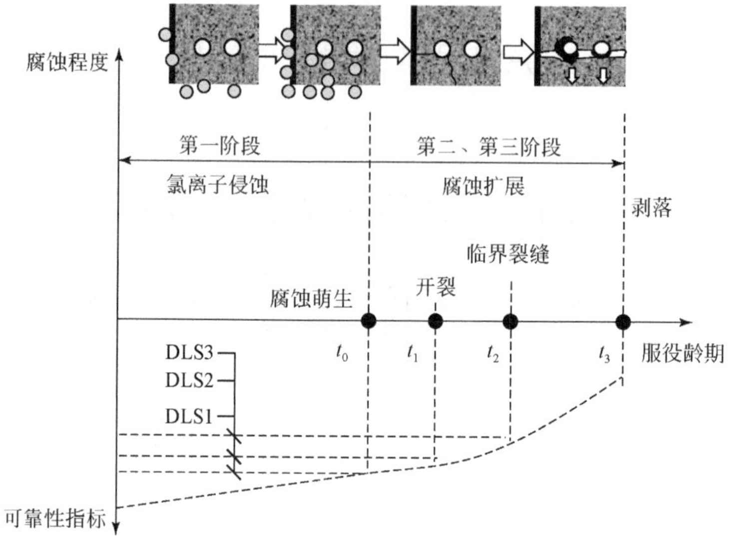

图 1-1 钢筋混凝土腐蚀三阶段[1]

海洋腐蚀不仅导致混凝土结构开裂、承载力下降，还降低了美观度和舒适度，同时容易引发重大安全事故。2019 年 10 月，中国台湾宜兰南方澳跨海大桥发生坍塌，事故原因是吊杆的腐蚀疲劳。2018 年 8 月，意大利热那亚莫兰迪公路桥突然坍塌，导致 39 人遇难。事后调查显示，该桥处于近海环境，承受拉力的主梁钢筋腐蚀程度为 68%，外侧部件钢筋的腐蚀程度为 85%。中国工程院侯保荣院士牵头的调查表明，2014 年我国因腐蚀造成的损失至少为 21278 亿元，约占国民生产总值的 3.34%，平均每人需承担 1555 元的损失[2]。

我国交通部门在 20 世纪 60～90 年代对东部和南部地区的大中小型港口码头进行了调查。调查结果表明，港口在使用 10～20 年后，有些构件已发生严重的顺筋裂缝。其中，最严重的腐蚀发生在浪溅区上部的纵梁部分，81%的次梁出现了腐蚀，严重腐蚀的占 18%，仅有 1%的次梁保存完好[3]。2000 年，中港第四航务局对我国南部地区的港口码头进行了调查。结果显示，经过 10～12 年，80%以上的混凝土梁出现了钢筋锈蚀外露现象，绝大多数混凝土纵横梁因钢筋锈蚀导致混凝土裂缝宽度达到 3 mm[4]。随着混凝土及防腐蚀技术的发展，海洋工程的耐腐蚀性能有了显著提升，但海水腐蚀问题仍然存在。例如，天津某跨河大桥（海水交汇处）于 2004 年通车，2008 年考察时，桥墩发现了显著的盐吸附现象。到 2015 年考察时，盐吸附区域的表层混凝土已全部剥落。钢筋混凝土结构腐蚀失效状况如图 1-2 所示。

图 1-2　钢筋混凝土结构失效实例

(a) 桥墩钢筋锈蚀引起保护层剥落；(b) 码头钢筋混凝土梁顺筋开裂；(c) 海边建筑混凝土脱落；(d) 码头桥墩混凝土剥落

不仅我国面临腐蚀困扰，世界各国也正遭受钢筋锈蚀问题困扰。据调查，1975 年、1985 年和 1995 年，美国因腐蚀造成的损失分别为 700 亿美元、1680 亿美元和 3000 亿美元，每十年增长约一倍。到 2000 年左右，腐蚀带来的经济损失约占 GDP 的 3.1%。因此，美国学者常常用“五倍定律”来表明腐蚀带来的危害：在钢筋防护方面，设计时节省 1 美元，那么在钢筋锈蚀时进行维修将需追加 5 美元，混凝土锈胀开裂时维修需追加 25 美元，而严重破坏时的维修费用将增加到 125 美元[5]。日本腐蚀防蚀协会和日本防锈技术协会的调查显示，1976 年与 1999 年，腐蚀修复花费的成本分别约占当年 GDP 的 2%和 3%。英国 1971 年的腐蚀成本为 13.65 亿英镑，约占当年 GDP 的 3.5%。欧洲相关调查显示，英格兰和威尔士 75%的混凝土桥梁受到海水腐蚀，维修费用高达建造费用的 2 倍。在挪威，沿海 100 多座混凝土桥梁和 1 万多座混凝土码头中，有一半以上受到海水腐蚀的影响和破坏。此外，澳大利亚和加拿大等国家和地区也面临着严重的腐蚀问题（表 1-1）。

表 1-1 部分国家（地区）由于锈蚀引起的经济损失[2]

国家/地区	年份	损失	占国民生产总值/%
美国	1949	55 亿美元	2.1
西德	1969	60 亿美元	3
英国	1971	13.65 亿英镑	3.5
澳大利亚	1972	90 亿美元	3.5
澳大利亚	1974	47 亿美元	1.5
英国	1977	92 亿美元	1.8
美国	1978	700 亿美元	4.5(GDP)
澳大利亚	1983	20 亿美元	1.5
科威特	1995	10 亿美元	5.2(GDP)
美国	1998	2760 亿美元	3.1(GDP)

大量的数据和案例表明，海洋环境下钢筋混凝土的腐蚀问题尤为突出，亟须解决腐蚀带来的危害。目前以及在未来相当长的一段时间内，我国将处于基础设施大规模新建和维修并存的时期。尤其是随着沿海城市的发展和海洋战略的实施，海洋工程所处的环境将更加复杂恶劣，钢筋锈蚀问题将不断显现。同时，混凝土所需的砂、石及淡水资源也将与日俱增。因此，在近海和岛礁建设中充分利用丰富的海水、海砂等资源，有效解决混凝土中钢筋腐蚀问题并提高结构耐久性，是满足工程设计服役寿命和促进海洋工程可持续发展的关键。

1.2 海水海砂混凝土

随着海洋强国和远海开发战略的实施，离岸港口、码头和岛礁建筑正在快速发展。如果能够使用海砂和海水来替代传统的河砂和淡水制备混凝土，则可降低成本并解决资源短缺问题。据统计[6]，我国砂石产量约占全球砂石总产量的 1/3。河砂供需矛盾日益严重，导致价格飞涨，乱采乱挖现象开始滋生。因此，储量丰富的海砂受到了越来越多的关注。我国海域辽阔，海岸线狭长，海砂资源十分富足，根据相关人员[7]的初步估算，我国近海海砂总量接近 6.8×10^{11} m^3。与此同时，世界人口迅速增长，淡水资源无疑将成为一种稀缺资源。根据世界气象组织的研究预测，到 2025 年将有超过一半的世界人口面临饮用水不足的问题[8]。在建筑和施工行业中，全球每年耗费的淡水资源多达十亿吨。值得注意的是，地球上的淡水仅占 2.5%，而海水占 96.5%，人类能够直接饮用的淡水资源与海水资源的比值为 1∶32。因此，充分利用富余的海水资源必将对生态发展作出巨大贡献，研究海水替代淡水作为混凝土拌合水的可行性显得尤为必要。

海水海砂的储量虽比淡水河砂丰富，但由于海水海砂中氯离子等腐蚀性离子含量较高，其最大的危害是导致混凝土中钢筋腐蚀，这一问题无法通过电化学除盐等方式解决。一旦错用、滥用，必定会造成严重后果。世界各国的“海砂屋”现象便是明证。1995 年韩国的“三丰大厦垮塌事件”和 1999 年土耳其大地震中倒塌的建筑大多是滥用海砂导致的恶果。此外，1994 年台湾省统计得出，全省接近有 50 万户的“海砂屋”，1998 年的“9·21”大地震中率先倒塌的便是这些建筑。泉州因在建筑中滥用海砂，1993 年完工通车的惠安辋川大桥服役仅 7 年便被迫停用[9,10]。因此，探究海水海砂中腐蚀性离子对钢筋混凝土耐久性的影响，是保证工程质量和安全的前提。

海水中含有多种化学物质，普遍认为对钢筋混凝土耐久性影响最显著的是 Cl^- 和 SO_4^{2-}。海水的平均总盐度约为 3.3%，其中氯化钠的含量最高，占 78%左右。由于地域差异，海水化学成分的含量有所不同，中国部分港口海域的海水化学成分比例如表 1-2 所示[11]。

表 1-2 中国主要港口海域海水的化学成分[11]

地区	离子组成/(mg/L)				总含盐量/(mg/L)	pH 值
	SO_4^{2-}	Mg^{2+}	Cl^-	Ca^{2+}		
蓬莱	2167	1093	15775	384	28503	8.4
大连	2171	1102	15900	408	28729	8.5
连云港	2289	1159	10700	397	30173	8.0
秦皇岛	2372	1174	17339	378	31330	7.9
青岛	2400	1445	16000	—	29040	8.0
烟台	2463	1050	15450	437	28620	7.0
天津	2489	1156	16842	482	30420	7.9
北仑	168	803	11760	258	21250	8.1

由表 1-2 可得，海水中主要腐蚀物质为氯盐和硫酸盐。如式（1-1）所示，氯化钠掺入混凝土后会生成硅酸铝钠水合物，这可以促进水泥水化，使水泥凝结时间加快，并提高早期强度，而后期强度则有所下降[7]。如式（1-2）所示，$MgCl_2$ 与水泥水化形成的氢氧化钙反应，生成 $CaCl_2$ 和 $Mg(OH)_2$，$CaCl_2$ 可以加速混凝土的凝结和硬化；而 $Mg(OH)_2$ 不溶于水，其形成并不增加体系的孔隙度和渗透率，反而会造成混凝土强度的损失[12,13]。海水中的 Na_2SO_4 和 $MgSO_4$ 都会对混凝土产

生侵蚀作用。此外，Orsáková 等的研究表明，海水中的硫酸盐会使混凝土中 AFm（单硫型水化硫铝酸钙）转化为钙矾石，从而降低混凝土的氯离子结合能力[14]。

$$2NaCl+3Al_2O_3+6SiO_2+2H_2O+CaO \longrightarrow Na_2Al_2(Si_6Al_4O_{20})(OH)_4+CaCl_2 \quad (1\text{-}1)$$

$$MgCl_2+Ca(OH)_2 \longrightarrow CaCl_2+Mg(OH)_2 \quad (1\text{-}2)$$

海水和海砂对混凝土工作性能的影响大致总结如下：海水中高含量的氯盐加速水泥的水化，导致凝结速度加快，从而引起早凝和坍落度迅速下降。当海砂中的贝壳含量较高时，浆体的摩擦增加，混凝土的坍落度降低。海水和海砂对混凝土强度的影响规律也大致如下：海水和海砂中携带的氯盐会加快水泥的水化，促使早期强度提升；但后期强度的增长则变缓，最终与淡水河砂混凝土的强度接近或略低。此外，海砂中贝壳含量较高时，会降低混凝土的强度，而少量贝壳对混凝土强度的影响不大。通过对海水和海砂进行淡化、调整外加剂及添加辅助胶凝材料，特别是优化水胶比，可以制备出具有优异早期强度和后期强度的海水海砂混凝土。

1.3 混凝土用耐蚀筋材

海洋环境下钢筋锈蚀是导致混凝土结构破坏的主要原因。为了满足严酷海洋环境对混凝土结构长寿命服役的要求，人们通过改变钢筋的化学组成或在其表面涂覆金属或有机涂层来增加其耐蚀性能，这就是耐蚀钢筋技术。目前，混凝土中使用的耐蚀钢筋主要有三种：不锈钢钢筋、耐蚀钢筋和环氧涂层钢筋。纤维增强聚合物（FRP）筋是以环氧树脂作为基体、以纤维作为增强材料制得的新型筋材。与碳钢钢筋相比，FRP 筋不仅重量轻，而且能够免受氯离子腐蚀，具有显著的防腐优势，因此可以与耐蚀钢筋统称为耐蚀筋材。

1.3.1 不锈钢钢筋

不锈钢不仅耐弱腐蚀介质（如氧气、水等）腐蚀，也耐化学侵蚀性介质（如酸、碱、盐）腐蚀。不锈钢种类繁多，应用广泛，能够满足工业领域内各种特定需求。作为防腐蚀合金钢之一，不锈钢的耐腐蚀性主要源自于所含的合金元素“铬”。通常，不锈钢的铬含量一般不应少于 10.5%。当不锈钢表面与腐蚀介质接触时，钢材中含有的铬会与腐蚀介质发生氧化还原反应，从而在钢材表面形成一层极薄的氧化物薄膜。这层氧化物薄膜能够有效阻止不锈钢内部的钢基体继续被腐蚀介质腐蚀，从而产生耐腐蚀的效果。除了铬，不锈钢还可以加入镍、铝、钛、铜等合金元素，从而在原有材料性能的基础上满足实际应用中的特定需求。

不锈钢通常可分为五类：铁素体不锈钢、奥氏体不锈钢、双相不锈钢、马氏体不锈钢和沉淀硬化不锈钢，如图 1-3 所示。其中，奥氏体不锈钢和双相不锈钢因其高强度和良好的塑性而具备较好的综合性能。这两类不锈钢中，共有六种型号在建筑工程中被广泛使用，详细的合金元素和力学性能见表 1-3[14]。

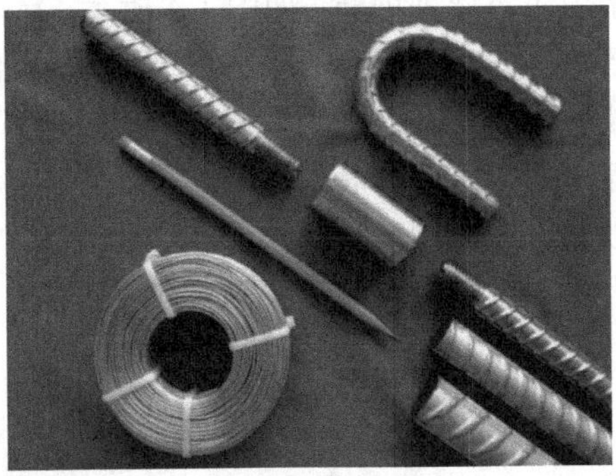

图 1-3　不锈钢钢筋

表 1-3　建筑工程中常用不锈钢性能[14]

型号	铬/%	镍/%	钼/%	氮/%	碳/%	抗拉强度/MPa	名义屈服强度/MPa	伸长率/%
430 铁素体	17	—	—	—	0.06	—	—	—
304 奥氏体	18	8	—	—	0.08	584	240	55
304L 奥氏体	18	8	—	—	0.03	550	296	55
316 奥氏体	17	11	2	—	0.08	584	240	60
316L 奥氏体	17	11	2	—	0.03	536	296	55
2205 双相体	22	5	3	0.15	0.03	721	508	30

1937～1941 年建设的墨西哥 Yucatan Progresso 海港工程，是世界上最早应用不锈钢钢筋的混凝土工程。该工程中的混凝土桩使用了 304 不锈钢，以预防严重的海水侵蚀。在使用 20 年后，对其锈蚀情况进行检测，发现其抗腐蚀性能依旧良好。相比之下，20 世纪 60 年代在该工程附近 300 米处使用普通碳素钢筋建造的混凝土桩，已经遭到严重的腐蚀，并于 1982 年因腐蚀严重而被拆除。然而，不锈钢的成本比普通碳素钢要昂贵得多，严重限制了其在混凝土工程中的应用。直到 1970 年，钢筋腐蚀导致的混凝土结构失效问题变得日益严重，不锈钢钢筋的应用才受到重视。近 20 年来，不锈钢的年消耗量以 5%的速度增长，其中建筑用不锈钢的增长速度最快。据统计，到 2006 年，全球约有 400 万吨的不锈钢用于各种混

凝土建筑中，占消费总量的 14%。

目前，美国、英国等国家已将不锈钢钢筋的应用列入钢筋混凝土建筑标准，并已在一些高腐蚀环境中服役，这些混凝土结构的设计寿命在 100 年以上。国内的深圳西部通道大桥、香港昂船洲大桥，以及 2018 年建成通车的港珠澳大桥等均采用了不锈钢钢筋，如图 1-4 所示。然而，不锈钢钢筋的成本是普通碳钢的 6～10 倍，因此其使用会对结构成本造成显著影响。此外，不锈钢钢筋还存在冷加工性能差、易与普通碳钢形成电偶腐蚀等问题，这也会间接导致应用成本的增加。然而，如果结合混凝土建筑结构的全寿命周期，考虑到混凝土构筑物的造价问题，以及节省后期增加的加固和维修成本，在严重腐蚀区域合理使用不锈钢钢筋可以大幅减少因腐蚀造成的额外成本。

图 1-4　香港昂船洲大桥与港珠澳大桥

1.3.2　耐蚀钢筋

由于不锈钢钢筋的合金元素 Cr、Ni 含量过高，价格昂贵，使用范围受到限制。因此，研发具有一定抗腐蚀能力、成本相对低廉且力学性能可靠的钢筋成为自然选择，这已成为许多国家的共识。

借鉴不锈钢钢筋和大气耐候钢成功研发应用的经验，全球多个国家纷纷致力于开发低成本、高性能的中低合金含量耐蚀钢筋。美国 MMFX 钢铁公司于 1998 年首先开发了一种 Cr 含量约为 9%、同时含有少量 Mo 和 Ni 的微合金耐蚀钢筋（micro-composite multi-structural formable steel，MMFX）。该耐蚀钢筋在原子尺度上与普通碳素钢筋的微观结构不同，金相组成包含板条马氏体和板条马氏体之间的片状奥氏体。该钢筋的耐蚀合金元素含量控制在 10%以内，生产成本得到了有效控制。其耐蚀性能（以钢筋锈蚀临界 Cl^-浓度大致衡量）是普通碳素钢筋的 5～6 倍，能够满足海洋工程混凝土结构大约 50 年寿命设计的要求。

近年来，我国耐蚀钢筋的研发正加快步伐。北京钢铁研究总院研制出了细晶粒 Cu-P 系和 Cu-Cr-Ni 系低合金耐蚀钢筋；武汉钢铁公司研发出了 Cr-3～5wt%[①]合金耐蚀钢筋。东南大学蒋金洋团队与江苏省（沙钢）钢铁研究院联合，通过优化合金成分及生产工艺，开发出一种高强韧、高耐腐蚀的钢筋“Cr10Mo1”（约含 Cr-10wt%和 Mo-1wt%，金相组成包含铁素体和贝氏体，不含渗碳体），其腐蚀临界氯离子浓度达到普通碳素钢筋的 10 倍以上。该耐蚀钢筋已在江苏省灌河特大桥工程、青连铁路跨胶州湾大桥等工程中得到应用，其价格约为普通钢筋的 2.0～2.5 倍，但其耐腐蚀性更加优越。这为满足海洋环境混凝土结构百年服役寿命的设计要求奠定了材料基础。

1.3.3　环氧涂层钢筋

环氧涂层钢筋是 20 世纪 70 年代由美国开发的一种新型耐蚀钢筋。在制作过程中，首先对普通钢筋表面进行除锈和打毛等处理，然后将其加热至约 230℃。接着，将带电的环氧树脂粉末喷射到钢筋表面。由于粉末颗粒带有电荷，它们能够吸附在钢筋表面，并与其熔融结合。经过一定的养护和固化后，形成一层完整、连续的环氧涂层，包裹住整个钢筋表面，如图 1-5 所示。环氧树脂独特的性能与静电喷涂技术的结合，确保了涂层与基体钢筋之间的良好粘接。该涂层具有很好的延性和小的干缩性，能够抵抗拉伸和弯曲，并且在半径 180°的短弯曲下不出现裂缝。

图 1-5　环氧涂层钢筋

环氧涂层具有极强的耐化学侵蚀性能，不会与酸、碱等物质反应，能够长期承受混凝土的高碱性环境而不被破坏。同时，该涂层具有低渗透性，可以有效阻止如水、氧气和氯化物等腐蚀介质与钢筋接触，从而有效保护钢筋，显著延长其抗腐蚀寿命。此外，环氧涂层在钢筋表面形成了一个阻隔层，能够有效防止杂散

① 本书以 wt%表示质量分数，特此说明

电流导致的腐蚀。

环氧涂层对钢筋的保护性能随着厚度的增加而增强。但为了确保钢筋与混凝土之间的粘接力，环氧涂层的厚度一般保持在 0.1～0.3 mm 之间。涂层的有效性不仅取决于厚度，还在很大程度上依赖于涂层的完整性。涂层的破损会使钢筋直接暴露于受侵蚀的混凝土中，导致腐蚀倾向于渗透至涂层下方并逐渐扩展。此外，环氧涂层的破损或缺陷会显著增加钢筋发生严重局部腐蚀的风险。因此，关于环氧涂层钢筋的技术规范和施工操作，旨在获得无缺陷的环氧涂层，尤其在生产、处理、切割、弯曲、存储和焊接等过程中，更需特别注意。此外，出于经济性的考虑，环氧涂层钢筋一般仅用于关键的结构部位或需要重点进行腐蚀防护的结构部位。在这种情况下，为避免宏电池效应及电偶腐蚀的发生，应确保环氧涂层钢筋与未涂层钢筋之间的绝缘性。

1.3.4 纤维增强树脂筋（FRP 筋）

FRP 筋是以连续纤维作为增强体，以聚合物树脂作为固定纤维的基体，经过赋形、浸润、固化等工序制备而成的新型复合材料。FRP 主要由连续纤维（40%～80%）、树脂基体（20%～60%）、填料助剂与防护材料（＜5%）以及纤维树脂界面组成。其中，连续纤维均匀分散在树脂基体中，与树脂基体粘接为一体。纤维作为主要增强材料，决定了 FRP 筋的性能；而树脂则固定纤维并保护它们，界面区作为粘接受力区域，将力在纤维与基体之间传递，实现协同受力。目前，常用的连续纤维种类主要有玻璃纤维（glass fiber）、碳纤维（carbon fiber）、芳纶纤维（aramid fiber）、玄武岩纤维（basalt fiber）以及超高分子量聚乙烯纤维等。聚合物树脂主要有环氧树脂（epoxy resins）、乙烯基树脂（vinyl esters）和聚氨酯树脂（polyurethane resins）等。

根据纤维种类的不同，目前主要应用的 FRP 筋有四种：玻璃纤维增强复合筋（glass fiber reinforced polymer，GFRP）、碳纤维增强复合筋（carbon fiber reinforced polymer，CFRP）、玄武岩纤维增强复合筋（basalt fiber reinforced polymer，BFRP）和芳纶纤维增强复合筋（aramid fiber reinforced polymer，AFRP），如图 1-6 所示。FRP 筋的成型工艺主要包括拉挤、缠绕和真空导入等。目前，拉挤成型是市场上最主要的生产工艺。在牵引机的拉力作用下，连续纤维束依次经过浸胶、表面处理、预成型、固化成型和切割等步骤，最终得到 FRP 筋制品，如图 1-7 所示。相比于普通钢筋，FRP 筋具有轻质高强的特点。然而，它的力学性能为线弹性，没有屈服平台，且极限延伸率相对较低。此外，FRP 筋的弹性模量也低于普通钢筋（高弹模 CFRP 筋除外），如表 1-4 所示。通过混杂设计，可以开发混杂纤维复合筋[15]（hybrid fiber reinforced polymer，HFRP）和钢–连续纤维复合筋（steel-FRP composite bar，SFCB）等混杂筋，这是一种有效解决 FRP 筋脆性破坏的方法。

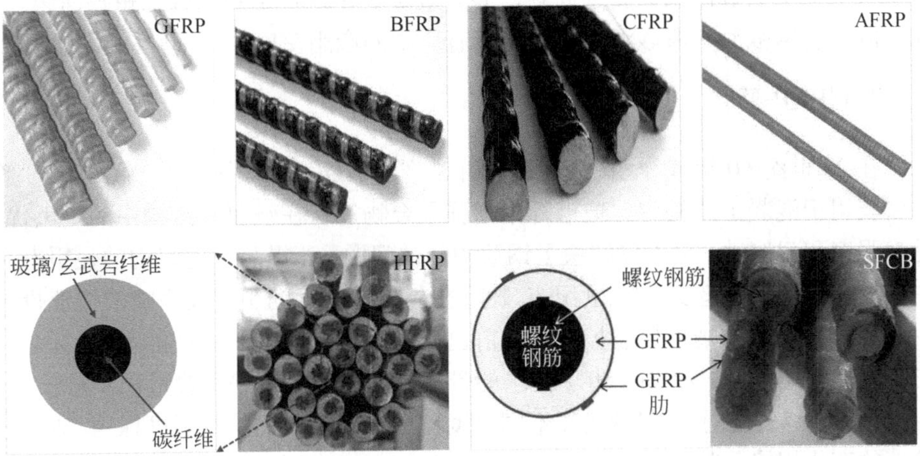

图 1-6　不同种类的筋材[16-18]

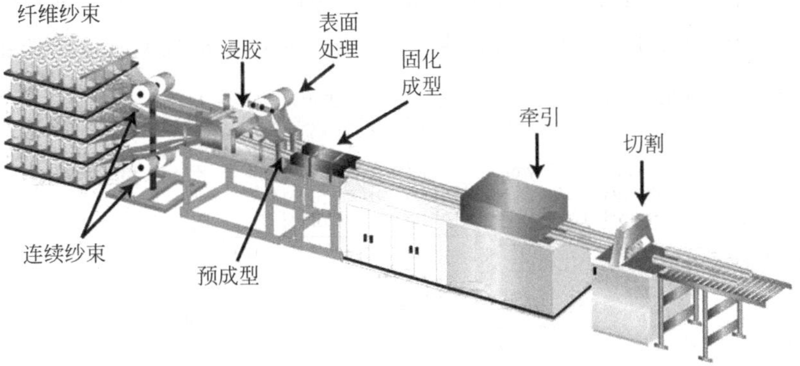

图 1-7　FRP 筋拉挤成型工艺示意图[19]

表 1-4　FRP 筋与钢筋基本物理力学性能的对比[19]

筋材种类	ρ/(g/cm^3)	αt_l/(10^{-6}/℃)	UTS/MPa	Re/MPa	E/GPa	δ/%
GFRP 筋	1.25～2.10	6.0～10.0	483～1600	—	35～51	1.2～3.1
CFRP 筋	1.5～1.60	-9.0～0.0	600～3690	—	120～580	0.5～1.7
AFRP 筋	1.25～1.40	-6.0～-2.0	1720～2540	—	41～125	1.9～4.4
BFRP 筋	1.90～2.10	9.0～12.0	600～1500	—	50～65	1.2～2.6
普通钢筋	7.85	11.7	483～690	276～517	200	6.0～12.0

注：ρ 为密度；αt_l 为纵向线膨胀系数；UTS 为极限抗拉强度；Re 为屈服强度；E 为弹性模量；δ 为极限延伸率

得益于 FRP 筋优异的力学性能和免于氯盐腐蚀的优点，FRP 筋与海水海砂的组合可从根本上解决钢筋腐蚀问题，并有效缓解建筑资源和水资源短缺问题。因此，FRP 筋增强海水海砂混凝土结构具有广阔的应用空间。

1. GFRP 筋

在 20 世纪 60 年代，美国率先研发并生产出玻璃纤维增强聚合物（GFRP）筋，并将其用于混凝土结构中。玻璃纤维增强聚合物筋材在混凝土结构中的最大优点是高强度和耐腐蚀，这不仅解决了钢筋的锈蚀问题，还提高了建筑物的使用寿命。中国 GFRP 筋行业起步于 20 世纪末，随着国外先进技术的引进及产能的快速投放，中国 GFRP 筋行业规模日益扩大，目前已成为世界上 GFRP 筋产能最大的国家。在“十三五”期间，受国内市场需求的带动，国内 GFRP 筋消费量稳步增长。

图 1-8[20]给出了不同碱度和不同温度环境下 GFRP 筋抗拉强度保留率随腐蚀龄期的变化规律，归纳分为 20～32℃、40℃、55～80℃三个温度范围，并考虑各温度下不同 pH 均值。从图 1-8（a）和（b）中可以看出，GFRP 筋在 pH=13.4～13.6 时的力学性能明显低于在 pH=12.6～12.7 时，表明碱性越高，筋材腐蚀越剧烈。而在较高温度下，这种腐蚀作用明显加剧，如图 1-8（c）所示。Chen[21,22]

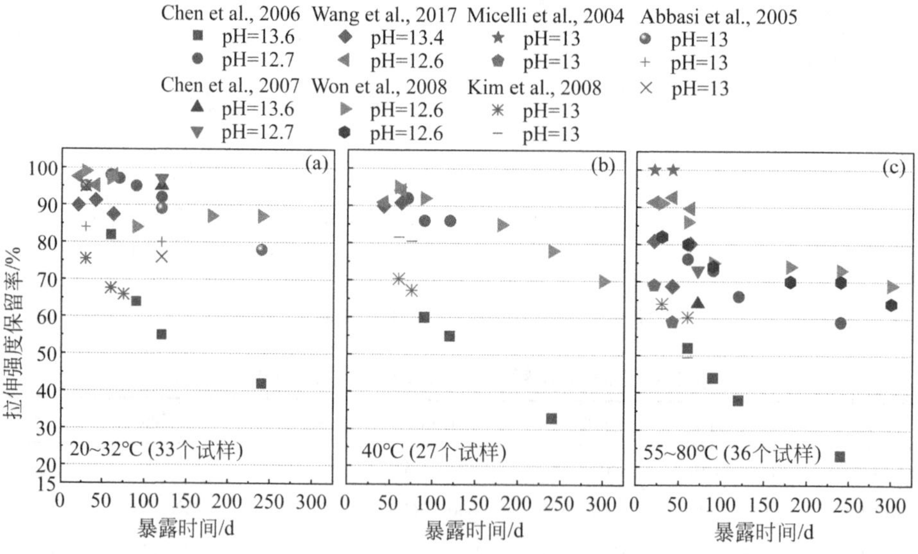

图 1-8 不同碱度环境下 GFRP 筋随腐蚀龄期强度变化[20]

Chen Y，et al. Compos. Struct. 2007，78 (1)：101-111；Chen Y，et al. J. Compos. Constr. 2006，10 (4)：279-286；Wang Z，et al. Constr. Build. Mater. 2017，139：467-489；Won J P，et al. Compos. Part. B-Eng. 2008，39 (5)：764-772；Micelli F，et al. Constr. Build. Mater. 2004，18 (7)：491-503；Kim H Y，et al. Compos. Struct. 2008，83 (1)：37-47；Abbasi A，et al. Compos. Part. B-Eng. 2005，36 (5)：394-404

研究了 GFRP 筋在模拟普通混凝土孔溶液（pH=13.6）与模拟高性能混凝土孔溶液（pH=12.7）中的力学性能退化，研究表明在 pH=13.6 时，筋材退化更加明显。Benmokrane 等[23]研究了 GFRP 筋在 pH=12.1 和 13.1 的 NaOH 溶液中的劣化，浸泡在 pH=12.1 溶液中 60 d 时的抗拉强度保留率为 100%，而在 pH=13.1 溶液中的抗拉强度保留率为 78%。Wang[24]等研究了 GFRP 筋以及 BFRP 筋在模拟普通混凝土孔溶液（pH=13.4）与模拟高性能混凝土孔溶液（pH=12.6）中的力学性能退化规律，研究结果同样表明，腐蚀环境中碱度越高，筋材腐蚀越剧烈。

由此可知，碱离子进入筋材内部导致其劣化的主要因素包括碱浓度、碱溶液组成、暴露时间和浸泡温度。其退化速率与腐蚀离子侵入基体的速率有关[25]。随着 pH 值增大，即 OH^-浓度增加，碱离子的扩散速率和侵蚀速率也随之增加。同时，温度升高使得碱离子的运动更加剧烈，从而进一步提高了其扩散速率。

高温和极寒环境对 GFRP 筋的劣化有重要影响。Wang 等[26]研究了 GFRP 筋在高温下的力学性能。研究表明，400℃对筋材的力学性能至关重要。在此温度以下，筋材的弹性模量可以保持在 90%；此外，作者还比较了温度作用下钢筋与 GFRP 筋的测试结果，结果显示随温度升高，钢筋的力学特性退化较缓慢，而 GFRP 筋的性能则迅速降低。Spagnuolo 等[27]的研究表明，在 100～300℃的温度范围内暴露后，GFRP 筋的抗拉强度和弹性模量趋于稳定，这表明 GFRP 筋的力学性能不受该温度范围的影响。然而，在 300～500℃的温度暴露后，玻璃纤维会自发断裂，导致拉伸强度突然下降，如图 1-9 所示。

图 1-9　不同温度下 GFRP 筋试样表面形貌[27]

Ashrafi 等[28]的研究表明，GFRP 筋的性能劣化不仅与温度有关，还受到 FRP 筋直径、纤维类型、树脂类型和 FRP 筋热性能（T_g 和 T_d）的影响，但纤维与基体的比值影响相对较小。研究还发现，FRP 筋在高达 450℃的极端温度下，其极限抗拉强度显著降低，失去了 50%～70%的抗拉强度。Kashwani 等[29]研究表明，350℃对于 GFRP 筋力学性能影响较重，高温使抗拉强度降低了 32%。Najafabadi

等[30]研究得出在 80℃、150℃、300℃和 500℃下，8 mm GFRP 筋的强度保留率分别为 98%、81%、69%和 40%。Robert 等[31]研究了 GFRP 筋在极端温度下的力学性能，结果显示，低温使非晶态聚合物基体的刚度增加，导致 GFRP 筋的拉伸强度基本随着温度的降低逐渐增加，在−40～50℃之间时拉伸强度及弹性模量基本不受温度影响，但当温度超过 T_g 时，强度和模量迅速下降，主要是由于聚合物基体的状态改变和退化反应；极高温度时（350℃）基体微裂纹的产生导致强度迅速下降。Abbasi 等[32]将 GFRP 筋常温溶液浸泡 240 d 后，在 20～120℃下测试 GFRP 筋的拉伸性能以及粘接性能，研究结果表明，随着浸泡时间增长，筋材的拉伸性能逐渐减小，同时拉伸性能随着测试温度的升高而降低。Najafabadi 等[30]研究结果表明，不同温度下筋材的直径对 FRP 筋拉伸性能的影响规律不同。在 150～500℃的温度范围内，直径影响较明显；而低于 150℃和高于 500℃时，直径影响不大。

Khaneghahi 等[33]研究了高温下防火涂层对 GFRP 的影响。研究结果表明，在室温到玻璃化转化温度之间（即 25～80℃），筋材的力学性能保持不变；在 80～120℃时，由于纤维与树脂界面的脱粘，筋材的力学性能迅速下降；在 120～350℃时，防火涂料未发挥作用，筋材的力学性能缓慢下降；而在 350～600℃时，防火涂料表现良好，有效阻止了 FRP 筋力学性能的退化，拉伸强度保留率提高了 20%～30%；当温度超过 600℃时，由于温度过高，防火涂料的性能迅速降低。

因此，高温作用下 GFRP 筋的力学性能显著退化。当温度超过 300℃时，拉伸性能迅速下降；当温度超过 500℃时，筋材基本不再具有承载能力，如图 1-10 所示。此外，温度作用下筋材本身的纤维类型、树脂基体和直径大小也会影响其力学性能。通过在筋材表面涂覆防护涂料或包裹混凝土，可以大大提高筋材抵抗高温的性能。

2. CFRP 筋

碳纤维具有较强的防水和防渗漏特性，具备耐酸碱腐蚀性、阻燃性、良好的力学性能以及良好的导电导热性，因此在建筑工程和其他领域被广泛应用。CFRP 筋具有高比强度、高比模量、良好的耐候性、低密度、优异的抗冲击韧性与抗疲劳性，以及良好的导热导电性和结构可设计性，能够实现可循环回收使用，是满足重大工程中高性能、耐疲劳、耐腐蚀和长寿命需求的理想材料之一[7-9]。在航空航天、船舶舰艇、土木工程、工业设施等领域得到了开拓性的应用。尤其是在复杂化和大型化结构中，为了发挥碳纤维材料的性能优势，往往将其用于结构高应力集中的关键区域[10]。在瑞士伊巴赫桥的维护维修中使用了环氧树脂碳纤维复合筋，经过加固后的桥梁满足了承载力的要求。在我国，碳纤维复合材料在桥梁中的应用也非常广泛，如湖南溆浦大江口桥、上海宝山飞云桥、南京长江大桥等。

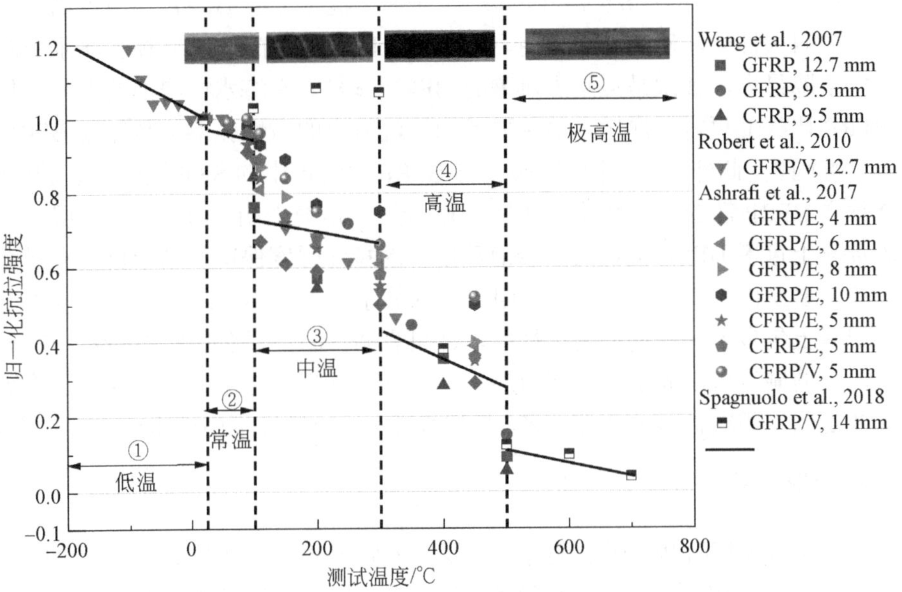

图 1-10 不同测试温度下 FRP 筋的拉伸性能[25]

Wang Y，et al. Compos. Struct. 2007，80(1)：131-140；Ashrafi H，et al. Constr. Build. Mater. 2017，157：1001-1010；Spagnuolo S，et al. Compos. Struct. 2018，203：886-893；Robert M，et al. J. Compos. Constr. 2010，14(4)：353-360

CFRP 筋具有较高的抗腐蚀性和耐酸碱性，因此在下水道和化工、印染企业附近的排污管道中加入碳纤维复合筋，将会取得良好的防腐效果。由于其热膨胀系数低，不易因温度变化而变形，能够有效缓解温度过高导致管道爆裂的现象。CFRP 筋还具有良好的抗疲劳性，适合应用于强震环境下的公路、铁路、桥梁等工程。

3. BFRP 筋

BFRP 筋以玄武岩纤维作为增强材料，树脂基体作为赋形材料，通过拉挤工艺生成的材料，是近年来兴起的新型复合材料。玄武岩纤维的各项力学性能接近于碳纤维且优于玻璃纤维，但玄武岩纤维的生产对拉丝设备要求较高。BFRP 的应用前景广阔，是当前土木工程领域研究的一大热点。

Wu 等[34]研究了在 25℃、40℃和 55℃下 BFRP 筋的退化规律，发现筋材的退化降解速率随温度升高而加快。Al Rifai 等[35]研究了在 20℃、40℃和 60℃下 BFRP 筋在碱溶液浸泡及潮湿混凝土包裹环境中的抗拉强度保留率，结果表明，温度越高，碱性溶液中浸泡时间越长，筋材的拉伸强度越低。在 60℃碱溶液中浸泡 9 个月后，抗拉强度保留率比在 20℃浸泡时降低了 25%；而在 60℃潮湿混凝土环境中比 20℃时降低了 6.5%。Lu 等[36]研究了混凝土中 BFRP 筋与裸筋浸泡在海水中的耐久性能，研究结果表明，一年后，BFRP 裸筋在 60℃模拟海水中的力学性能下降最大，其次是混凝土包裹的 BFRP 试样。在海水中浸泡的混凝土包裹的 BFRP 比裸筋更容易腐蚀，这主要是由于混凝土的碱性孔溶液是导致 BFRP 劣化的关键因素。此外，混凝土中的碱会与 BFRP 筋纤维中的 SiO_2 发生碱硅酸反应，最终导致 BFRP 筋的力学性能下降[37]。Lu 等[38]研究表明，10 mm 保护层的海水海砂混凝土包裹 BFRP 筋在海水浸泡环境下的拉伸强度保留率高于自来水浸泡环境，这主要是由于海水中高浓度盐阻碍了水分子进入基体。Li 等[24]研究了珊瑚骨料混凝土包裹 BFRP 筋的耐久性能，结果表明，温度显著影响 BFRP 筋的退化速率，且珊瑚骨料混凝土包裹下 BFRP 筋拉伸性能退化速率比普通混凝土更快。这主要是因为珊瑚骨料的孔隙较多，抗渗性较差，外部环境中的水分更容易进入。

4. AFRP 筋

芳纶是芳族聚酰胺纤维的通称，主要分为聚对苯二甲酰对苯二胺（PPTA）纤维（芳纶 1414）和聚间苯二甲酰间苯二胺（PMIA）纤维（芳纶 1313）。芳纶纤维最突出的特点包括：①高强度、高模量、低密度，因而比强度极高，相当于钢丝的 6～7 倍，大大减轻了制品和增强材料的质量，可与碳纤维相媲美；②伸长率低，长期蠕变小，尺寸稳定性好；③耐高温和耐低温性良好，力学性能几乎不变，在室温下依然保持强度和韧性；④耐酸、碱、盐，耐有机溶剂，阻燃，420℃以上才发生碳化分解，不熔融，仅在高温高浓度的强酸和强碱中才会溶解。芳纶纤维具有良好的耐介质性能，对中性化学药品的抵抗力一般较强，但易受各种酸碱的侵蚀，尤其是强酸的侵蚀；此外，它的耐水性较差，这与分子结构中极性酰胺基的存在有关。在低湿度（20%相对湿度）下，芳纶纤维的吸湿率为 1%，而在高湿度（85%相对湿度）下可达到 7%。

芳纶增强纤维树脂筋（AFRP）是以芳纶及其织物为增强体、树脂为基体制成的复合材料。为了充分发挥芳纶的优点并改善其不足，通常将芳纶纤维与碳纤维或玻璃纤维混合，制成混杂纤维复合材料。AFRP 纤维本身具有较强的吸水/湿性能，且耐久性较差，导致其在土木工程领域中的应用较少。然而，CFRP、GFRP 和 BFRP 具有更好的耐久性能，已在土木工程领域得到了较多应用。

第2章　海水海砂混凝土制备及其性能

2.1　引　　言

由于淡水和河砂等不可再生资源不断被消耗，国内外学者对海水、海砂及由海水和（或）海砂制备的混凝土进行了相关研究。研究中所用的海砂可分为淡化海砂、原状海砂和模拟海砂三类。海砂分布在沿海不同区域，受到不同岛屿及其起源的影响，使得其理化性质存在差异，从而导致研究结果不完全一致。

1. 工作性能

关于海砂和海水对混凝土工作性能的影响，国内外研究者得出了类似的结论，如表2-1所示。

表 2-1　海水和海砂对混凝土工作性能的影响

作者	年份	结论
Kaushik 等[39]	1995	海水拌合和养护的混凝土凝结时间缩短60%左右
Yang 等[40]	2005	混凝土工作性随牡蛎壳的含量增加而降低，凝结时间不受影响
Limeira 等[41]	2012	随着海砂含量的增加，砂浆的坍落度值减小
Chen 等[42]	2015	海水海砂混凝土的坍落度比普通混凝土低30%左右
Bachtiar 等[43]	2015	淡水混凝土的坍落度比海水混凝土大6.09%左右
Safi 等[44]	2015	砂浆的流动性随贝壳取代率增加而下降（幅度约为30 mm）
Etxeberria 等[45]	2016	海水混凝土的初凝时间和终凝时间平均分别减少了21%和16%
Montanari 等[46]	2019	海水对水泥早期水化有加速作用（1.7～3.4 h）
Younis 等[47]	2020	海水混凝土的初始坍落度比普通混凝土低20%
Lv 等[48]	2020	海水对水泥凝结时间的降低效果可达30%

综上所述，海水和海砂都会对混凝土的工作性能造成不利影响，其影响机制概括为以下几个方面：

（1）海水中含有Na^+、K^+、Ca^{2+}、Mg^{2+}、Cl^-和SO_4^{2-}等离子，与淡水相比，在相同用量下，海水中的游离水较少[49]；

（2）海水中存在大量氯离子，其促进了钙离子、铝酸盐和铁氧体的沉淀，进而加速了水泥的水化过程，导致混凝土内部产生更多水化产物，从而使悬浮颗粒之间的絮凝性增强，最终降低了混凝土的工作性能[50]；

（3）海砂颗粒具有较高的净表面积，增加了其对水的需求，因此需要更多的拌合水以达到相同的工作性能；

（4）当海砂中贝壳含量较高时，会增加浆体的摩擦，降低混凝土的坍落度。

2. 力学性能

众多国内外学者认为，无论是海水还是海砂的掺入都会加快水泥水化，从而提高混凝土的早期抗压强度，但对长期抗压强度的影响并不显著。

Wang 等[51]研究表明，海水混凝土的 7 d 强度略有增加（5%以内），这是由于水泥水化加速导致的孔隙率降低。Younis 等[52]的研究也表明，海水混凝土的抗压和抗拉强度在 7 d 龄期内稍有提高，但其 28 d 抗压和抗拉强度与普通混凝土相比分别降低了约 7%和 10%。Li 等[53]研究了海水对超高性能混凝土性能的影响，结果表明海水有利于提高低水胶比混凝土的早期性能。然而，Wegian 等[54]的试验表明海水混凝土的早期（14 d）抗压强度较高，但在龄期超过 28 d 和 90 d 时明显降低，其原因可能是盐结晶的形成阻碍了强度的增加。李田雨等[55]的研究表明海水和海砂可以使混凝土水化更充分，从而提高早期强度，但 28 d 抗压强度和抗折强度分别比河水河砂混凝土低 8.6%和 25.4%。Ratnayake 等[56]发现，与河砂混凝土相比，海砂混凝土的 28 d 抗压强度降低了 10%。姚惠红[57]的研究发现，河砂混凝土的强度随龄期增长而缓慢增加，而淡化海砂混凝土的强度始终快速增长，并在 56 d 后开始出现下降趋势。

Mohammed 等[58]的长期暴露试验表明，海水混凝土的早期强度增长较快，经过 20 年的暴露后，海水混凝土与淡水混凝土的抗压强度没有显著差异。刘伟等[59]、秦斌[60]、Limeira 等[61]和 Tjaronge 等[62]等的研究结果也均表明，海水海砂对混凝土的长期强度没有不良影响。然而，Guo 等[63]选取了三种不同氯离子含量的海砂和海水制备混凝土，结果表明海水海砂混凝土的抗压强度略有下降，且随着原材料总氯离子浓度的增加，其力学强度不断降低。Li 等[64]的研究表明，海水海砂混凝土的早期强度和后期强度均优于淡水河砂混凝土。在干湿交替加速作用下，海水海砂混凝土的强度没有明显下降。此外，海水海砂混凝土与辅助胶凝材料结合后，后期强度的下降趋势显著减缓。Huang 等[65]的研究表明，海砂会使混凝土的弹性模量增大，峰值应变减小。Teng 等[66]成功制备了 28 d 抗压强度超过 180 MPa 的超高性能海水海砂混凝土，并发现使用海水和海砂会对混凝土弹性模量产生轻微的负面影响。He 等[67]的研究表明，由于毛细管输送和结晶压力的共同作用，初始抗压强度较高的海砂混凝土在海洋水下区的抗压强度损失较大。

3. 耐久性能

目前有关海水海砂对混凝土耐久性能影响的研究相比于力学性能较少，并且多集中于混凝土的渗透性能、毛细吸附性能和干燥收缩性能等。

Etxeberria 等[68]的研究表明，海水减少了凝结时间和孔隙率，导致混凝土的透水性和毛细吸水能力降低。Vafaei 等[69]研究了海水海砂对混凝土吸水性的影响，结果表明混凝土的初始吸水率和最终吸水率分别降低了 14%和 27%。He 等[70]的研究表明，由于在海砂混凝土的大孔隙中形成了更多的盐晶体，其水泥浆体更致密，吸水率比淡化海砂混凝土小。Dang 等[71]的研究表明，海砂混凝土的抗碳化性能和吸附性能优于普通混凝土。然而，Ting 等[72]的研究表明，海砂可以使混凝土的吸水性和氯离子渗透性能分别提高 42.3%和 11.5%，海水的影响并不明显。

卢福海[73]的研究指出，混凝土的氯离子渗透性由大到小为原状海砂、淡化海砂、河砂混凝土。姜科峰[74]通过快速氯离子检测试验，验证了海砂混凝土更容易受到氯离子侵蚀的现象。肖建庄等[75]研究了氯离子在由海砂、淡化海砂和河砂制成的高性能混凝土中的扩散，结果表明海砂混凝土在三种混凝土中具有最高的渗透性。然而，蔡红明[76]的研究表明，内掺型氯离子改善了混凝土的孔结构，使海水海砂混凝土的抗渗性和抗碳化性都优于普通混凝土。刘斯凤等[77]通过控制海砂中的氯离子含量来制备混凝土，结果发现以高氯离子含量的海砂制备的混凝土电通量较低，表明海砂携带的氯离子能够改善混凝土的抗渗性能。此外，Yang 等[78]研究了海水海砂混凝土的韧性和体积稳定性，结果表明海水海砂混凝土的抗拉性能优于普通混凝土。由于海水中氯离子含量较高，海水海砂混凝土的净水胶比相对较低，导致混凝土的收缩更加明显。Modupeola 和 Olutoge[79]的研究表明，海水混凝土的收缩量比普通混凝土高 83.5%。

2.2　海水海砂混凝土制备

2.2.1　原材料

1. 水泥

制备海水海砂混凝土所用水泥与普通混凝土所用水泥相同。本研究所用水泥为山铝牌 P·O 52.5 型的普通硅酸盐水泥（OPC，烧失量为 0.77%）和郑州嘉耐特种铝酸盐有限公司的 CA50-Ⅳ型铝酸钙水泥（CAC，烧失量为 1.54%），两种水泥的化学成分和基本物理性能如表2-2和表2-3所示。

表2-2 水泥的化学成分含量/%

化学成分	CaO	SiO_2	Al_2O_3	Fe_2O_3	MgO	K_2O	Na_2O	SO_3	P_2O_5
OPC	64.49	20.87	4.87	3.59	2.13	0.64	0.11	2.52	0.10
CAC	35.46	5.19	54.74	1.48	1.02	0.23	0.19	0.05	0.10

表2-3 水泥的基本物理性能

检验项目	初凝/min	终凝/min	比表面积/(m^2/kg)	抗压强度/MPa	
				3 d	28 d
OPC	145	200	384	39.8	59.8
CAC	253	289	438	83.3	98.7

2. 粉煤灰（FA）

所用粉煤灰为青岛电厂的Ⅰ级粉煤灰（烧失量为1.98%，比表面积为380～400 m^2/kg)，其化学成分如表2-4所示。

表2-4 粉煤灰的化学成分含量/%

化学成分	SiO_2	Al_2O_3	Fe_2O_3	CaO	K_2O	SO_3	MgO	P_2O_5	Na_2O
含量	56.90	32.50	4.40	1.96	1.10	0.57	0.32	0.10	0.17

3. 矿粉（GGBS）

所用矿粉青岛家梁工贸有限公司的S95级矿粉（烧失量为2.4%，比表面积为430～450 m^2/kg)，其化学成分如表2-5所示。

表2-5 矿粉的化学成分含量/%

化学成分	SiO_2	CaO	Al_2O_3	Fe_2O_3	MgO	SO_3	Na_2O	K_2O	P_2O_5
含量	32.58	41.06	13.27	1.34	5.62	2.68	0.45	0.54	0.04

4. 硅灰（SF）

所用硅灰为青岛市青建新型材料有限公司的硅灰（烧失量为2.03%，比表面积为 23000 m^2/kg），其化学成分如表 2-6 所示。

表 2-6　硅灰的化学成分含量/%

化学成分	SiO_2	Al_2O_3	Fe_2O_3	CaO	MgO	K_2O	Na_2O	ZnO	SO_3
含量	89.9	0.91	1.74	1.21	1.93	0.57	0.63	0.25	0.83

5. 偏高岭土（MK）

所用偏高岭土为郑州辰义耐材磨料公司经过 750℃煅烧的偏高岭土（烧失量为 1.02%，比表面积为 2750 m^2/kg），其化学成分如表 2-7 所示。

表 2-7　偏高岭土的化学成分含量/%

化学成分	SiO_2	Al_2O_3	Fe_2O_3	CaO	MgO	K_2O	Na_2O	SO_3	P_2O_5
含量	54.08	43.65	0.45	0.10	0.05	0.15	0.05	0.06	0.39

6. 粗骨料

所用粗骨料为青岛磊鑫集团公司的花岗岩碎石，洗净并晒干后使用，其主要技术指标如表 2-8 所示。

表 2-8　粗骨料的技术指标

岩石种类	规格/mm	压碎值/%	针片状颗粒含量/%	含泥量/%	颗粒级配
花岗岩	5～20	13.60	4.70	1.90	良好

7. 细骨料

所用细骨料为青岛大沽河砂场的河砂及青岛胶州地区的淡化海砂和原状海砂。河砂按照 GB/T 14684—2001 标准测得的基本性能如表 2-9 所示，淡化海砂和原状海砂的宏观形貌和基本性能分别如表 2-10 和图 2-1 所示。可以看出，淡化海砂的粒径级配良好，无明显杂质；原状海砂粒径分布不均，且含有贝壳和淤泥等杂质。

表 2-9　河砂的基本性能

规格	细度模数	含泥量/%	堆积密度/(kg/m^3)	颗粒级配
中砂	2.70	1.70	1563	良好

表 2-10　海砂的基本性能

名称	细度模数	表观密度/(kg/m^3)	堆积密度/(kg/m^3)	贝壳含量/%	氯离子含量/%
淡化海砂	2.66	2580	1580	0.71	0.051
原状海砂	2.86	2620	1640	2.20	0.150

图 2-1　海砂的宏观形貌

（a）淡化海砂；（b）原状海砂

8. 减水剂

所用减水剂为江苏苏博特新材料有限公司的 JM-PCA（I）型聚羧酸高效减水剂（减水率为 30%）。

9. 水

拌制混凝土时所用淡水是自来水，所用的海水取自青岛市胶州湾附近海域，其主要化学成分如表 2-11 所示。

表 2-11　海水的化学成分/(mg/L)

离子	Cl^-	SO_4^{2-}	Mg^{2+}	HCO_3^-	Ca^{2+}	NH_4^+
含量	17798.71	1660.75	1296.35	118.22	367.58	0.07

10. 膨胀剂

所用膨胀剂是安徽省庐江县古镇矿产产品有限公司生产的氧化镁膨胀剂，其主要性能指标如表 2-12 所示。

表 2-12　氧化镁膨胀剂的主要性能指标

比表面积/(m^2/kg)	凝结时间/min		限制膨胀率/%		抗压强度/MPa	
	初凝	终凝	水中 7 d	空气中 21 d	7 d	28 d
200	48	300	0.05	−0.01	24.80	45.00

11. 水滑石

本课题采用北京爱丽汶森科技有限公司的 Mg-Al-CO_3 型水滑石，经马弗炉在温度分别为 400℃、450℃、500℃、550℃和 600℃下煅烧后使用。

2.2.2 海水海砂混凝土配合比

配制 0.45 和 0.33 两种水胶比的淡水河砂、海水海砂混凝土，其配合比分别如表 2-13、表 2-14 和表 2-15 所示。其中，表 2-13 采用河砂和淡水制备淡水河砂混凝土；表 2-14 采用淡化海砂和海水制备海水淡化海砂混凝土；表 2-15 采用原状海砂和海水制备海水原状海砂混凝土。

表 2-13 淡水河砂混凝土配合比/(kg/m^3)

类型	水胶比	水泥	淡水	石子	河砂	减水剂	粉煤灰	硅灰	矿粉
C0	0.45	390	176	1217	627	—	—	—	—
C1	0.45	312	176	1217	627	—	78	—	—
C2	0.45	370	176	1217	627	—	—	20	—
C3	0.45	254	176	1217	627	—	—	—	136
C-I	0.33	490	160	1281	660	4.9	—	—	—

表 2-14 海水淡化海砂混凝土配合比/(kg/m^3)

类型	水胶比	水泥	海水	石子	淡化海砂	减水剂	粉煤灰	硅灰	矿粉
S0	0.45	390	176	1217	627	—	—	—	—
S1	0.45	312	176	1217	627	—	78	—	—
S2	0.45	370	176	1217	627	—	—	20	—
S3	0.45	254	176	1217	627	—	—	—	136
C-I-S	0.33	490	160	1281	660	4.9	—	—	—
C-I-S1	0.33	392	160	1281	660	4.9	98	—	—
C-I-S2	0.33	465.5	160	1281	660	4.9	—	24.5	—
C-I-S3	0.33	319	160	1281	660	4.9	—	—	171

表 2-15 海水原状海砂混凝土配合比/(kg/m^3)

类型	水胶比	水泥	海水	石子	原状海砂	减水剂	粉煤灰	硅灰	矿粉
US0	0.45	390	176	1217	627	—	—	—	—
US1	0.45	312	176	1217	627	—	78	—	—
US2	0.45	370	176	1217	627	—	—	20	—
US3	0.45	254	176	1217	627	—	—	—	136
UC-I-S	0.33	490	160	1281	660	4.9	—	—	—

续表

类型	水胶比	水泥	海水	石子	原状海砂	减水剂	粉煤灰	硅灰	矿粉
UC-I-S1	0.33	392	160	1281	660	4.9	98	—	—
UC-I-S2	0.33	465.5	160	1281	660	4.9	—	24.5	—
UC-I-S3	0.33	319	160	1281	660	4.9	—	—	171

2.2.3 海水海砂混凝土成型及养护

1. 混凝土的成型

（1）将拌制混凝土所用的河砂和石子用自来水冲洗干净，并置于自然环境中晾晒。淡化海砂直接置于自然环境中晾晒，不进行冲洗。由于原状海砂含泥量较大，需用海水冲洗后再置于自然环境中晾晒。

（2）晒干后，根据表 2-13 至表 2-15 计算各种原材料的用量，并称量好备用。

（3）将各种原材料依次加入搅拌机中，干拌大约 60 s。

（4）将水和减水剂搅拌均匀后加入搅拌机中，再搅拌 2～3 min 后停止搅拌。

（5）将搅拌好的浆体均匀装入模具中。

（6）移至振捣器上进行振捣，并在振捣的同时用抹刀将模具表面的混凝土抹平。

（7）成型后置于自然环境中并覆盖保鲜膜，静置 24 h。

2. 混凝土的养护过程

混凝土静置 24 h 后拆模并放置于标准养护室（20℃±3℃，RH≥95%）中进行养护，养护 3 d、7 d 和 28 d 后取出进行性能测试。

2.2.4 海水海砂混凝土的固氯与阻锈措施

1. 固氯措施

海水海砂中携带高含量的氯离子必然会导致混凝土中钢筋锈蚀，从而影响结构的安全性和耐久性。氯离子在混凝土中主要以物理吸附、化学结合和游离氯离子三种形式存在。一般而言，只有游离氯离子会诱导混凝土中钢筋锈蚀。如果能够采取合理措施吸附或结合更多的氯离子，将有助于降低腐蚀风险，提高海水海砂混凝土的耐久性。

研究表明[80,81]，铝酸盐水泥具有优良的抗海水侵蚀性能。与普通硅酸盐水泥相比，铝酸钙水泥的主要相为铝酸一钙和铝酸二钙，其反应产物不含 $Ca(OH)_2$ 和

C-S-H。Jin 等[82]的研究发现，无论氯离子是内掺型还是外渗型，铝酸盐水泥净浆中钢筋的腐蚀速率均低于普通硅酸盐水泥。当氯化物的含量超过 3%时，在铝酸盐水泥净浆中钢筋仍未腐蚀，而普通硅酸盐水泥净浆中钢筋的腐蚀临界氯阈值约为 0.5%～1.0%。Li 等[83]的研究表明，铝酸钙水泥砂浆比普通硅酸盐水泥砂浆具有更高的抗海水侵蚀能力。Ann 等[84]研究了高铝水泥混凝土对氯离子腐蚀的抵抗能力，结果表明高铝水泥混凝土中的钢筋腐蚀速率更低。尽管铝酸盐水泥在普通混凝土中已有部分研究，但将铝酸盐水泥应用于海水海砂砂浆中的研究仍较为少见。此外，大量的试验和理论研究证明，辅助胶凝材料可以有效提高氯离子结合能力，但上述胶凝材料是否能更有效结合内掺型氯离子尚不明确。此外，部分研究者的试验表明，层状双氢氧化物可以改善混凝土的耐久性。然而，相关研究多集中于提高混凝土抵御外部离子侵蚀的能力，对于海水海砂砂浆的孔隙液中能否重构和有效吸附氯离子的研究相对较少。

本研究通过掺加煅烧水滑石（CLDH）和三种富铝胶凝材料（偏高岭土、粉煤灰、铝酸钙水泥），探索提高海水海砂砂浆中氯离子结合能力的途径。

2. 阻锈措施

工程实践证明，混凝土中掺加阻锈剂可以延长混凝土结构的服役寿命至 3 倍，其主要机理是通过抑制钢筋表面发生的电化学反应来提高钢筋的耐蚀性[85]。目前，海工混凝土中常用的阻锈剂主要包括无机阻锈剂（铬酸盐、亚硝酸盐和钼酸盐等）、有机阻锈剂（有机羧酸和有机胺等）以及高分子基阻锈剂（壳聚糖类和纤维素类等）等[86]。

煅烧水滑石能够吸附海水海砂混凝土中的氯离子。如果将无机或有机阻锈阴离子插层到水滑石结构中，当插层水滑石在孔隙液中吸附氯离子时，阴离子会被自动释放，从而提高钢筋锈蚀的临界氯离子浓度。此外，如果钢筋已经被腐蚀，插层水滑石还可以通过降低钢筋的后续腐蚀速率发挥阻锈效果[87,88]。近年来，无机或有机阻锈剂插层的改性水滑石材料正在不断发展。Raki 等[89]论证了水滑石作为插入有机阴离子载体的潜力，并研究了阴离子在混凝土中的释放速率。Yang 等[90,91]通过焙烧还原法将亚硝酸根离子和对氨基苯甲酸根离子插层到镁铝水滑石中，结果表明插层水滑石有效阻碍了氯离子的渗透和迁移，为钢筋提供了有效防护。Cao 等[92]采用焙烧-复水化法合成了 LDH-NO_2，结果表明该水滑石能够有效控制碳钢在模拟碳酸盐混凝土孔隙液和砂浆中的腐蚀。

目前已有许多阻锈剂插层水滑石的研究，但大多数集中于研发不同种类的阻锈剂插层水滑石，以及研究其对普通混凝土中钢筋的影响。因此，对于将其应用于成型时引入氯离子的海水海砂混凝土的研究仍然较少。本研究主要探讨阻锈剂插层水滑石对海水海砂混凝土中氯离子的吸附能力及其对钢筋防腐性能的影响，验证其在海水海砂混凝土中降低钢筋锈蚀的效果。

2.3 海水海砂混凝土的工作性能

2.3.1 海水海砂砂浆流动度

由于海水和海砂中含有大量的氯盐和硫酸盐，以及海砂中所含的贝壳等轻物质，这些因素都会对砂浆的工作性能产生影响，尤其在制备高强度砂浆时影响最为显著。海水和海砂中的氯离子会与水泥水化产物（$Ca(OH)_2$）反应，生成 $CaCl_2$。研究人员通过研究各种无机盐对硅酸盐水泥和 C_3S 水化作用的影响，得出了阳离子和阴离子作为促进剂的有效性排序如下[93,94]：

$$Ca^{2+} > Sr^{2+} > Ba^{2+} > Li^{+} > K^{+} > Na^{+} \approx Cs^{+} > Rb^{+}$$

$$Br^{-} \approx Cl^{-} > SCN^{-} > I^{-} > NO_2^{-} > ClO_4^{-}$$

显然，氯化钙是对水泥水化非常有效的促进剂。氯化钙可以增强胶体颗粒的絮凝作用。在水泥或 C_3S 水化时，颗粒表面形成的 C-S-H 凝胶在氯化钙的作用下会更加絮凝。因此，该结构会包含更大的孔隙，使扩散通道更容易通过在颗粒周围形成的 C-S-H 凝胶层扩散，并在扩散控制期早期更快地水化[95,96]。

为探讨海水海砂对砂浆工作性的影响，按照表 2-16 所示配合比制备砂浆，并测定了海水海砂砂浆的扩展度，结果如图 2-2 所示。

表 2-16 海水海砂砂浆配合比/g

	海水	海砂	水泥	矿粉	粉煤灰	硅灰	减水剂
S0	99	750	300	—	—	—	3
S1	99	750	210	90	—	—	3
S2	99	750	285	—	—	15	3
S3	99	750	240	—	60	—	3

由图 2-2 可以看出，海水海砂砂浆的扩展度只有 153.5 mm，工作性较差。掺加 30%矿粉和掺加 20%粉煤灰的海水海砂砂浆虽然扩展度有所增大，但提升效果仍不明显。而掺加 5%硅灰的海水海砂砂浆，扩展度高达 241 mm，具有很好的流动性，说明掺加硅灰可以显著提升海水海砂砂浆的工作性。

为进一步了解硅灰对海水海砂砂浆扩展度的影响，按照表 2-17 改变了减水剂的掺量，测定砂浆的扩展度，结果如图 2-3 所示。

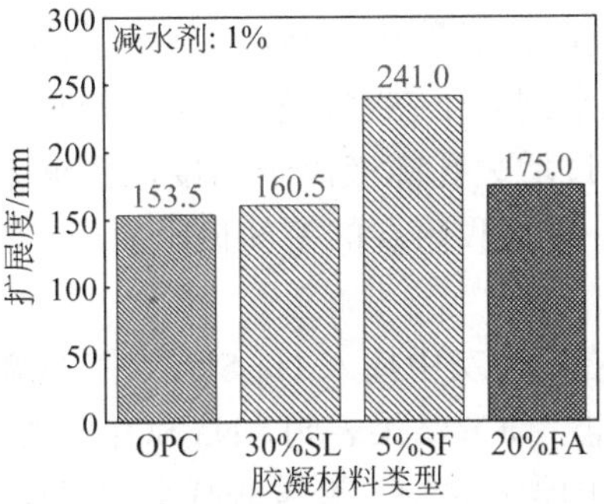

图 2-2　辅助胶凝材料对海水海砂砂浆扩展度的影响

表 2-17　海水海砂砂浆配合比/g

	海水	海砂	水泥	硅灰	减水剂
SF1	99	750	285	15	3
SF2	99	750	285	15	2.4
SF3	99	750	285	15	1.5
SF4	99	750	285	15	0

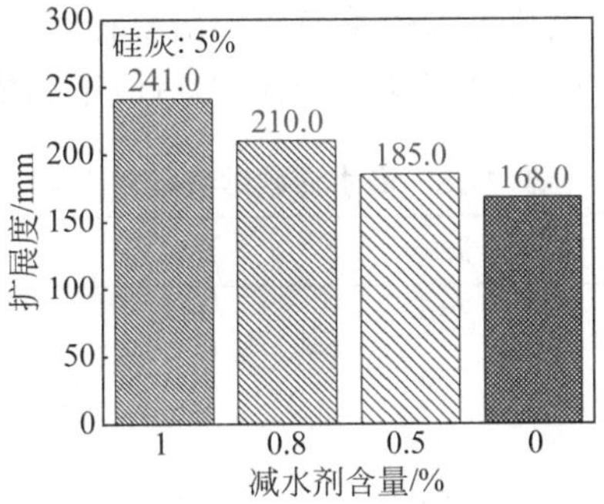

图 2-3　减水剂掺量对砂浆扩展度的影响

从图 2-3 可以看出，随着聚羧酸减水剂掺量的减少，海水海砂砂浆的扩展度不断下降。当聚羧酸减水剂掺量为 0 时，砂浆的扩展度为 168 mm，比掺加 1%减水剂的纯水泥砂浆的扩展度仍高出约 15 mm，说明硅灰对改善海水海砂砂浆的工作性具有较好的效果。

2.3.2　亚硝酸钙对砂浆流动度的改善效果

聚羧酸高效减水剂目前广泛应用于改善混凝土拌合物的工作性。然而，海水海砂中的氯盐和硫酸盐会影响其分散效果。研究发现，氯化钠和氯化钙对减水剂影响不大[97]，但硫酸盐对聚羧酸减水剂的分散性能影响较大[98-101]。硫酸根不仅会降低聚羧酸减水剂分子在水泥颗粒表面的吸附量，导致水泥颗粒间的静电斥力减弱，还会通过增大孔隙液离子强度，压缩聚羧酸减水剂分子的聚氧乙烯侧链（即 PEO 链），降低吸附层的空间位阻效应，从而与聚羧酸减水剂形成竞争吸附。

刘娟红等[102]通过在粉煤灰中掺入 Na_2SO_4 来控制硫酸盐含量，并在硫酸盐-聚羧酸体系中加入无机盐。研究结果表明，Na_2SO_4 与聚羧酸减水剂本身存在相互作用，粉煤灰中 Na_2SO_4 的含量越高，聚羧酸减水剂的吸附量也随之增加。在硫酸盐-聚羧酸体系中加入无机盐，可以减弱硫酸盐对聚羧酸减水剂分散效果的影响。Yamada 等[103]通过控制 Na_2SO_4 的含量并添加不同的无机盐，研究了硫酸根对聚羧酸减水剂的影响，得出了各类无机盐对浆体流动性的影响结果。综合考虑对钢筋锈蚀和砂浆流动性的影响，$Ca(NO_3)_2$ 是更为适合的无机盐。

为了探讨亚硝酸钙对海水海砂砂浆流动性的改善效果，按照表 2-18 通过改变亚硝酸钙的掺量制备砂浆，并测定其扩展度，结果如图 2-4 所示。可以看出，随着亚硝酸钙掺量的增加，海水海砂砂浆的扩展度先增加后降低。当掺量为 0.5%时，海水海砂砂浆的扩展度最高，达到 194 mm；而当掺量为 0.6%时，砂浆的扩展度降低。这说明适量掺入无机盐可以改善海水中硫酸根对聚羧酸减水剂的竞争吸附，但当无机盐过量时，反而会对拌合物的工作性造成不利影响。

表 2-18　海水海砂砂浆配合比/g

类型	海水	海砂	水泥	减水剂	亚硝酸钙/%
C0	99	750	300	3	0.0
C1	99	750	300	3	0.1
C2	99	750	300	3	0.2
C3	99	750	300	3	0.3
C4	99	750	300	3	0.4
C5	99	750	300	3	0.5
C6	99	750	300	3	0.6

考虑到亚硝酸钙的加入可能会对海水海砂砂浆的力学性能产生影响，因此，依据表 2-18 的配合比，制备了 40 mm×40 mm×160 mm 的砂浆试件，并进行抗压强度和抗折强度测试，其结果如图 2-5 所示。可以看出，随着亚硝酸钙掺量的增加，海水海砂砂浆的抗压强度和抗折强度的变化趋势相同：当亚硝酸钙掺量小于 0.4%时，强度逐渐降低；在掺量为 0.4%时，强度先升高后再逐渐降低。这表明，

亚硝酸钙的掺入会降低海水海砂砂浆的抗压强度和抗折强度，但当掺量为 0.4%时，影响最小，此时砂浆仍保持较好的流动性。因此，综合考虑对力学性能和工作性能的影响，最适宜的亚硝酸钙掺量为 0.4%。

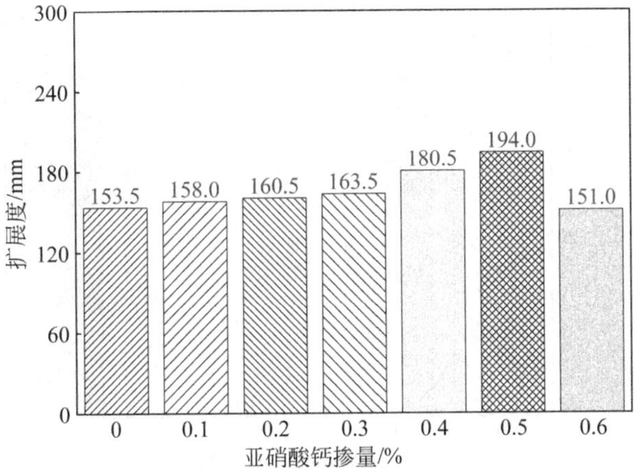

图 2-4　掺入亚硝酸钙后海水海砂砂浆的扩展度

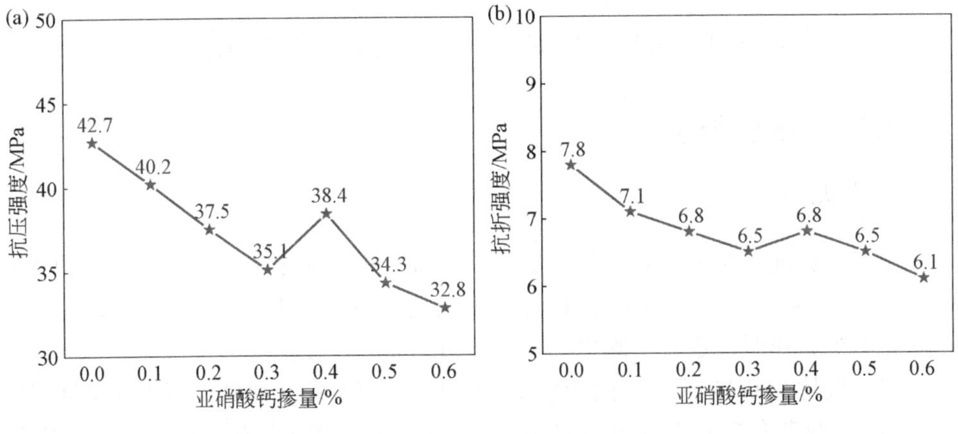

图 2-5　掺入亚硝酸钙后海水海砂砂浆的力学性能

（a）抗压强度；（b）抗折强度

鉴于硅灰和亚硝酸钙均可提高海水海砂砂浆的流动性，本文研究了两者复掺对砂浆流动性的改善效果，测定结果如图 2-6 所示。结果表明，硅灰和亚硝酸钙复掺后，海水海砂砂浆的扩展度随着亚硝酸钙掺量的增加，出现先增大后减小的趋势。当亚硝酸钙掺量为 0.5%时，海水海砂砂浆的扩展度高达 265 mm，显著超过了单掺硅灰时的最高扩展度（241 mm）和单掺亚硝酸钙时的最高扩展度

（194 mm），显示出非常好的流动性。这说明硅灰和亚硝酸钙的复掺能够更有效地提高海水海砂砂浆的工作性能。

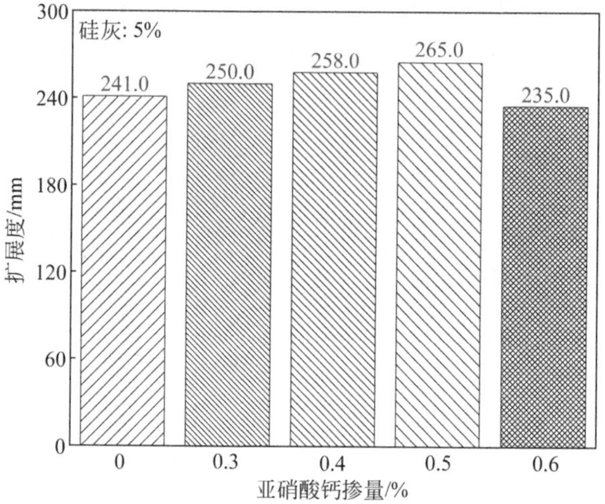

图 2-6　硅灰和亚硝酸钙复掺后海水海砂砂浆的扩展度

2.4　海水海砂混凝土的力学性能

2.4.1　抗压强度

1. 水泥混凝土

为了探讨海水和海砂对混凝土抗压强度的影响，对龄期为 3 d、7 d 和 28 d 的淡水河砂混凝土（RC）、海水淡化海砂混凝土（SSC）以及海水原状海砂混凝土（USSC）的抗压强度进行了测定，其结果如图 2-7 所示。

当水胶比为 0.45 时，海水淡化海砂混凝土和海水原状海砂混凝土的早期强度发展较快。两者在 3 d 和 7 d 的抗压强度相当，分别比淡水河砂混凝土的 3 d 和 7 d 抗压强度高出约 8 MPa 和 13 MPa。主要原因在于海水和海砂中含有大量的 NaCl，其中氯离子与水泥水化后的 $Ca(OH)_2$ 反应生成 $CaCl_2$，促进了氢氧化钙的溶解、扩散和结晶，从而加速水泥的水化。此外，海水和海砂中本身含有的 $CaCl_2$，也能够加速混凝土的凝结和硬化，这导致了混凝土早期强度的提高。在 28 d 时，海水淡化海砂混凝土和淡水河砂混凝土的抗压强度相当，而海水原状海砂混凝土的强度则要高于这两者，说明海水和海砂对混凝土的后期强度影响不大。

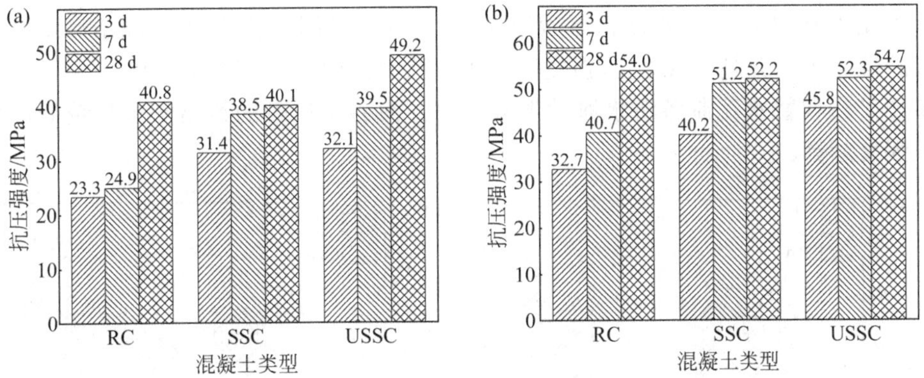

图 2-7　水泥混凝土的抗压强度

（a）水胶比为 0.45；（b）水胶比为 0.33

2. 矿粉混凝土

在水泥中掺加 35%的矿粉，采用河砂和淡水、海砂和海水制备混凝土，对龄期为 3 d、7 d 和 28 d 的淡水河砂混凝土、海水淡化海砂混凝土以及海水原状海砂混凝土的抗压强度进行了测定，结果如图 2-8 和图 2-9 所示。

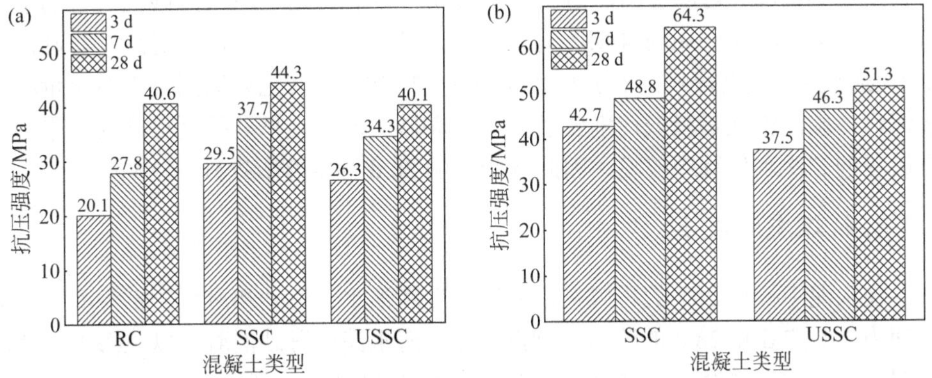

图 2-8　矿粉混凝土的抗压强度

（a）水胶比为 0.45；（b）水胶比为 0.33

从图 2-8（a）中可以看出，掺加矿粉的混凝土中，加入海水和海砂同样会加速水泥的水化，使混凝土具有较高的早期强度。海水淡化海砂混凝土的 3 d 抗压强度甚至高于淡水河砂混凝土的 7 d 抗压强度，同时 28 d 抗压强度也略高于淡水河砂混凝土。而海水原状海砂混凝土的早期抗压强度也高于淡水河砂混凝土，但其 28 d 抗压强度与淡水河砂混凝土相当。从图 2-8（b）中可以看出，当水胶比为 0.33 时，海水淡化海砂混凝土的早期和后期抗压强度均高于海水原状海砂混凝土，并且 28 d 抗压强度比海水原状海砂混凝土高约 13 MPa。这表明，掺加矿粉代替水泥制备海水海砂混凝土时，海砂所携带的氯离子含量越低，抗压强度越高。

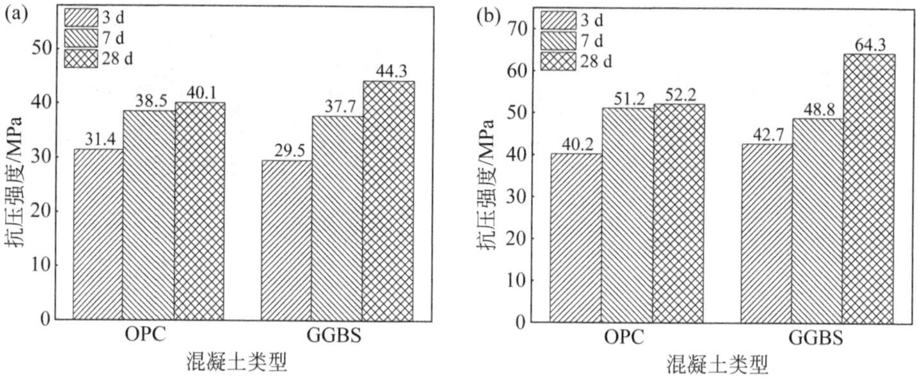

图 2-9　矿粉对海水海砂混凝土强度的影响

（a）水胶比为 0.45；（b）水胶比为 0.33

从图 2-9（a）可以看出，当水胶比为 0.45 时，矿粉对海水海砂混凝土的 28 d 抗压强度影响不大（高约 4 MPa）；而当水胶比为 0.33 时，矿粉对海水海砂混凝土的 28 d 抗压强度影响则更加显著（高约 12 MPa）。其主要原因是矿粉等量取代水泥后，水泥消耗量降低，削弱了海水和海砂对混凝土早期强度提升的效果，并且矿粉的二次水化反应较晚，因此混凝土的 28 d 强度有所提升。

3. 粉煤灰混凝土

在水泥中掺加 20%的粉煤灰，采用河砂和淡水、海砂和海水制备混凝土，对龄期为 3 d、7 d 和 28 d 的淡水河砂混凝土、海水淡化海砂混凝土以及海水原状海砂混凝土的抗压强度进行测定，结果如图 2-10 和图 2-11 所示。

从图 2-10（a）中可以看出，在掺加粉煤灰的混凝土中，加入海水和海砂也会加速水泥的水化，从而使混凝土具有较高的早期强度。海水淡化海砂混凝土的 3 d 抗压强度高达约 33 MPa，7 d 抗压强度增长变缓，而 28 d 时可获得约 51 MPa 的抗压强度。海水原状海砂混凝土的早期抗压强度也有所增长，但发生在 7 d 龄期，相较于海水淡化海砂混凝土稍晚，28 d 的抗压强度与淡水河砂混凝土相差不大。从图 2-10（b）可以看出，当水胶比为 0.33 时，海水淡化海砂混凝土的早期抗压强度高于海水原状海砂混凝土，但 28 d 抗压强度稍低于海水原状海砂混凝土。说明在掺加粉煤灰代替水泥制备海水海砂混凝土时，海砂所携带的氯离子含量对后期抗压强度的影响不大。

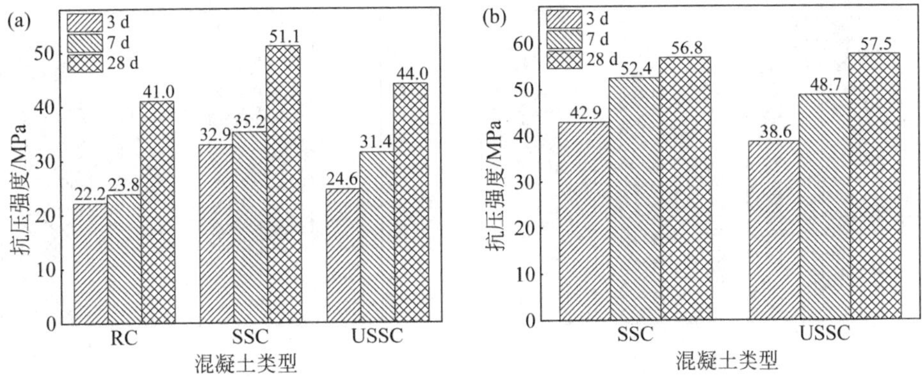

图 2-10　粉煤灰混凝土的抗压强度

（a）水胶比为 0.45；（b）水胶比为 0.33

从图 2-11（a）可以看出，当水胶比为 0.45 时，粉煤灰对海水海砂混凝土的 28 d 抗压强度影响显著（高约 11 MPa）；当水胶比为 0.33 时，粉煤灰对海水海砂混凝土的 28 d 抗压强度影响不大（高约 4 MPa）。其主要原因在于粉煤灰等量取代水泥后，水泥消耗量降低，削弱了海水和海砂对混凝土早期强度提升的效果，同时粉煤灰的二次水化反应较晚，因此混凝土的 28 d 强度有所提升。

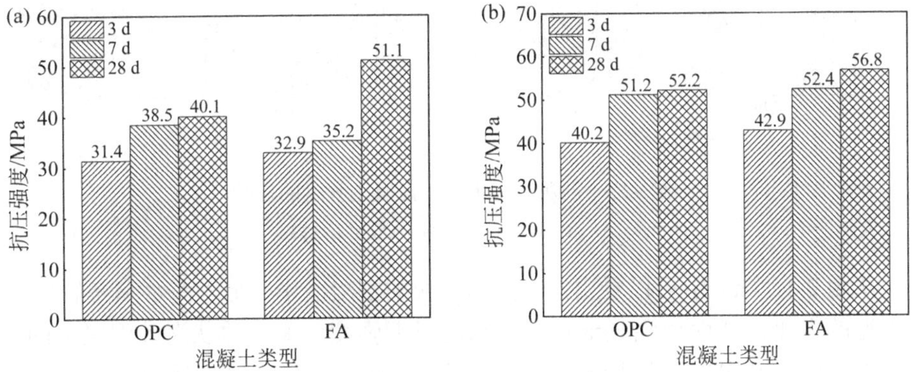

图 2-11　粉煤灰对海水海砂混凝土强度的影响

（a）水胶比为 0.45；（b）水胶比为 0.33

4. 硅灰混凝土

在水泥中掺加 5%的硅灰，采用河砂/淡水、海砂/海水制备混凝土，对龄期为

3 d、7 d 和 28 d 的淡水河砂混凝土、海水淡化海砂混凝土以及海水原状海砂混凝土的抗压强度进行测定，结果如图 2-12 和图 2-13 所示。

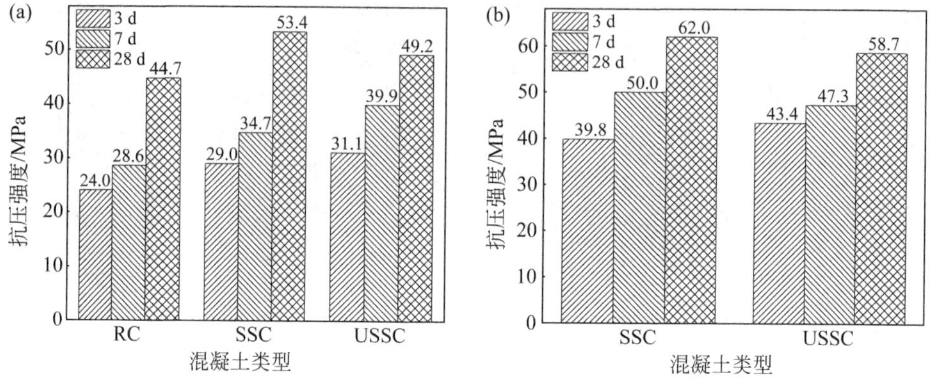

图 2-12　硅灰混凝土的抗压强度

（a）水胶比为 0.45；（b）水胶比为 0.33

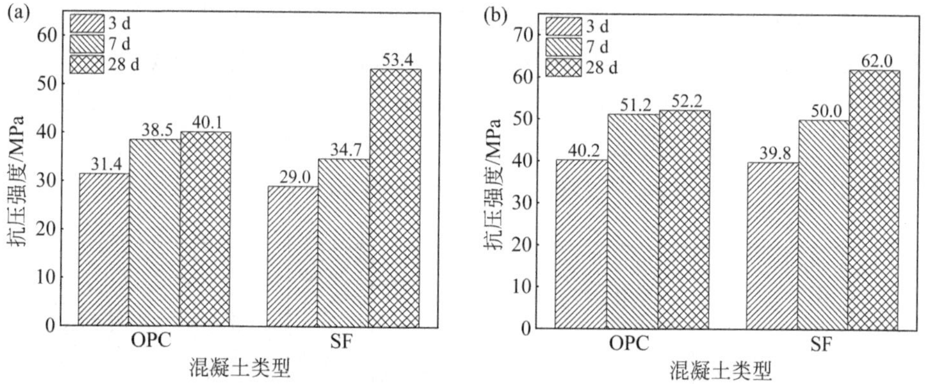

图 2-13　硅灰对海水海砂混凝土强度的影响

（a）水胶比为 0.45；（b）水胶比为 0.33

从图 2-12（a）中可以看出，在掺加硅灰的混凝土中，加入海水和海砂也会加速水泥的水化，从而使混凝土具有较高的早期强度。海水原状海砂混凝土的 3 d 和 7 d 抗压强度均高于海水淡化海砂混凝土，28 d 抗压强度略低于海水淡化海砂混凝土的抗压强度，但仍高于淡水河砂混凝土。从图 2-12（b）中可以看出，当水胶比为 0.33 时，海水淡化海砂混凝土的 3 d 抗压强度略低于海水原状海砂混凝土，之后增长趋势加快，7 d 和 28 d 抗压强度均高于海水原状海砂混凝土。这说明在掺加硅灰制备海水海砂混凝土时，海砂所携带的氯离子含量对早期和后期抗压强度的影响效果不同。

从图 2-13（a）可以看出，当水胶比为 0.45 时，硅灰对海水海砂混凝土的 28 d 抗压强度影响显著（高约 13 MPa）；当水胶比为 0.33 时，硅灰对海水海砂混凝土的 28 d 抗压强度影响同样显著（高约 10 MPa）。其主要原因是硅灰等量取代水泥的数量较少，并未削弱海水和海砂对混凝土早期强度提升的效果。

2.4.2　劈裂抗拉强度

1. 水泥混凝土

为了探讨海水和海砂对混凝土劈裂抗拉强度的影响，对 28 d 龄期的淡水河砂混凝土（RC）和海水淡化海砂混凝土（SSC）进行了劈裂抗拉强度的测定，结果如图 2-14 所示。结果表明，海水淡化海砂混凝土的 28 d 劈裂抗拉强度与淡水河砂混凝土相差不大，这表明使用海水和海砂制备的混凝土抗开裂性符合工程要求。

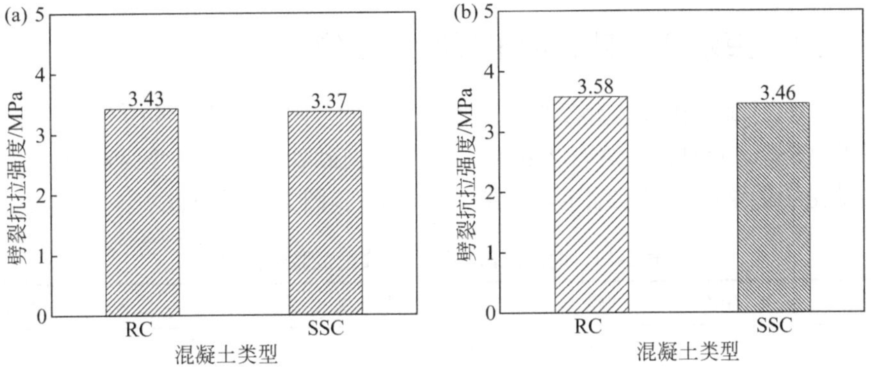

图 2-14　水泥混凝土的劈裂抗拉强度

（a）水胶比为 0.45；（b）水胶比为 0.33

2. 掺辅助胶凝材料的混凝土

为了探讨辅助胶凝材料对海水海砂混凝土劈裂抗拉强度的影响，对 28 d 龄期不同辅助胶凝材料海水淡化海砂混凝土（SSC）进行了劈裂抗拉强度的测定，其结果如图 2-15 所示。可以看出，当水胶比为 0.45 时，掺加硅灰的海水海砂混凝土的劈裂抗拉强度略低于其他两种混凝土；但当水胶比为 0.33 时，三种海水海砂混凝土的劈裂抗拉强度差异不大。这表明粉煤灰、矿粉和硅灰对海水海砂混凝土的韧性改善效果相差不大。

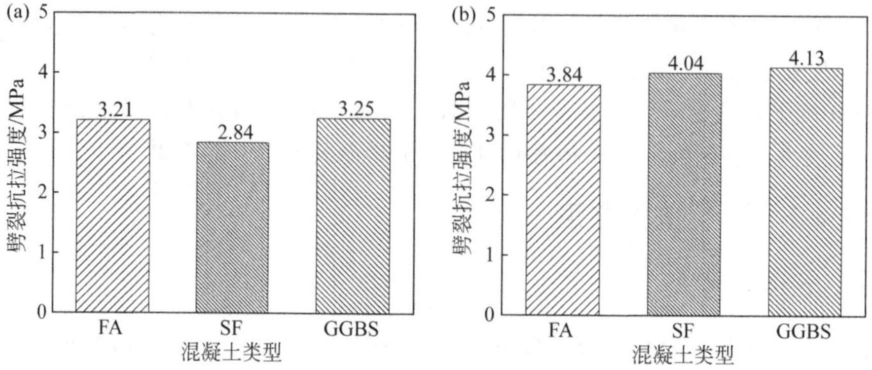

图 2-15　海水海砂混凝土的劈裂抗拉强度

（a）水胶比为 0.45；（b）水胶比为 0.33

2.5　海水海砂混凝土的干燥收缩性能

2.5.1　海水海砂砂浆的干燥收缩性能

为了探讨海水和海砂对砂浆干燥收缩性能的影响，按照表 2-19 制备了海水海砂砂浆（SS）。同时，按照表 2-20 制备了淡水河砂砂浆（RS）作为对照。研究中定期测定了砂浆的干燥收缩量，结果如图 2-16 和图 2-17 所示。

表 2-19　海水海砂砂浆干燥收缩试验配合比/g

类型	海水	水泥	海砂	粉煤灰	硅灰	矿粉	减水剂
S0	180	400	1000	—	—	—	—
S1	180	320	1000	80	—	—	—
S2	180	380	1000	—	20	—	—
S3	180	280	1000	—	—	120	—
C-I-S	132	400	1000	—	—	—	4
C-I-S-1	132	320	1000	80	—	—	4
C-I-S-2	132	380	1000	—	20	—	4
C-I-S-3	132	280	1000	—	—	120	4

表 2-20　淡水河砂砂浆干燥收缩试验配合比/g

类型	淡水	水泥	河砂	减水剂
C0	180	400	1000	—
C-I	132	400	1000	4

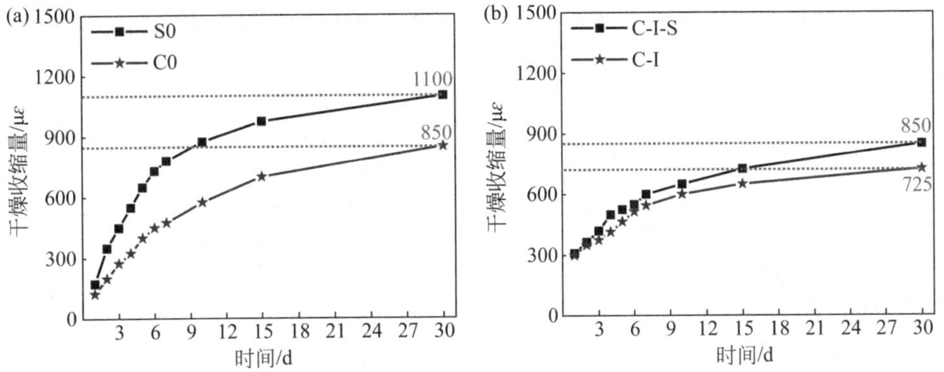

图 2-16 砂浆的干燥收缩量

（a）水胶比为 0.45；（b）水胶比为 0.33

自收缩和干燥收缩是混凝土收缩的两种主要形式，前者与水化过程中的用水量有关，后者与自由水的蒸发有关。这两种形式的收缩通常被认为是毛细管张力的结果。毛细管张力是指水的弯月面在混凝土毛细孔隙中产生的静水张力，随着水分的流失和孔隙尺寸的减小而增大，这种张力对混凝土的整体收缩有影响[104]。根据其机理，毛细管张力与混凝土的水分和孔径大小分布相关。从图 2-16 可以看出，当水胶比为 0.45 时，海水海砂砂浆在 30 d 龄期时的干燥收缩量可以达到 1000 $\mu\varepsilon$，比淡水河砂砂浆高出约 300 $\mu\varepsilon$。而当水胶比为 0.33 时，海水海砂砂浆与淡水河砂砂浆的干燥收缩量差异减小，在 30 d 龄期时仅相差约 100 $\mu\varepsilon$。出现这种现象的主要原因有两个：①海水和海砂中的氯离子加快了水泥的水化，消耗了大量水分，导致毛细管应力增大，从而增加了收缩量；②当水胶比为 0.45 时，水胶比较大，砂浆中大孔较多，水分极易散失，因此产生的毛管应力相比水胶比为 0.33 时更小，导致收缩量增大。此外，干燥收缩量的快速增长主要发生在 7 d 龄期之内，此时的收缩量是淡水河砂砂浆的 1.6 倍，随后干燥收缩量的增长速度减缓。这一现象的主要原因是，早期海水和海砂中的氯离子发挥了早强作用，促使海水海砂砂浆内部生成更多的水化产物，从而充分填充毛细孔的孔隙，阻碍了水分的散失，降低了收缩。

由图 2-17 可以看出，掺加粉煤灰和硅灰的海水海砂砂浆在两种水胶比下的干燥收缩量相差不大。然而，掺加矿粉的海水海砂砂浆的干燥收缩量差异较大。当水胶比为 0.45 时，其干燥收缩量比水胶比为 0.33 时的砂浆高出约 300 $\mu\varepsilon$。水胶比较小时，砂浆内部更为密实，大孔相对较少，水分不易散发。然而，掺入粉煤灰和硅灰后，水胶比为 0.33 和 0.45 的砂浆干燥收缩量差异不大，这表明粉煤灰和硅灰的加入导致水胶比较小的海水海砂砂浆干缩量增大。混凝土的干燥收缩与 3～

20 nm 范围内的小孔隙所含的水分量直接相关，而掺加辅助胶凝材料会导致孔隙的细化，进而使干燥收缩量增大[105]。

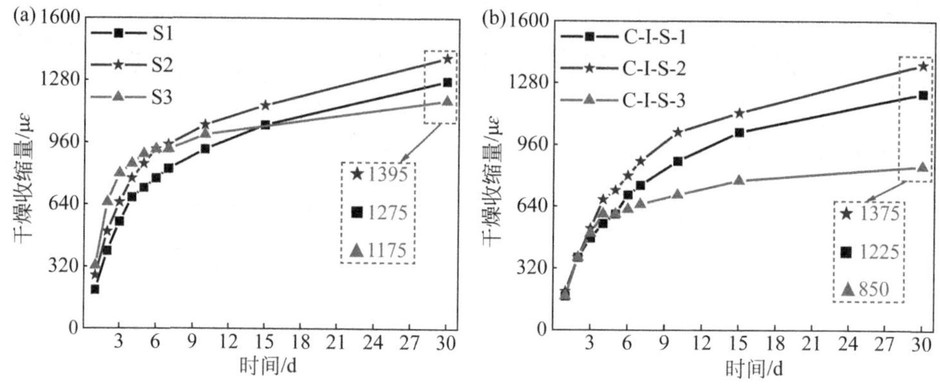

图 2-17　掺加辅助胶凝材料的砂浆干燥收缩量

（a）水胶比为 0.45；（b）水胶比为 0.33

测试365 d后海水海砂砂浆和普通砂浆的干燥收缩量如图2-18所示。从图2-18（a）可以看出，1 年后，无论水胶比为 0.45 还是 0.33，海水海砂砂浆的干燥收缩量均接近普通砂浆的两倍。然而，从图 2-18（b）可以看出，辅助胶凝材料和水胶比对海水海砂砂浆的影响并不显著。因此，海水和海砂对砂浆干燥收缩的影响非常显著，寻求合适的改善方法是必要的。

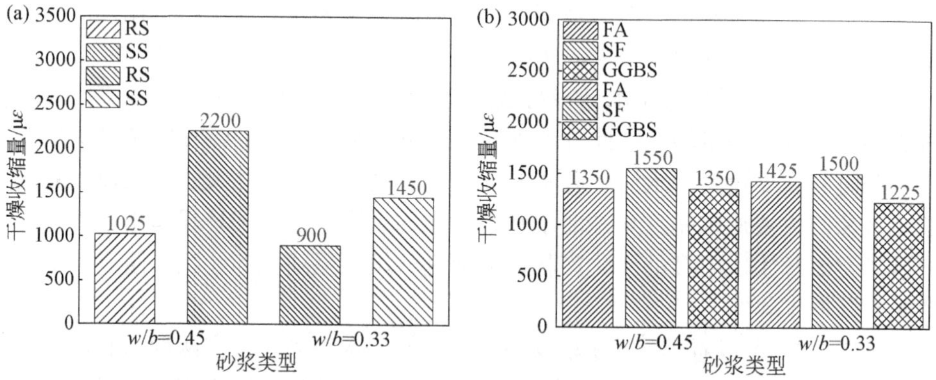

图 2-18　365 d 后砂浆的干燥收缩量

（a）普通砂浆与海水海砂砂浆；（b）掺加辅助胶凝材料的海水海砂砂浆

2.5.2　氧化镁膨胀剂对海水海砂砂浆干燥收缩的改善作用

适量膨胀剂的使用是控制混凝土裂缝产生的常见手段。其主要机理是通过与混凝土的孔隙水和水泥组分反应，反应产生的产物能在混凝土凝结硬化过程中产生一定的体积膨胀，进而补偿混凝土的收缩。此外，在外界约束条件下，膨胀剂还可以形成一定的预应力，从而避免裂缝的产生[106,107]。目前国内应用较多的膨胀剂主要包括硫铝酸盐类（UEA）、氧化钙类（CEA）、氧化镁类（MEA）以及复合类膨胀剂。

氧化镁膨胀剂主要由白云石、蛇纹石和菱镁矿等经过煅烧加工而成。刘加平院士等[108]研究表明，在确保安定性的前提下，氧化镁膨胀剂在高性能混凝土中的适宜掺量不应超过 8%。因此，设计了表 2-21 所示的海水海砂砂浆配合比。此外，考虑到砂子的粒径同样会影响砂浆的干燥收缩性能，设计了对照组 M0，其中采用粗粒径的原状海砂制备的砂浆作为对照，其试验结果如图 2-19 所示。

表 2-21　海水海砂砂浆干燥收缩试验配合比/g

编号	海水	海砂	水泥	膨胀剂
M0	180	1000	400	0
M1	180	1000	400	14
M2	180	1000	400	20

由图 2-19 可以看出，掺加氧化镁膨胀剂后，海水海砂砂浆的干燥收缩量明显降低。与不掺加氧化镁膨胀剂的海水海砂砂浆相比，掺加 3.5%氧化镁膨胀剂可减少干缩量约 350 $\mu\varepsilon$，并且在 15 d 龄期时，其干缩量已低于淡水河砂砂浆。掺加 5%氧化镁膨胀剂的海水海砂砂浆表现出更小的干燥收缩量，30 d 龄期时比空白组低约 600 $\mu\varepsilon$。

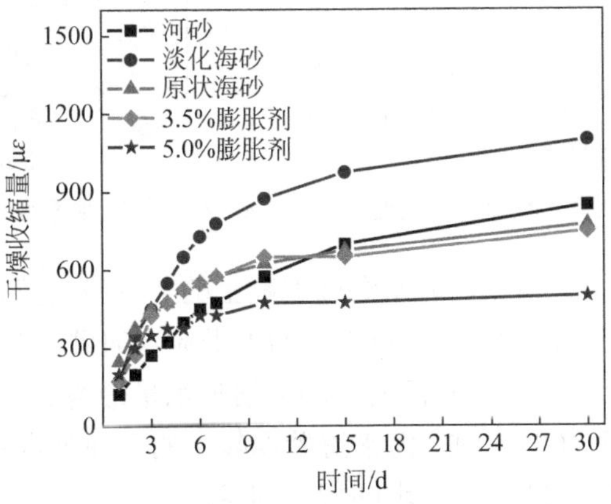

图 2-19　掺加膨胀剂的海水海砂砂浆干燥收缩量

此外，采用粒径更粗、氯离子含量更高的原状海水海砂制备的砂浆，虽然初期的干燥收缩量仍高于淡水河砂砂浆，但在 15 d 龄期时已与淡水河砂砂浆的干缩量相差不大，而在 30 d 龄期时甚至略低于淡水河砂砂浆。这说明，海水海砂中氯离子的影响仅在 7 d 龄期内较为明显，早强作用会导致水化速率加快，消耗更多的水分，从而增加干燥收缩量。之后，由于前期生成的大量水化产物填充了孔隙，减少了连通孔，使得内部水分更少扩散到外界环境中，从而降低了干燥收缩量。同时，这也表明海砂的粒径对砂浆的干燥收缩量的影响大于其携带氯离子的影响。

2.6　海水海砂混凝土的毛细吸收性能

毛细吸收是指在非饱和状态下，多孔材料受到毛细管力的影响而吸收或渗入水分的过程。通过毛细吸收试验，可以有效评估混凝土保护层的质量，对于离子侵蚀和钢筋锈蚀等问题具有重要意义[109]。本节主要研究海水和海砂对混凝土毛细吸收性能的影响。将两种水胶比的海水海砂混凝土与淡水河砂混凝土试件在标准养护 28 d 后，放置于恒温恒湿实验室（温度为 20℃±0.5℃，湿度为 50%±10%）中，测试其毛细吸水量。测试结果如图 2-20 所示。

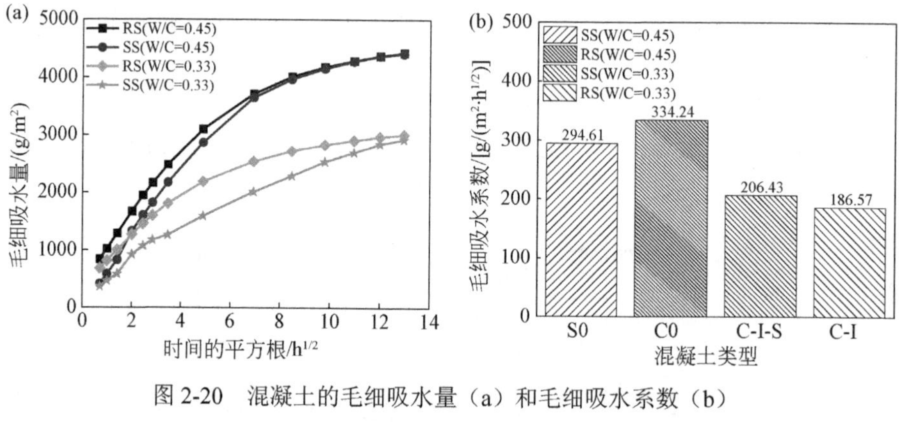

图 2-20　混凝土的毛细吸水量（a）和毛细吸水系数（b）

由图 2-20（a）可以看出，海水海砂混凝土的毛细吸水量在早期增长较快，当水胶比为 0.45 和 0.33 时，其毛细吸水量均大于淡水河砂混凝土。然而，吸水 7 d 后，海水海砂混凝土和淡水河砂混凝土的毛细吸水量最终趋于相当。由图 2-20（b）可以看出，当水胶比为 0.45 时，海水海砂混凝土的毛细吸水系数低于淡水河砂混凝土，而在水胶比为 0.33 时，二者的规律则相反。这表明海水和海砂中的氯离子对混凝土的毛细吸收性能影响不大。

由图 2-21 可以看出，掺加辅助胶凝材料的海水海砂混凝土毛细吸水量相比于水泥混凝土有所增加，且水胶比大的情况下影响更为显著。当水胶比为 0.45 时，辅助胶凝材料导致海水海砂混凝土毛细吸水量增大的顺序为：矿粉＞粉煤灰＞硅灰。当水胶比为 0.33 时，辅助胶凝材料导致海水海砂混凝土毛细吸水量增大的顺序为：硅灰＞粉煤灰＞矿粉。这说明辅助胶凝材料不能有效降低海水海砂混凝土的毛细吸水量。

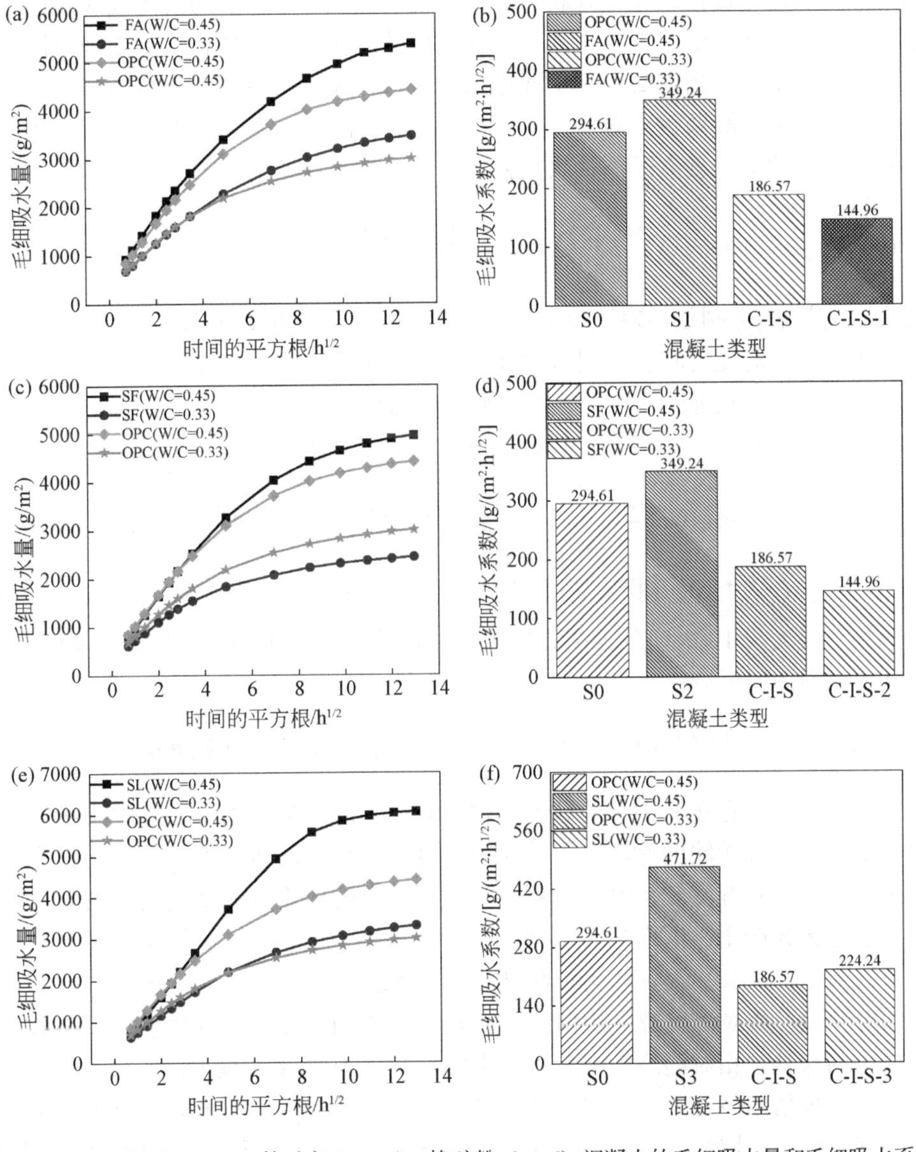

图 2-21　掺粉煤灰（a，b）、掺硅灰（c，d）、掺矿粉（e，f）混凝土的毛细吸水量和毛细吸水系数

2.7　海水海砂混凝土中氯离子迁移

2.7.1　氯离子在混凝土中的传输机理

混凝土中氯离子等腐蚀性离子传输过程本质上是带电离子或分子在混凝土孔隙溶液中的迁移过程。在饱和状态的混凝土内，氯离子主要通过浓度梯度的扩散进行传输；而在非饱和混凝土内，传输则由渗透作用、扩散作用和毛细吸附的耦合作用共同决定。当混凝土处于非饱和状态时，氯离子在混凝土内的传输速度会降低，氯离子扩散系数也会发生变化。如式（2-1）所示，Shoukry 等[110]建立了相对湿度影响下的氯离子扩散系数公式。

$$D_h = D_c\left[1+\frac{(1-H_R)^4}{(1-H_c)^4}\right]^{-1} \tag{2-1}$$

式中，D_h 和 D_c 分别是相对湿度为 H_R 和 H_c 时的氯离子扩散系数；H_R 和 H_c 分别为混凝土中的相对湿度和临界相对湿度，一般认为临界相对湿度为 0.75。

由于氯离子在非饱和混凝土中传输时毛细吸附作用不可忽视，金祖权等[111]根据实验结果修正了氯离子扩散系数与相对湿度以及吸附时间之间的关系：

$$D_{RH}(t) = D_{RH=100\%(t_0)} \times \left[1-7.302\times\left(\frac{t}{t_0}\right)^{-0.033}\times \ln(RH)\right] \tag{2-2}$$

式中，$D_{RH}(t)$ 为 t 时刻相对湿度为 RH 的混凝土氯离子扩散系数；$D_{RH=100\%(t_0)}$ 为 t_0 时刻相对湿度为 100%时的混凝土氯离子扩散系数；t_0 和 t 分别代表初始时间 1 小时和毛细吸附时间。

2.7.2　基于 COMSOL 软件平台的氯离子渗透模拟

混凝土内部存在着大量的孔隙结构，其中孔隙水是氯离子通过对流和扩散作用向混凝土内部传输的介质，因此相对湿度对氯离子的传输也有一定的影响。研究表明，在相对湿度较小时，氯离子在混凝土中的传输方式以毛细吸收为主，并且其腐蚀最为严重；而在相对湿度较大时，氯离子在混凝土中的传输方式则以自由扩散为主。海水海砂混凝土的表层（本文设定为混凝土表面 5 mm）与环境间存在水分交换；相对湿度较小的情况下，采用式（2-1）作为基础模型；在海水海砂混凝土的深处，相对湿度较大，则选用式（2-2）作为基础模型。

本文采用 MATLAB 建立尺寸为 100 mm×100 mm 的二维混凝土随机骨料模型，其中圆形区域为 5 mm、10 mm、15 mm、20 mm 四种级配的粗骨料，其周围区域为砂浆，并在粗骨料和砂浆之间设置厚度为70 μm的界面区。利用COMSOL Multiphysics with MATLAB软件将建立的随机骨料模型导入COMSOL中，选择稀物质传递模块进行氯离子渗透模拟。

1. 结合时间对氯离子渗透的影响

将海水海砂混凝土表层5 mm的相对湿度设置为0.75，内部相对湿度设置为0.95，对结合时间为90 d和1年的海水海砂混凝土-淡水河砂混凝土进行氯离子渗透模拟，其结果如图2-22所示。可以看出，结合90 d后氯离子在淡水河砂混凝土内渗透量很少，且只渗透到了表层区域；结合1年后更多的氯离子渗透到了普通混凝土中，且渗透到更深的区域，但普通混凝土中表层氯离子的含量仅为0.074%，对钢筋腐蚀的危害不大。

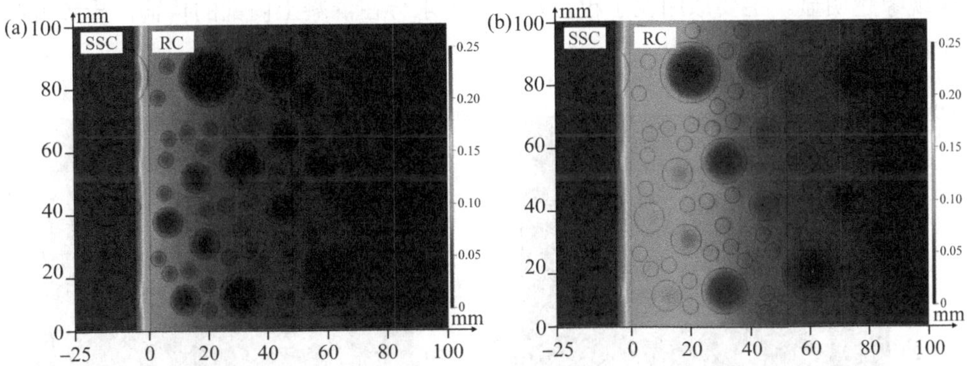

图2-22　结合不同时间后氯离子在SSC和RC中的渗透云图

（a）90 d；（b）1年

2. 相对湿度对氯离子渗透的影响

将海水海砂混凝土表层设定为25%、50%、75%和95%四个相对湿度环境。由于粗骨料较为致密，其传输系数不受环境湿度的影响。具体参数设置如表2-22所示。设置步长为7 d，时长共90 d。

表2-22　参数设置

参数	值
D_{28}	$4\times10^{-12}m^2/s$
H_1	0.25
H_2	0.5

续表

参数	值
H_3	0.75
H_4	0.95
D_1	$4\times10^{-10}m^2/s$
D_2	$4\times10^{-13}m^2/s$

注：D_{28} 为水泥净浆的扩散系数；D_1 为界面区的氯离子扩散系数；D_2 为骨料的氯离子扩散系数；H_n 为相对湿度

不同相对湿度环境下海水海砂混凝土与淡水河砂混凝土结合 90 d 后的氯离子渗透云图如图 2-23 所示。可以看出，随着海水海砂混凝土表层相对湿度的不断降低，更多的氯离子从海水海砂混凝土渗透到普通混凝土中。当相对湿度低于 75%时，氯离子在普通混凝土的粗骨料表层富集，呈现圆环状分布，且湿度越低，富集现象越明显。主要原因在于粗骨料阻碍了水分在混凝土内部的传输，导致混凝土内部的氯离子含量减少。

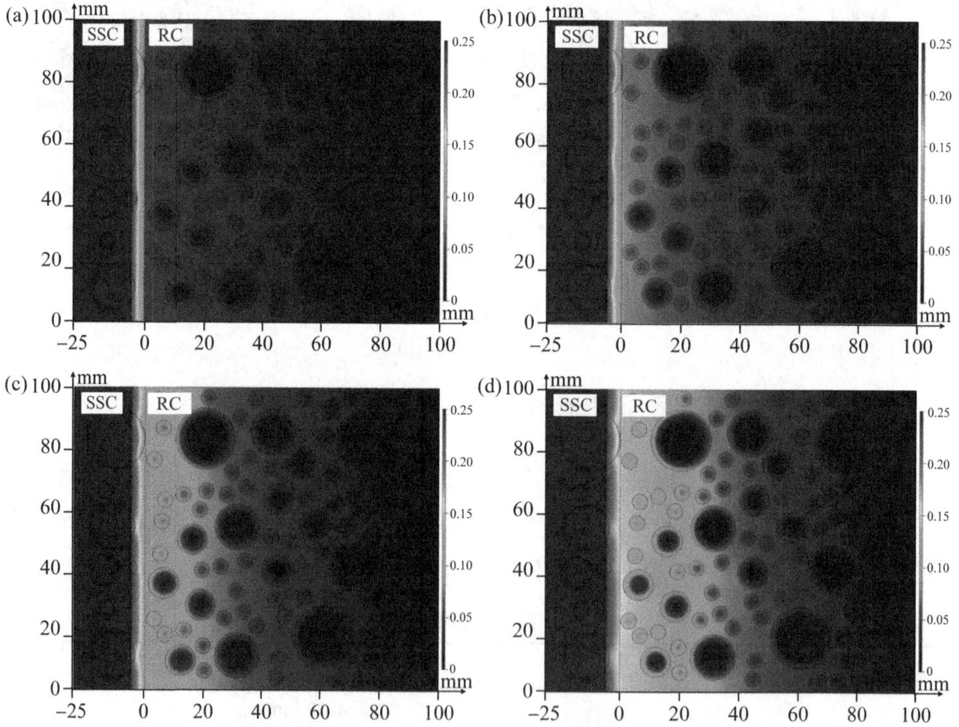

图 2-23　不同湿度下氯离子在海水海砂混凝土和普通混凝土中的渗透云图

（a）RH=0.95；（b）RH=0.75；（c）RH=0.5；（d）RH=0.25

如图 2-24 所示，为了进一步明晰相对湿度对氯离子渗透的影响，绘制了混凝土上边缘的氯离子浓度变化趋势图。普通混凝土中的氯离子浓度随深度增加而逐渐降低，且越靠近表面相对湿度的影响越明显。随着相对湿度的降低，氯离子的渗透量逐渐减少，但渗透深度逐渐增大。

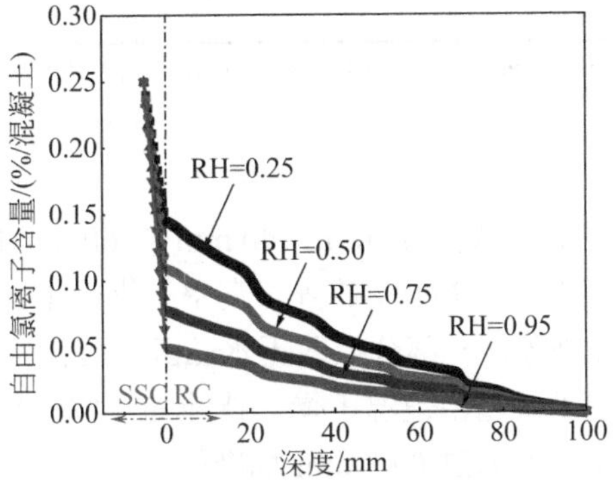

图 2-24　结合 90 d 后混凝土上边缘的氯离子浓度变化

2.8　海水海砂混凝土氯离子结合

2.8.1　富铝胶凝材料对海水海砂砂浆氯离子结合能力的影响

1. 砂浆配合比

海水海砂砂浆的配合比为海水∶胶凝材料∶海砂=0.45∶1∶2.5，其他掺合料的占比如表 2-23 所示。采用两种水泥作为主要胶凝材料，其中 P 代表普通硅酸盐水泥，A 代表铝酸钙水泥。

表 2-23　掺辅助胶凝材料砂浆配合比/%

	水泥	粉煤灰	偏高岭土
P0/A0	100	—	—
PF1/AF1	70	30	—
PF2/AF2	60	40	—
PF3/AF3	50	50	—
PF4	80	20	—
PM1/AM1	70	—	30
PM2/AM2	60	—	40

续表

	水泥	粉煤灰	偏高岭土
PM3/AM3	50	—	50
PM4	80	—	20
PMF	40	30	30

注：P0/A0 表示两个砂浆配合比，P0 为硅酸盐水泥砂浆，A0 为铝酸盐水泥砂浆

2. 试验方法

按照表 2-23 的配合比，成型 40 mm×40 mm×160 mm 的海水海砂砂浆试件。试件在标准养护室养护 28 d 后取出，放置于真空干燥箱中，40℃恒温干燥 2 小时。然后，使用小锤将试件破碎，一部分放入无水乙醇中浸泡 7 d 以终止水化后研磨，装入密封袋并放入真空干燥箱中恒温干燥。待冷却至室温后，进行 XRD 衍射试验。另一部分经研钵研磨后通过 0.63 mm 标准筛，装入密封袋并放入真空干燥箱中恒温干燥。待冷却至室温后，用分析天平称取两份质量为 2 g（±0.01 g）的粉末，分别放入 100 mL 塑料瓶中，加入 50 mL 蒸馏水或 50 mL 稀硝酸（1∶7），拧紧瓶盖后用振荡器振荡 15 分钟，之后静置 24 小时待用。按照混凝土中氯离子含量检测技术规程（JCJ/T 322—2013），使用全自动滴定仪（ZDJ-5 B）测定海水海砂砂浆中水溶性氯离子浓度（C_f）和酸溶性氯离子浓度（C_t），根据式（2-3）计算氯离子结合能力 R：

$$R=\frac{C_b}{C_f}=\frac{C_t-C_f}{C_f} \tag{2-3}$$

3. 试验结果

1）氯离子结合能力

海水海砂砂浆试块养护 28 d 后，通过电位滴定法测定自由氯离子和总氯离子含量，从而得到砂浆的氯离子结合能力，如图 2-25 所示。从图 2-25（a）可以看出，纯普通硅酸盐水泥砂浆的氯离子结合能力为 0.44，说明掺入海水和海砂的砂浆中游离氯离子较多。然而，添加粉煤灰和偏高岭土后，砂浆中更多的游离氯离子被结合，氯离子的结合能力得到有效提高。随着粉煤灰和偏高岭土掺量的增加，普通硅酸盐水泥砂浆的氯离子结合能力呈现先增加后降低的趋势。当掺量为 30%时，粉煤灰和偏高岭土均表现出最好的氯离子结合能力。掺加 30%偏高岭土可以使氯离子结合能力提高 65%，而掺加 30%粉煤灰可以使氯离子结合能力提高 35%。这说明基于辅助胶凝材料的活性和有效 Al_2O_3 含量，偏高岭土在提高氯离子结合

能力时具有比粉煤灰更好的增强效果。添加不同质量的辅助胶凝材料会导致氯化物结合能力不同变化的主要原因如下：首先，在水泥水化过程中，辅助胶凝材料与 $Ca(OH)_2$ 之间发生火山灰反应，增加了水化硅酸钙（C-S-H 凝胶）的生成量，生成的大量水化产物细化了砂浆的孔结构，并进一步改善了 C-S-H 凝胶对氯离子的吸附能力。然而，当砂浆中的初级水化产物（$Ca(OH)_2$）含量不足时，会影响辅助胶凝材料的火山灰反应进行，并导致 C-S-H 凝胶量不足，从而造成砂浆中氯离子结合能力的下降。

从图 2-25（b）可以看出，纯铝酸钙水泥砂浆表现出最好的氯离子结合能力，达到了 1.33，是普通硅酸盐水泥砂浆氯离子结合能力的约 3 倍。然而，与普通硅酸盐水泥砂浆不同，铝酸钙水泥砂浆中辅助胶凝材料的掺入并没有进一步提高氯离子结合能力。无论是掺入粉煤灰还是偏高岭土，其氯离子结合能力均低于纯铝酸钙水泥砂浆。粉煤灰和偏高岭土的最优掺量分别为 50%和 40%，可使砂浆的氯离子结合能力提高 93%和 82%。虽然这些均低于纯铝酸钙水泥的提升效果，但与硅酸盐水泥砂浆相比，其氯离子结合能力仍高出约 30%。出现这一现象的主要原因是，添加辅助胶凝材料后，由于铝酸钙水泥中缺少氢氧化钙，火山灰效应无法发挥。同时，辅助胶凝材料的使用导致铝酸钙水泥用量减少，从而直接导致氯离子结合能力的下降。此外，铝酸钙水泥的水化过程也受到辅助胶凝材料的影响。

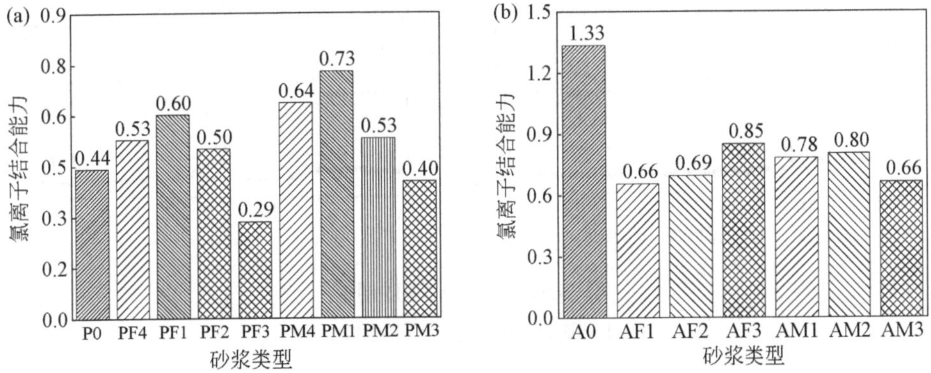

图 2-25　海水海砂砂浆的氯离子结合能力

（a）普通硅酸盐水泥；（b）铝酸钙水泥

2）水化产物分析

对最优辅助胶凝材料掺量的普通硅酸盐水泥和铝酸钙水泥两种海水海砂砂浆进行了 XRD 测试，结果如图 2-26 所示。很明显，两种水泥的水化产物完全不同。以普通硅酸盐水泥为主要胶凝材料时，其水化产物主要为 Friedel 盐、氢氧化钙和未水化的硅酸三钙。形成的含有氯离子的 Friedel 盐表明，氯离子的结合主要以化学结合为主。图 2-26（b）显示，加入偏高岭土和粉煤灰后，海水海砂砂浆中形成了更多的 Friedel 盐，从而提高了化学结合氯离子的能力。以铝酸钙水泥制备砂浆的水化产物主要包括水化铝酸一钙（CAH_{10}）、铝溶胶（AH_3）、铝酸二钙（CA_2）和钙铝黄长石（C_2AS）。水化产物中没有形成含氯的物质，说明铝酸钙水泥主要通过物理吸附的方式结合氯离子，依赖水泥浆体中形成的大量水化产物将氯离子吸附于孔壁上。一般来说，铝酸一钙的水化反应如式（2-4）～式（2-8）所示。在 15～30℃的范围内，水化过程中主要生成水化产物 CAH_{10}、C_2AH_8 和 AH_3。而当温度高于 20℃时，由于 CAH_{10} 和 C_2AH_8 均为亚稳态，随着时间推移，它们将转换为 C_3AH_6 和 AH_3，如式（2-5）和式（2-7）所示。这也是图 2-26（b）中未出现 C_2AH_8 衍射峰的主要原因。与普通硅酸盐水泥相比，铝酸钙水泥的水化产物不包含 Friedel 盐和 $Ca(OH)_2$，砂浆中也没有形成含氯的产物。这表明铝酸钙水泥砂浆主要通过物理吸附方式结合氯离子。此外，掺加辅助胶凝材料后，铝酸钙水泥砂浆中形成的水化产物数量减少，导致其物理吸附的氯离子量降低。

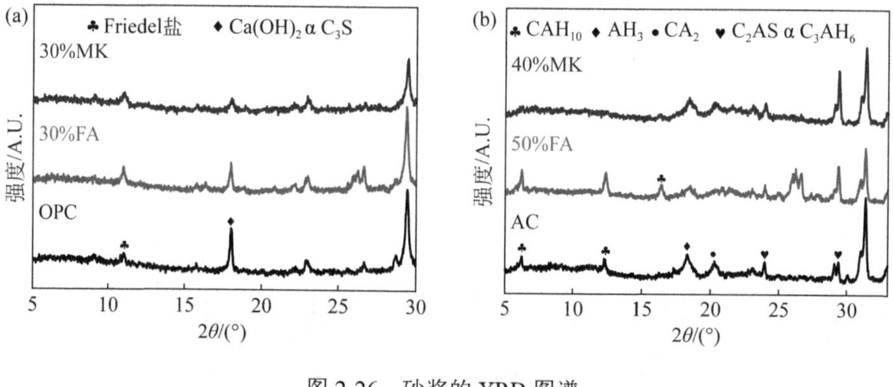

图 2-26 砂浆的 XRD 图谱

（a）普通硅酸盐水泥；（b）铝酸钙水泥

$$CA+10H \longrightarrow CAH_{10} \quad (2-4)$$

$$3CAH_{10} \longrightarrow C_3AH_6+2AH_3+18H \quad (2-5)$$

$$2CA+11H \longrightarrow C_2AH_8+AH_3 \quad (2-6)$$

$$3C_2AH_8 \longrightarrow 2C_3AH_6+AH_3+9H \quad (2-7)$$

$$3CA+12H \longrightarrow C_3AH_6+2AH_3 \quad (2-8)$$

对最优辅助胶凝材料掺量的普通硅酸盐水泥和铝酸钙水泥的海水净浆进行了热重试验，结果如图 2-27 所示。显然，两种水泥材料的水化失重峰存在差异。当以普通硅酸盐水泥为主要胶凝材料时，其失重峰主要由 C-S-H 和 $Ca(OH)_2$ 构成。由于选取的净浆龄期为 28 d，热重曲线图中 Friedel 盐的失重峰（340～350℃）不明显。掺加辅助胶凝材料后，$Ca(OH)_2$ 的失重峰值降低，而 C-S-H 凝胶的失重峰值则增加。当以铝酸钙水泥为主要胶凝材料时，其失重峰主要由 CAH_{10} 和 AH_3 构成。掺加辅助胶凝材料后，AH_3 和 CAH_{10} 的失重峰值降低，导致砂浆的氯离子结合能力下降。

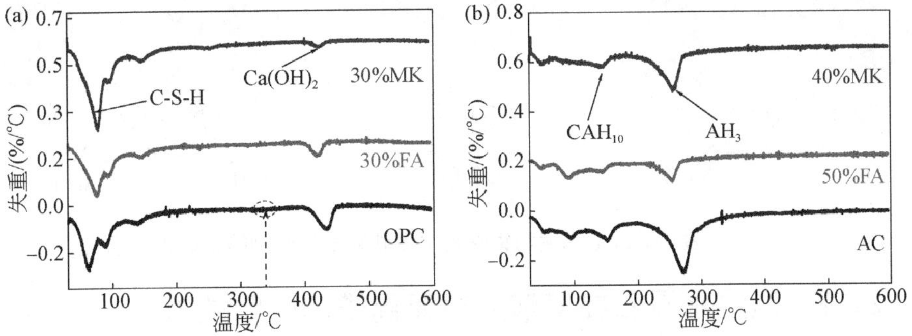

图 2-27　净浆的 DTG 曲线图

（a）普通硅酸盐水泥；（b）铝酸钙水泥

3）机理分析

如图 2-28 所示，氯离子在砂浆中的结合过程是物理吸附和化学结合共同作用的结果。普通硅酸盐水泥的水化产物主要包括水化硅酸钙（C-S-H）和 AFm 相，这些成分能够与氯离子结合，如图 2-27 所示。C-S-H 凝胶因其较高的比表面积，主要通过物理吸附的方式结合氯离子，而 AFm 相则主要通过化学结合来与氯离子相互作用。如图 2-28（b）所示，氯离子可以取代 AFm 相中的其他形式，形成 Friedel 盐或 Kuzel 盐。辅助胶凝材料在海水海砂砂浆中主要通过促进 Friedel 盐的形成发挥作用，而 Kuzel 盐仅能在低浓度的氯离子环境中形成。偏高岭土中的大部分 Al_2O_3 具有活性，显著提高了氯离子的结合能力；相比之下，经过煅烧形成的粉煤灰中的 Al_2O_3 主要以莫来石等晶体形态存在，无法形成 Friedel 盐。因此，尽管粉煤灰的 Al_2O_3 含量约为 35%，但其增强氯离子结合的效果远低于偏高岭土。此外，海水海砂砂浆中的氯离子属于内掺型，使得 Friedel 盐主要通过氯离子与 C_3A 的吸附结合形成。因此，化学结合能力的人小主要取决于 Al_2O_3 和 CaO 的含量，这导致氯离子的结合能力并不总是随着辅助胶凝材料用量的增加而增强。如图 2-28（c）所示，在铝酸钙水泥砂浆中没有发现类似 Friedel 盐的含氯产物，因此铝酸钙水泥主要通过水化产物的物理吸附与氯离子结合。由于添加辅助胶凝材料无法促进

Friedel盐的形成，因此，掺加辅助胶凝材料不仅不会增加砂浆的氯离子结合能力，还会影响铝酸钙水泥自身的水化。因此，富铝辅助胶凝材料不适合用于提高铝酸钙砂浆氯离子结合能力。

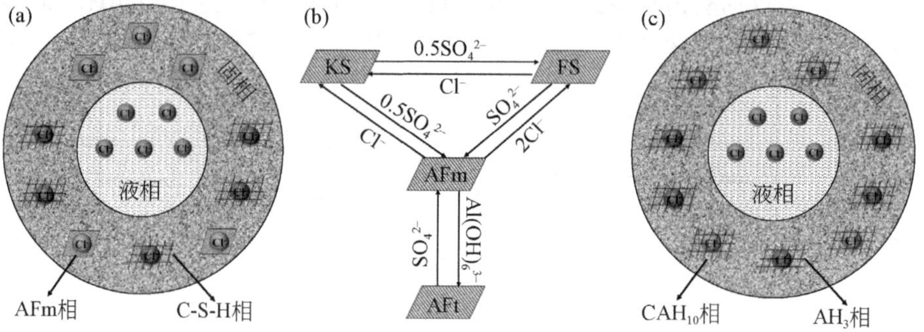

图2-28　普通硅酸盐水泥和铝酸钙水泥砂浆水化产物的主要相组成

2.8.2　煅烧水滑石在溶液中对氯离子的吸附能力

1. 水滑石的煅烧和表征

将Mg-Al-CO_3水滑石置于马弗炉中煅烧，升温速率为3℃/min，目标温度为400℃、450℃、500℃、550℃和600℃，恒温5小时，待冷却30 min后取出，冷却至室温后密封保存。对水滑石及不同温度下煅烧获得的CLDH试样进行XRD衍射试验，其结果如图2-29所示。可以看出，水滑石的特征峰基线平稳，峰宽较窄且尖锐，无明显的杂峰，说明所用水滑石的纯度较高。衍射强度较大的特征衍射峰有7个（003、006、012、015、018、110、113），与$Mg_{0.667}Al_{0.333}(OH)_2(CO_3)_{0.167}(H_2O)_{0.5}$（JCPDS card No.89-0460）一致，是典型的碳酸根插层型镁铝水滑石。经过400～600℃煅烧后，相对强度较大的特征衍射峰为MgO和Al_2O_3混合氧化物的特征衍射峰，出现在2θ为43.0°和62.4°附近，表明经过高温煅烧，水滑石失去了层间水分和碳酸根插层，转变为CLDH。

2. 煅烧水滑石在不同溶液中的离子吸附能力

为了解煅烧水滑石在海水中的平衡吸附时间，将500℃煅烧的水滑石与稀释20倍的海水（氯离子浓度为969 mg/L）混合。采用磁力搅拌器分别搅拌20 min、40 min、70 min、100 min、120 min、150 min和180 min后，通过离心机离心，取上层清液测定氯离子含量，结果如图2-30所示。可以看出，随着搅拌时间的增加，海水中的氯离子含量不断下降，100 min后趋于稳定。这表明煅烧水滑石与海水混合 100 min 便可达到平衡吸附。

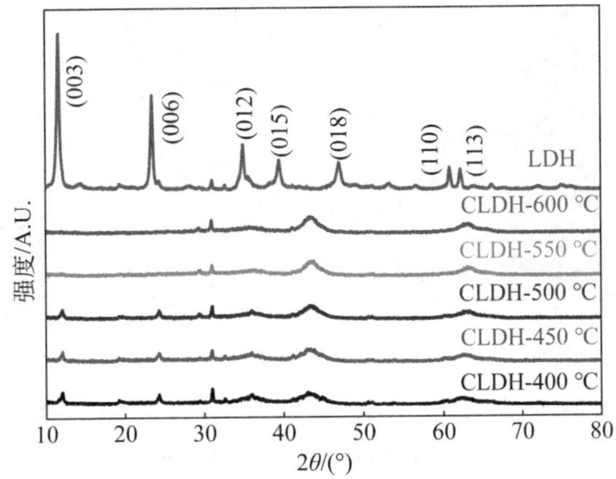

图 2-29　水滑石和煅烧水滑石的 XRD 图谱

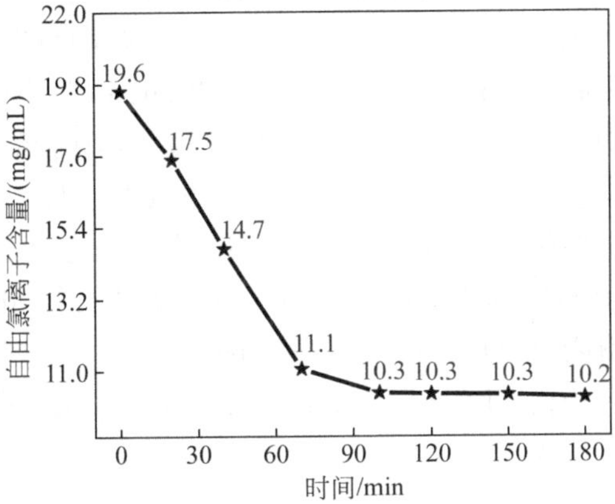

图 2-30　煅烧水滑石在海水中的平衡吸附时间

由于海水中含有多种离子，为探讨其他离子对 CLDH 吸附氯离子的影响，分别将 500℃、550℃和 600℃温度下煅烧获得的 CLDH 与稀释海水和氯化钠溶液混合，搅拌 24 h。随后，取上层清液测定氯离子吸附量，得到结果如图 2-31（a）和（b）所示。可以看出，CLDH 在氯化钠溶液中表现出较好的氯离子吸附能力，吸附量可达到约 90 mgCl/gCLDH。而在稀释海水中的氯离子吸附量仅为约 10 mgCl/g CLDH，氯化钠溶液中 CLDH 的氯离子吸附量约为稀释海水中 CLDH 氯离子吸附量的 9 倍。

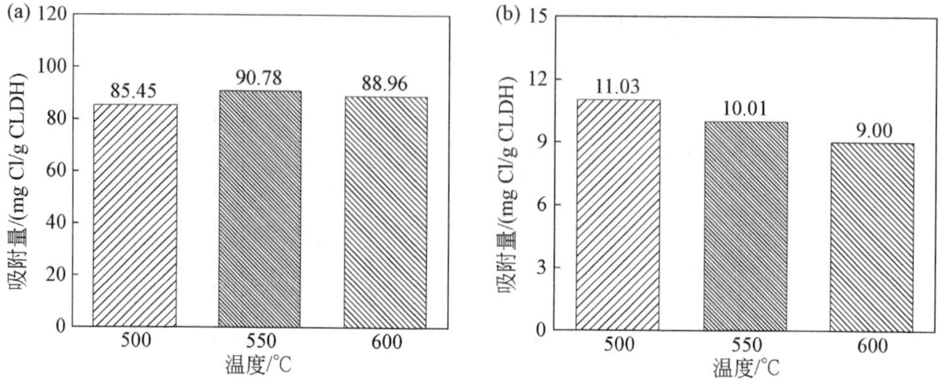

图 2-31　煅烧水滑石在不同溶液中的氯离子吸附能力

（a）氯化钠溶液；（b）稀释海水

测试 CLDH 在海水、氯化钠以及硫酸钠溶液中吸附后的 XRD 如图 2-32 所示，可以看出，CLDH 在稀释海水、氯化钠以及硫酸钠中吸附阴离子后，在原有 LDHs 的特征峰位置再次出现了衍射强度较高的特征峰。这说明 CLDH 吸附离子后，原来的被高温破坏的层状结构得到了部分恢复。CLDH 吸附不同阴离子后的衍射峰几乎相同，但强度更高且偏移至更高的角度。三者的衍射峰高度由大到小依次为 NaCl、稀释海水、Na_2SO_4。吸附 SO_4^{2-}后，衍射角减小，根据布拉格方程，层间距变大。带有更多电荷的硫酸盐阴离子更容易插入层间，以维持电中性或交换其他阴离子。然而，由于 SO_4^{2-}为正四面体结构，当其在插入层间时，层间距会增大。CLDH 在海水中吸附阴离子后的衍射角相比 NaCl 溶液小，这是因为稀释海水中含有一定量的硫酸盐，使得 CLDH 同时吸附了 Cl^-和 SO_4^{2-}两种阴离子。

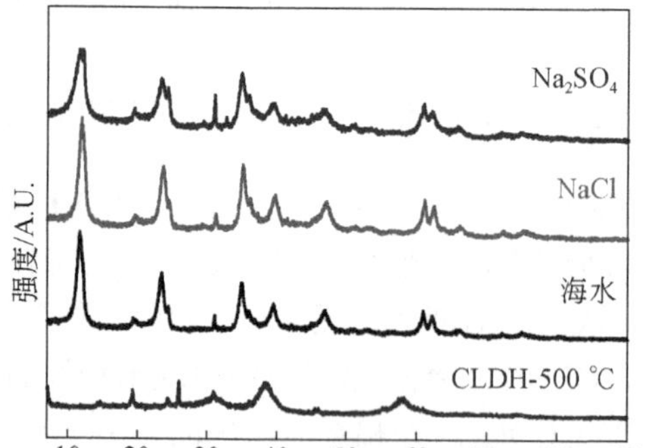

图 2-32　煅烧水滑石吸附前后的 XRD 图谱

利用 X 射线荧光光谱仪对离子吸附后的煅烧水滑石进行元素扫描，结果如

图 2-33 所示。可以看出，Cl 和 SO_3 的质量分数分别为 1.52%和 1.27%。根据元素的相对原子质量，计算出的物质的量分别为 0.043 mol 和 0.016 mol。因此，CLDH 在稀释海水溶液中重构时，Cl 的含量高于 SO_3，其主要原因是海水中氯化物的含量远高于硫酸盐。因此，硫酸盐对 CLDH 吸附氯离子的影响取决于其浓度。从图 2-33（b）和（c）中可以看出，Cl 和 SO_3 的质量分数分别为 1.06%和 2.89%。根据元素的相对原子质量，计算出的物质的量分别为 0.030 mol 和 0.044 mol。因此，CLDH 在硫酸钠溶液中的吸附能力约为氯化钠溶液的 1.5 倍。

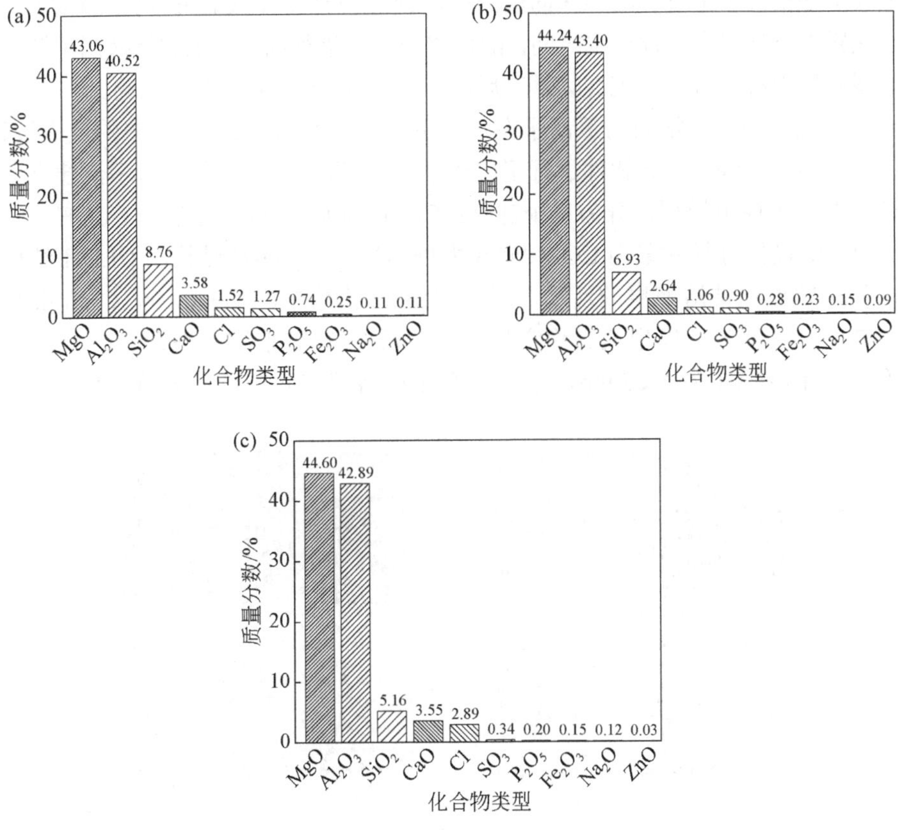

图 2-33　煅烧水滑石吸附溶液后的元素扫描结果

（a）稀释海水；（b）氯化钠溶液；（c）硫酸钠溶液

2.8.3　煅烧水滑石对海水海砂砂浆氯离子结合能力的影响

1. 砂浆配合比

通过试验得出，在 400℃、450℃、500℃、550℃和 600℃温度下煅烧获得的

CLDH 在溶液中对氯离子的吸附量分别为 1.68 mg/g、7.96 mg/g、11.03 mg/g、10.01 mg/g 和 9.00 mg/g。因此，选择在 500℃温度下煅烧获得的、对氯离子吸附能力最强的煅烧水滑石来制备砂浆。

2. 试验方法

为获得不同温度煅烧得到的水滑石在不同溶液中的离子吸附能力，选用稀释 20 倍的海水（氯离子浓度为 969 mg/L）、NaCl 溶液（氯离子浓度为 584 mg/L）和 Na_2SO_4 溶液（硫酸根离子浓度为 1420 mg/L）作为被吸附介质。将 CLDH 与上述溶液混合后，在磁力搅拌器上搅拌一定时间，随后将混合液进行离心。上层清液用于测定氯离子或硫酸根离子含量，沉淀物烘干后用于 XRD 衍射和元素分析试验。

为了揭示煅烧水滑石与氯离子在水泥主要水化产物（C-S-H）中的反应过程，使用 Materials Studio 7.0 软件进行了分子动力学模拟。如图 2-34 所示，建立了两个初始的分子模拟模型，分为三个部分：C-S-H 基质、NaCl 溶液和 CLDH（MgO 和 Al_2O_3）。模拟过程中采用 COMPASS 力场，将基底 C-S-H 结构与 CLDH 结构冻结，仅保留氯化钠溶液层的活动。通过 Forcite 模块中的 Geometry Optimization 优化 700 ps，使分子模型达到稳定状态，然后在 *NVT* 系综下进行 200 ps 的动力学模拟，精度控制为 Medium，以确保氯化钠溶液与底层结构充分反应。

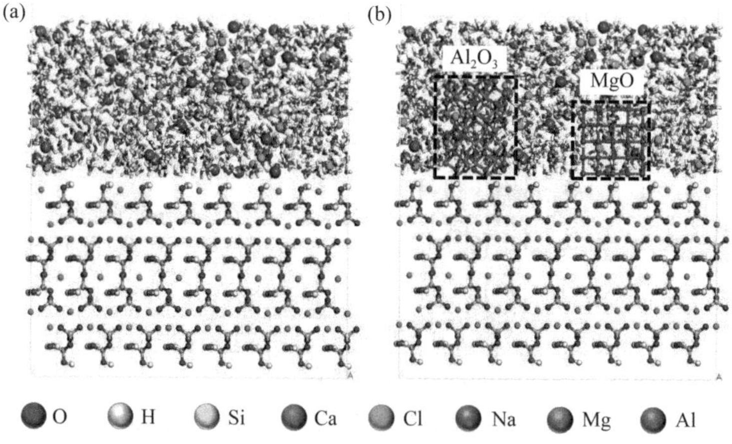

图 2-34 初始模型

（a）C-S-H&NaCl；（b）C-S-H+CLDH&NaCl

3. 试验结果

1）水滑石的煅烧温度

鉴于不同温度下煅烧的水滑石对氯离子的吸附效果不同，本研究分别以普通硅酸盐水泥和铝酸钙水泥为主要胶凝材料，掺入 9%的在 450℃、500℃和 550℃温度下煅烧的水滑石，以制备砂浆，并测定其氯离子结合能力，结果如图 2-35 所示。可以看出，无论是普通硅酸盐水泥还是铝酸钙水泥，500℃煅烧的水滑石均表现出最好的氯离子结合能力。在使用普通硅酸盐水泥作为主要胶凝材料时，掺入 450℃和 550℃煅烧的水滑石对海水海砂砂浆的氯离子结合能力提升效果并不明显，而500℃煅烧的水滑石能够使氯离子结合能力提高约 60%。在使用铝酸钙水泥作为主要胶凝材料时，掺入 450℃、500℃和 550℃煅烧的水滑石均降低了砂浆的氯离子结合能力，但 500℃煅烧的水滑石造成的下降幅度最小。

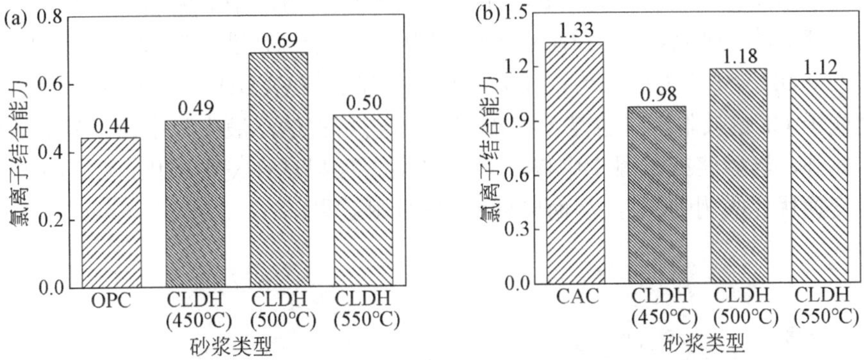

图 2-35　砂浆的氯离子结合能力

（a）普通硅酸盐水泥；（b）铝酸钙水泥

2）煅烧水滑石的掺量

将 500℃煅烧获得的 CLDH 按水泥质量的 3%、4.5%、6%、7.5%和 9%等比例取代硅酸盐水泥进行掺入。试件养护 28 d 后，测定了自由氯离子和总氯离子含量，并得到氯离子结合能力，如图 2-36 所示。结果表明，单掺 CLDH 可以提高海

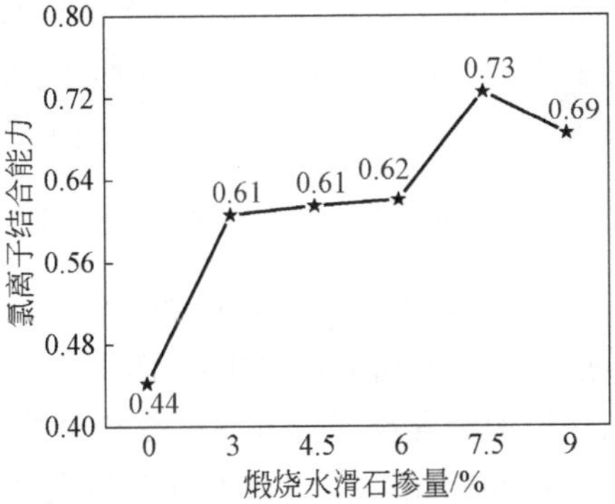

图 2-36　煅烧水滑石掺量对砂浆氯离子结合能力的影响

水海砂砂浆的氯离子结合能力，提升幅度约为 40%～65%。当掺量为 7.5%时，氯离子结合能力达到最高，与单掺 30%偏高岭土的提升效果相当。然而，当掺量超过 7.5%时，氯离子结合能力开始下降。此外，试验中还发现，由于 CLDH 质量较轻，掺量过大时，CLDH 体积的较大，会导致砂浆流动性变差。

3）机理分析

图 2-37 展示了水滑石的煅烧、重建和离子交换过程。可以看出，Mg-Al-CO_3-LDHs 本身具有稳定的层状结构，但在 400～600℃的煅烧过程中，CO_3^{2-}插层和层间水被去除，导致层状结构遭到破坏。在将 CLDH 与海水混合后，由于 LDHs 材料的“结构记忆”特性，破坏的层状结构能够吸附海水中的阴离子和水分，从而重建层状结构。研究表明，LDHs 材料的层间阴离子交换能力的大小排序为：CO_3^{2-} ≥SO_4^{2-}>OH^->F^->Cl^->Br^->NO_3^-。因此，重建后的 CLDH 会发生离子交换，SO_4^{2-}会优先于 Cl^-被吸附，这也是 CLDH 在海水与氯化钠溶液中吸附量差异显著的原因。此外，当砂浆或混凝土中掺入 CLDH 后，如果试件发生碳化，CLDH 会通过离子交换优先吸附 CO_3^{2-}，从而降低 Cl^-的吸附效果。

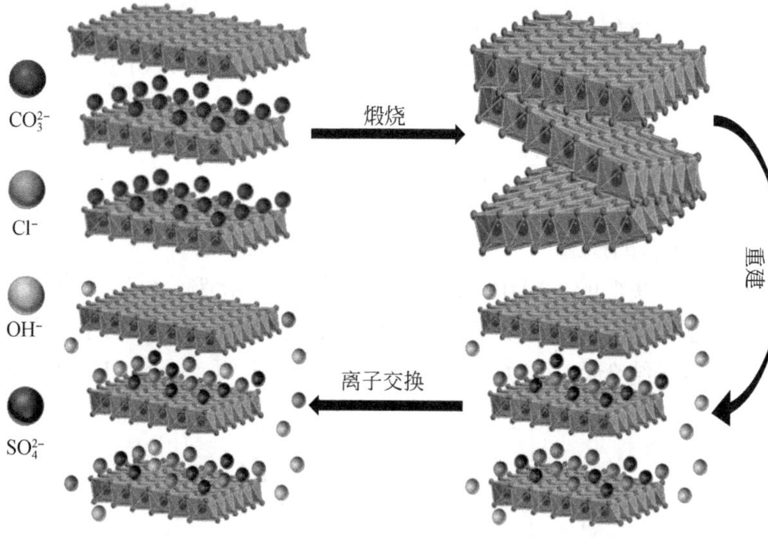

图 2-37　水滑石的煅烧、重建和离子交换过程示意图

为了更好地揭示 CLDH 在砂浆主要水化产物（C-S-H）中与氯离子的反应机理，利用分子动力学模拟计算了所研究体系中原子间的径向分布函数（RDF），如图 2-38 所示。可以看出，溶液中氯离子与基底 C-S-H 结构的主要作用方式为形成 Cl-Ca 作用原子对。Cl 与 C-S-H 结构中 Ca 的 RDF 值在 2.8 Å 附近出现峰值，说明 Cl 与 C-S-H 结构 Ca 之间的相互作用较强。且在 C-S-H 表面存在 CLDH 时，

Cl-Ca 的 RDF 值降低，表明 Cl 原子与 Ca 原子之间的相互作用强于 H 原子。这说明 CLDH 对 Cl^-的吸附影响了 Cl^-与 C-S-H 基体之间的相互作用。

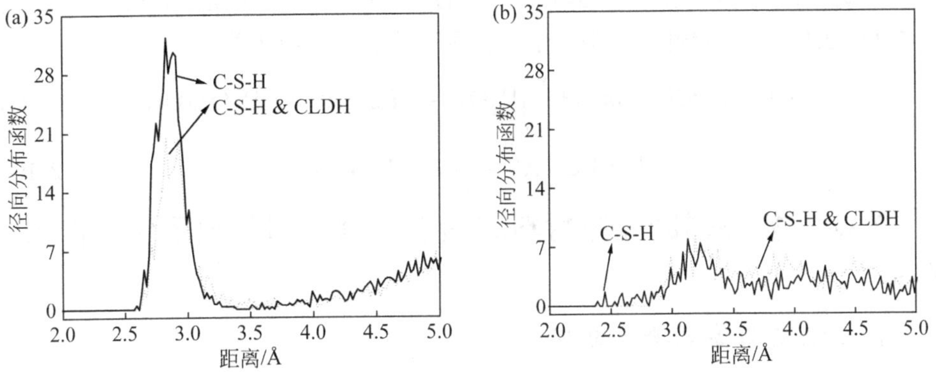

图 2-38　Cl 原子和 C-S-H 基质中两个原子的径向分布函数

（a）Cl-Ca；（b）Cl-H

通过对 200 ps 动力学弛豫过程中氯化钠溶液中 Cl 的均方位移（MSD）进行分析，结果如图 2-39 所示。当 C-S-H 结构表面存在 CLDH 时，Cl 的 MSD 明显降低，溶液中 Cl 的扩散速率减缓。结合对 Cl 与基底结构 Ca 和 H 的径向分布函数的分析，可以判断 CLDH 的加入会吸引部分 Cl，从而限制 Cl 的运动，这证实了砂浆中氯离子被 CLDH 吸附的反应过程。

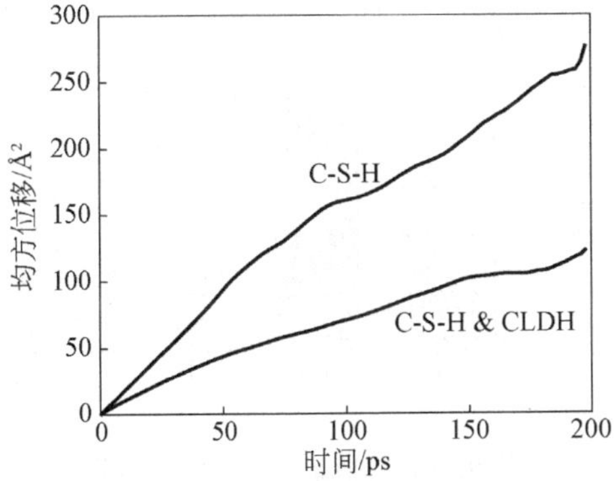

图 2-39　NaCl 溶液中氯原子均方位移的变化

由以上结果可知，CLDH 对砂浆中氯离子的吸附效果明显，其吸附主要基于水滑石的两种材料特性：记忆效应和离子交换性能。因此，在砂浆的孔隙溶液中，通过 CLDH 吸附 Cl^-进行重构，生成 LDH-Cl，如反应式（2-9）所示。此外，LDH 层间的阴离子容易被其他具有较强静电相互作用的阴离子所取代，因为它们通过氢键与水镁石层的连接较弱，如反应式（2-10）所示。因此，当砂浆中含有其他阴离子（如 SO_4^{2-}和 CO_3^{2-}）或环境中有这些阴离子时，CLDH 对氯离子的结合能力的会减弱。此外，反应式（2-9）中 CLDH 重构时释放的 OH^-和 SO_4^{2-}的存在会影响 Friedel 盐的稳定性，这与化学结合氯离子能力密切相关。

$$\mathrm{CLDH}+x\mathrm{Cl}^-+\left(m+1+\frac{x}{2}\right)\mathrm{H_2O}\longrightarrow \mathrm{LDH\text{-}Cl}_x+m\mathrm{H_2O}+x\mathrm{OH}^- \tag{2-9}$$

$$\mathrm{LDH\text{-}Cl}+\mathrm{A}^{n-}\longrightarrow \mathrm{LDH\text{-}A}^{n}+\mathrm{Cl}^- \tag{2-10}$$

2.8.4　复掺辅助胶凝材料和煅烧水滑石对氯离子结合能力的影响

1. 粉煤灰与偏高岭土复掺

将 30%粉煤灰和 30%偏高岭土复掺到海水海砂砂浆中，研究其对氯离子结合能力的影响，结果如图 2-40 所示。可以看出，复掺粉煤灰和偏高岭土对海水海砂砂浆氯离子结合能力的提升效果不如单掺，其氯离子结合能力仅为 0.46，接近纯普通硅酸盐水泥的氯离子结合能力。其主要原因是：虽然复掺粉煤灰和偏高岭土增加了 Al_2O_3 的含量，但 CaO 的含量随之减少，导致辅助胶凝材料的火山灰效应无法有效发挥，进而影响砂浆的氯离子结合能力。

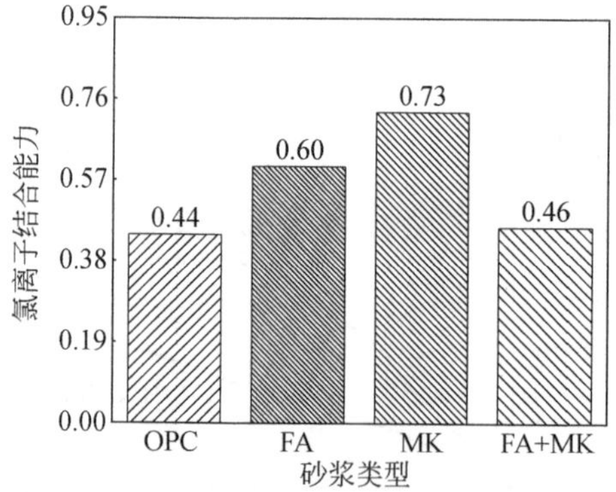

图 2-40　复掺煅烧水滑石与辅助胶凝材料的砂浆氯离子结合能力

2. 煅烧水滑石与辅助胶凝材料复掺

鉴于单掺煅烧水滑石和辅助胶凝材料的海水海砂砂浆均表现出较好的氯离子结合能力，因此将煅烧水滑石分别与粉煤灰及偏高岭土进行了复掺，研究海水海砂砂浆的氯离子结合能力，结果如图 2-41 所示。可以看出，无论是与偏高岭土还是与粉煤灰复掺，煅烧水滑石均导致海水海砂砂浆的氯离子结合能力降低，并且均低于三者单掺时的效果。

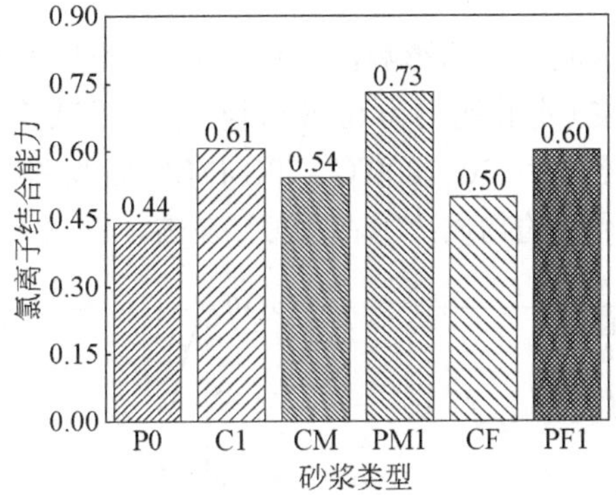

图 2-41　复掺煅烧水滑石与辅助胶凝材料的砂浆氯离子结合能力

首先，辅助胶凝材料中含有硫酸根离子，等量取代水泥水化后，SO_4^{2-}含量进一步增加。而煅烧水滑石会优先吸附 SO_4^{2-}，因此由辅助胶凝材料引入的这些硫酸根离子会降低砂浆的氯离子结合能力。此外，就普通硅酸盐水泥基材料而言，Friedel 盐的形成过程如反应式（2-11）、式（2-12）和式（2-13）所示。可以看出，C_3A 含量越高，反应式（2-13）和式（2-14）越容易进行，形成的 Friedel 盐也越多[112]。此外，Geng 等[113]研究表明，煅烧水滑石可以加速石膏的消耗，并限制钙矾石的形成。然而，辅助胶凝材料等量取代水泥后，C_3A 的含量降低，导致 Friedel 盐的形成过程受到限制。此外，如反应式（2-14）所示，水滑石的重构过程会释放出 OH^-，而砂浆中较高的碱度不仅阻碍 Friedel 盐的形成，还会加速 Cl^-从 Friedel 盐中的溶解[114,115]。综上所述，使用煅烧水滑石和辅助胶凝材料复合以替代水泥，并不能进一步提高砂浆的氯离子结合能力。

$$3CaO \cdot Al_2O_3 + CaCl_2 + 10H_2O \longrightarrow 3CaO \cdot Al_2O_3 \cdot CaCl_2 \cdot 10H_2O \tag{2-11}$$

$$3CaO \cdot Al_2O_3 + CaSO_4 \cdot 2H_2O + 10H_2O \longrightarrow 3CaO \cdot Al_2O_3 \cdot CaSO_4 \cdot 12H_2O \tag{2-12}$$

$$3CaO \cdot Al_2O_3 \cdot CaSO_4 \cdot 12H_2O + 2Cl^- \longrightarrow 3CaO \cdot Al_2O_3 \cdot CaCl_2 \cdot 10H_2O + SO_4^{2-} + 2H_2O \tag{2-13}$$

$$Mg_{1-x}Al_xO_{\left(1+\frac{x}{2}\right)} + \left(\frac{x}{n}\right)A^{n^-} + \left(m+1+\frac{x}{2}\right)H_2O \longrightarrow Mg_{1-x}Al_x(OH)_2(A^{n^-})_x \cdot mH_2O + xOH^- \tag{2-14}$$

2.9　海水对水泥水化进程的影响

为了探讨海水对水泥水化的影响，分别对养护龄期为 1 d、3 d、7 d 和 28 d 的海水净浆和淡水净浆（水胶比均为 0.45）进行了热重试验，结果如图 2-42 所示。

试验的测试温度范围为 30～800℃。TG-DTA 曲线图中出现了三个明显的吸热峰，分别代表三种不同的物质：①在 100℃左右，钙矾石和 C-S-H 凝胶脱水形

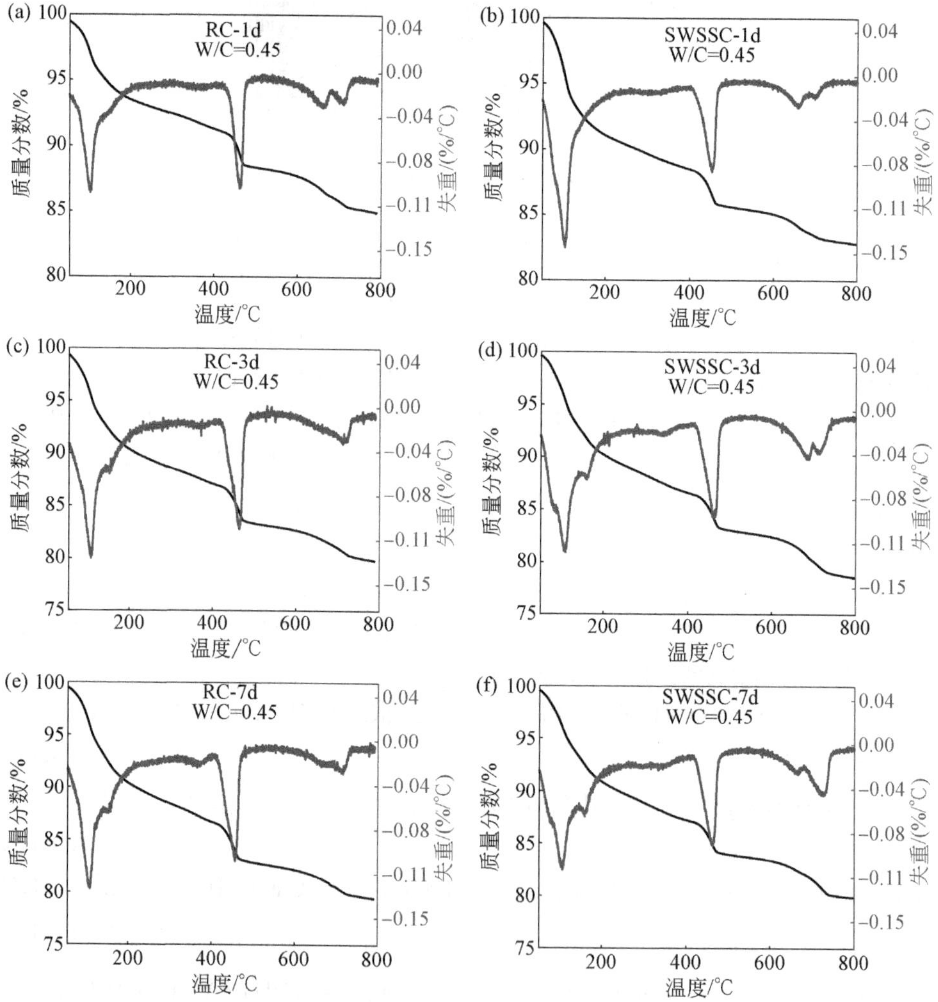

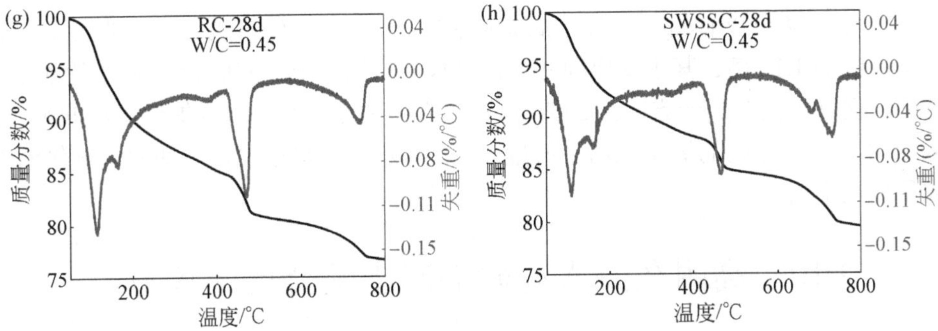

图 2-42　淡水净浆和海水净浆的 TG-DTA 曲线图

成的吸热峰；②在 440℃左右，氢氧化钙脱水分解而形成的吸热峰；③在 700℃左右，氢氧化钙发生碳化作用形成的碳酸钙分解所形成的吸热峰。

根据 440℃和 700℃左右吸热峰的失重量，可以对海水和淡水净浆试块所产生的氢氧化钙进行定量计算，从而得出海水对水泥水化各个龄期的影响。

根据公式（2-15）计算氢氧化钙（CH）的分解量：

$$m_1(\mathrm{CH})=\frac{74\times a}{18} \tag{2-15}$$

根据公式（2-16）得到碳酸钙（$CaCO_3$）的分解量：

$$m(\mathrm{CaCO_3})=\frac{100\times b}{44} \tag{2-16}$$

求出 CH 的碳化量：

$$m_2(\mathrm{CH})=\frac{74\times b}{44} \tag{2-17}$$

得到 CH 的生成量为：

$$m(\mathrm{CH})=m_1(\mathrm{CH})+m_2(\mathrm{CH}) \tag{2-18}$$

式中，18、74、44 和 100 分别代表 H_2O、CH、CO_2 和 $CaCO_3$ 的分子量；a 和 b 分别代表 H_2O 和 CO_2 的失重率。

根据式（2-15）～式（2-18），可以对热重试验得到的图 2-42 所示 TG-DTA 曲线进行定量计算，结果如表 2-24 所示。

表 2-24　养护不同龄期的海水和淡水净浆的 CH 生成量/%

养护龄期	1 d	3 d	7 d	28 d
海水	15.20	19.60	20.01	20.13
淡水	14.11	17.19	17.85	20.16

由表 2-24 可以看出，海水会加速水泥的早期水化，使得氢氧化钙的生成量是淡水净浆的 1.12 倍。其主要原因在于，海水中的氯离子一方面会与水化产物发生反应，促进水化；另一方面，$CaCl_2$ 本身作为一种促进剂，可以加速水泥的水化。从 28 d 养护后净浆的氢氧化钙生成量来看，海水和淡水净浆在后期的氢氧化钙生成量差距不大。

2.10 高耐久海水海砂混凝土配合比建议方案

高耐久海水海砂混凝土在设计时需重点考虑抗腐蚀性能、耐久性、强度和可施工性几个关键因素，具体可通过以下措施实现：

（1）水灰比：选择适当的水灰比是混凝土配合比设计的关键。在海水海砂环境中，建议将水灰比控制在 0.45 以下，以减少水分渗透和氯离子侵入。较低的水灰比可以提高混凝土的抗渗透性和耐久性。

（2）水泥种类：可以选用硅酸盐系列水泥。

（3）骨料级配：通过合理的骨料级配设计，可以提高混凝土的密实性和抗渗透性。建议使用合适的骨料种类和粒径分布，以保证混凝土的力学性能和耐久性。

（4）矿物掺和料：添加矿物掺和料可以提高混凝土的抗腐蚀性能和耐久性。建议使用适量的粉煤灰、硅灰或矿粉等矿物掺和料，以降低水泥用量并改善混凝土的工作性能。

（5）膨胀剂：添加膨胀剂可以改善混凝土的抗裂性和抗渗透性。建议使用高效的膨胀剂，以提高混凝土的耐久性。

（6）功能性添加剂：某些特殊功能的混凝土添加剂能够提高混凝土的抗腐蚀性能和耐久性，如氯离子侵蚀抑制剂和煅烧水滑石等。

（7）耐蚀筋材：对于海水海砂混凝土结构，使用 FRP 筋代替传统钢筋能够有效提高混凝土的耐腐蚀性能和耐久性。在设计中应合理选择 FRP 筋的类型和配筋率，以满足结构的力学性能和耐久性要求。

总之，高耐久海水海砂混凝土的配合比设计需要综合考虑抗腐蚀性能、耐久性、强度和可施工性等因素。以上提供的建议方案仅供参考，具体的配合比设计应根据实际工程要求、材料性能和施工条件等进行详细研究和论证。

第3章　FRP筋力学性能及其演变

3.1　引　　言

虽然通过阻锈和强氯离子结合的胶凝材料设计方案可以降低海水海砂混凝土中氯离子的溶出，但这对钢筋的腐蚀仍然十分严重。因此，利用对氯盐具有天然抗腐蚀能力的 FRP 筋与海水海砂混凝土配合使用，具有广阔的发展前景。然而，目前关于 FRP 筋增强海水海砂混凝土体系耐久性的研究尚显不足，限制了其在海洋工程中的应用。以往的研究中，FRP 筋的耐久性研究通常采用室内加速试验方法，并将拉伸性能和剪切性能等作为主要衡量指标。本研究采用海水海砂混凝土模拟孔溶液及海水海砂混凝土作为介质，研究了 FRP 筋的力学性能劣化。

3.2　FRP 筋拉伸性能

3.2.1　试验方案

FRP 筋的拉伸性能试验参照美国标准 ACI 440.3R-12 [116] 进行。进行拉伸性能测试的 FRP 筋样品如图 3-1 所示，试样长度为 1000 mm。为了避免筋材端部直接受到夹头施加的剪切力而导致破坏，两端均采用内径 18 mm、外径 24 mm、长度 300 mm 的空心钢管进行锚固。采用水泥灌注浆填充于钢管内，使钢管与 FRP 试样形成统一的受力体。FRP 筋的测试区长度为 400 mm。

FRP 筋拉伸性能试验采用万能试验机（MTS）在位移控制模式下进行，荷载施加速度为 2 mm/min。另外，采用标距长度为 100 mm 的引伸计测量筋材在拉伸过程中的变形。MTS 以每秒两次的速度连续读取载荷、应变和位移，其中载荷、应变和位移的分辨率分别为 10N、10^{-5} 和 10^{-4} mm。需要注意的是，由于 FRP 筋通常没有明显的屈服阶段，在超过筋材极限荷载的 60%时，需要手动移除引伸计以避免其在拉伸过程中损坏。

为了研究不同纤维类型、比例及分布情况对 FRP 筋拉伸性能的影响，设计了如表 3-1 所示的试验方案。表中，BFRP 筋为玄武岩纤维筋，HFRP 筋为碳纤维-玄武岩纤维混杂 FRP 筋，碳纤维混杂含量（V_{cf}，%）设置为 10%和 25%。碳纤维排布设置为集中内核和环向分散于筋材内，如图 3-2 和图 3-3 所示。此外，为确保 HFRP 筋与混凝土协同受力，并具有足够的粘接力，在挤拉过程中均用尼龙带挤拉使筋材表面呈现深螺纹形状，如图 3-4 所示。

表 3-1　HFRP 筋中碳纤维体积分数和排布

FRP 筋类型	玄武岩纤维体积分数	碳纤维体积分数（V_{CF}）	碳纤维排布
BFRP	65%	0%（0%）	—
H1FRP	58.5%	6.5%（10%）	环向分散
H2FRP			集中内核
H3FRP	48.75%	16.25%（25%）	环向分散
H4FRP			集中内核

注：V_{CF} 为碳纤维混杂含量（%），即碳纤维代替玄武岩纤维的体积分数

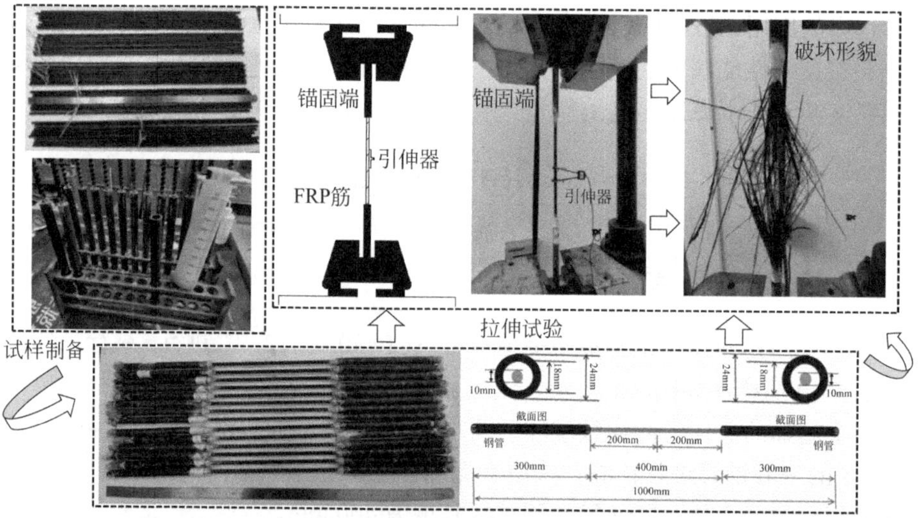

图 3-1　FRP 筋的拉伸试验

图 3-2　HFRP 筋实际图

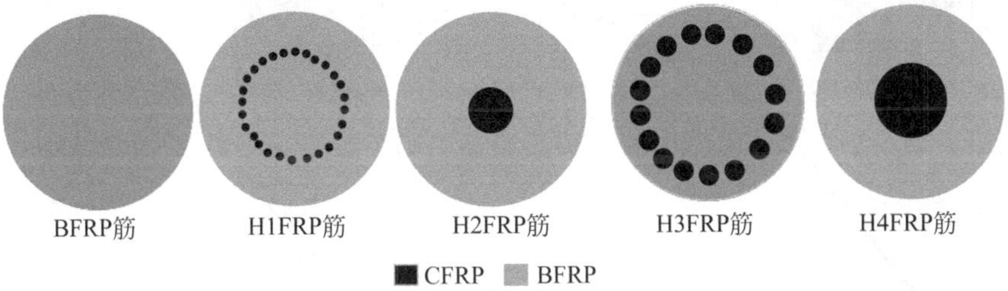

图 3-3　HFRP 筋示意图

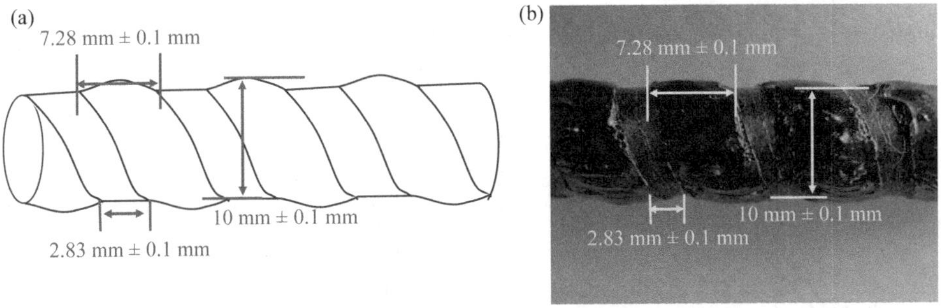

图 3-4　HFRP 筋的深螺纹示意图（a）和实际形貌（b）

3.2.2　失效模式

图 3-5 为 FRP 筋在拉伸试验过程中典型的荷载-位移曲线。可以看出，BFRP、

H3FRP 和 H4FRP 筋的荷载-位移曲线呈现典型的线弹性，并显示出脆性失效模式。对于 H1FRP 和 H2FRP 筋，荷载-位移曲线上出现了具有屈服塑性变形的屈服平台，能够明显区分出屈服阶段和强化阶段，这对脆性失效的 BFRP 筋尤为重要。这可能为 FRP 增强混凝土在失效之前提供潜在的视觉和直觉预警信号。

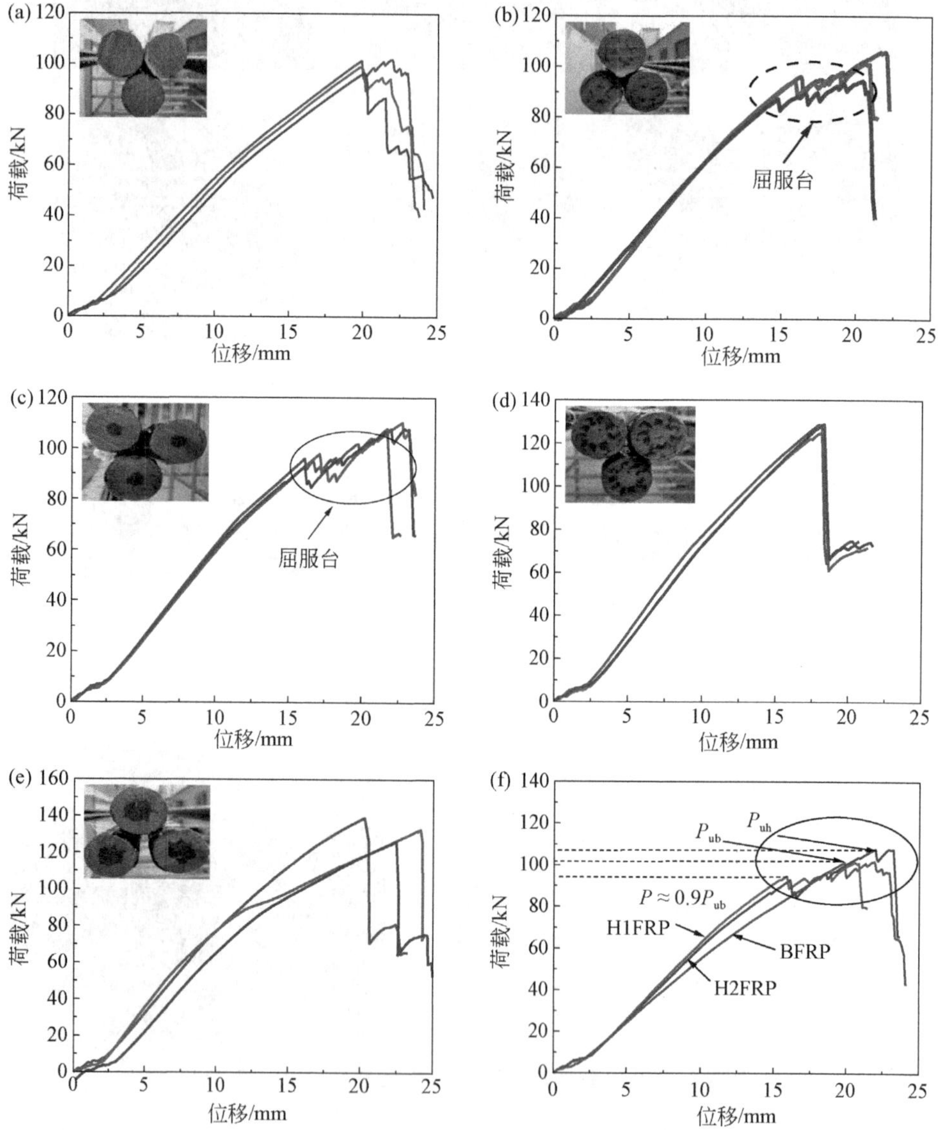

图 3-5　FRP 筋的荷载-位移曲线

(a) BFRP 筋；(b) H1RP 筋；(c) H2FRP 筋；(d) H3FRP 筋；(e) H4FRP 筋；(f) 不同类型 HFRP 筋对比

在 HFRP 材料中，受到轴向拉应力时，低拉伸模量的玄武岩纤维首先失效，已失效的纤维所承受的荷载通过剪切力传递给未断裂的高模量碳纤维。对于 BFRP 筋，Li 等[117]指出，当拉伸荷载（P）接近极限拉伸荷载（P_{ub}）时，荷载在短期内发生振荡下降，随后因剪切应力导致的分层引发筋材的突然失效。相比之下，H1FRP 和 H2FRP 筋由于碳纤维的存在，极限拉伸荷载有所提高。对比 BFRP 筋和 H2FRP 筋的荷载-位移曲线，发现具有屈服塑性变形的屈服台第一次出现时，对应的荷载值约为 H2FRP 筋的 $0.9P_{ub}$。在 H1FRP 和 H2FRP 筋中，玄武岩纤维与碳纤维的比例为 9∶1，这表明所述的屈服台可能是 HFRP 筋中玄武岩纤维失效后，碳纤维逐步失效所造成的。

图 3-6 为 HFRP 筋在拉伸试验后的典型失效形貌。对于 BFRP 筋，失效通常始于初期的缺陷，缺陷处一束或几束纤维因受拉应力而失效，形成裂纹并造成局部扰动。由于剪切滞后效应，邻近纤维束由于应力传递形成应力集中，当达到相应局部应力的临界值时，纤维束发生断裂，导致应力重分布[118]。随后，外层纤维束逐渐断裂，直到整个 BFRP 筋失效。图 3-7 呈现了 BFRP 筋因剪切滞后效应而导致失效的损伤机理，这也是 BFRP 筋失效形貌呈现“灯笼状”的原因。此外，仔细观察 BFRP 筋中纤维束的失效形貌，可以发现纤维具有不同的失效模式，其相应的破坏类型、破坏特征及破坏位置如图 3-6 所示。

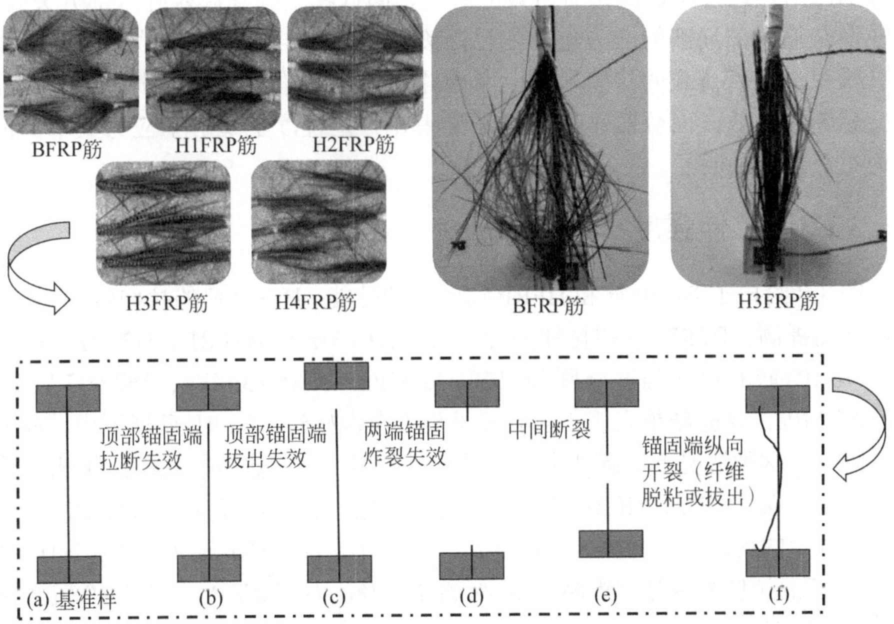

图 3-6　HFRP 筋的失效形貌

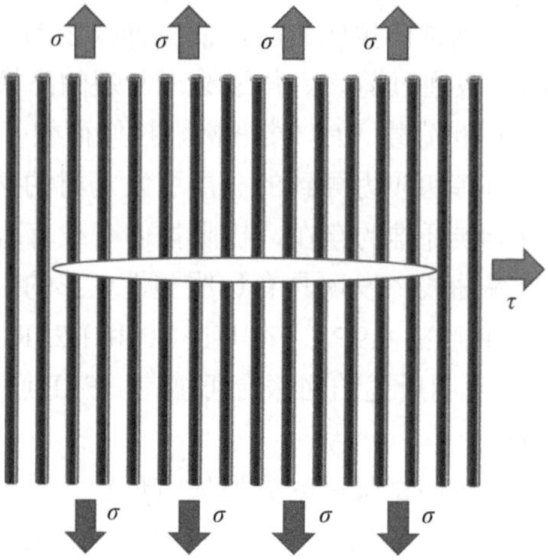

图 3-7　BFRP 筋中纤维束断裂剪切滞后效应

对于 HFRP 筋，整体断裂的纤维束与 BFRP 筋具有相似的失效特征，但碳纤维的排布使得失效形貌有所不同。如图 3-6 所示，H2FRP 和 H4FRP 筋中的碳纤维被完全破坏，并呈“微胀状”，这表明 HFRP 筋中碳纤维得到了充分的利用。而 H1FRP 和 H3FRP 筋中的碳纤维并未完全失效，暗示其内部碳纤维并未得到充分的应用。这可能是剪切滞后效应所致，即低模量的玄武岩纤维部分失效后，造成混杂筋内部局部的应力集中，已断裂的玄武岩纤维束将荷载传递给未断裂的纤维束。随着荷载的持续增加，集中排布的碳纤维束因应力集中达到临界值而突然断裂失效，而分散排布的碳纤维束在一定程度上缓解了应力集中，使得应力重分布更加明显。

3.2.3　拉伸强度

图 3-8 给出了 BFRP 筋和 HFRP 筋的拉伸性能。HFRP 筋的拉伸强度随着 V_{CF} 的增加而提高。BFRP 筋的拉伸强度为 1216.18 MPa，H1FRP、H2FRP、H3FRP 和 H4FRP 筋的拉伸强度分别为 1281.13 MPa、1385.43 MPa、1628.97 MPa 和 1705.99 MPa。试验结果表明，当碳纤维集中在内核时，HFRP 筋展现出较高的强度。因为在这种情况下，碳纤维得到了充分利用，与其失效模式的结果相一致。

另一方面，相比于 HFRP 筋中 V_{CF} 由 0%增加到 10%，V_{CF} 由 10%增加到 25%时拉伸强度的提高幅度更大。如图 3-8（d）所示，以 BFRP 筋为基准，H1FRP 和 H2FRP 筋的拉伸强度分别提高了 5.3%和 13.9%，而 H3FRP 和 H4FRP 筋分别为 33.9%和 40.3%。

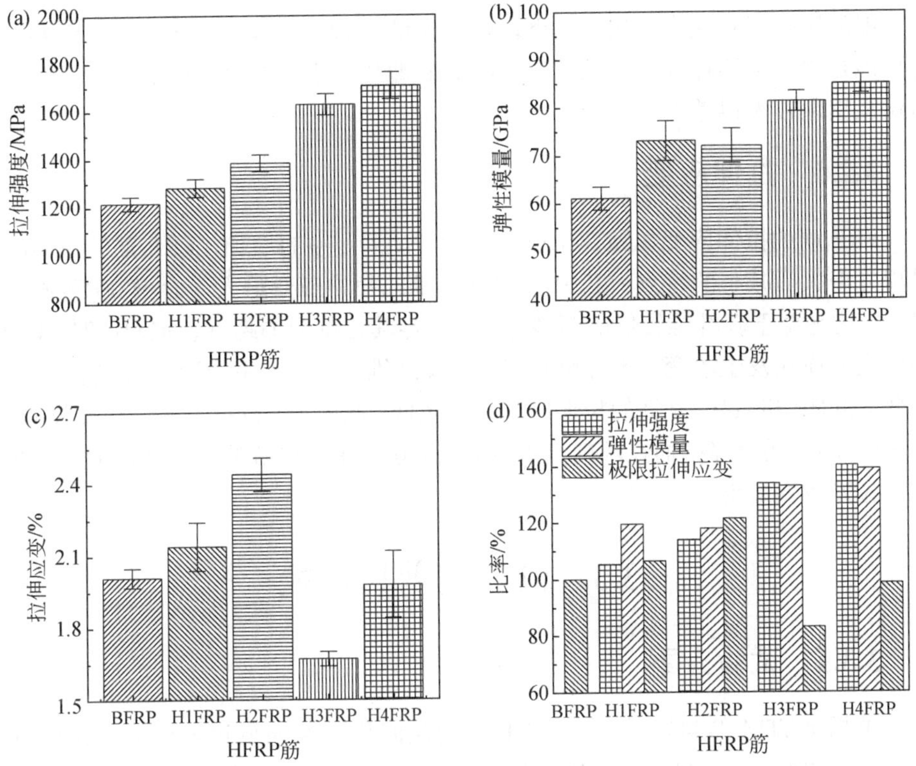

图3-8 FRP筋的拉伸性能

（a）拉伸强度；（b）弹性模量；（c）拉伸应变；（d）性能参数比率

3.2.4 弹性模量

图3-8（b）为FRP筋的弹性模量试验结果。与拉伸强度相似，FRP筋的弹性模量也随V_{CF}的增加而提高，且受纤维排布的影响。以BFRP筋的弹性模量为基准（61.17 GPa），H1FRP、H2FRP、H3FRP和H4FRP筋的弹性模量分别增长了19.6%、17.9%、33.1%和39.0%［图3-8（d）］。这是由于碳纤维部分替代了玄武岩纤维，从而提高了HFRP筋的弹性模量。另一方面，排布方式导致弹性模量的最大差异为3.63 GPa，接近标准差值，表明排布差异对弹性模量的影响较小。

此外，图3-8也显示了HFRP筋拉伸强度和弹性模量的变异系数(coefficient of variation，COV)。通常，由于拉挤工艺的限制，例如纤维/树脂分布的不均匀性，FRP筋内部不可避免地存在空隙，因此性能存在波动[119]。对于拉伸强度，相对较低的COV值（COV_{max}=3.29%）表明所有筋材均来自同一批次，且生产过程对其性能的影响相对较小。相比之下，弹性模量的 COV 值较大（COV_{max}=7.43%），这可能是由于引伸计标距的长度为 100 mm，即使微小的干扰也可能导致引伸计测量结果出现较大误差。

3.2.5 拉伸应变

FRP 筋的拉伸应变如图 3-8（c）所示。随着 V_{CF} 的增加，FRP 筋的拉伸应变呈现先增大后减小的特点。其中，H2FRP 筋的拉伸应变最大，而 H3FRP 筋的值最小。这是由于碳纤维较低的断裂伸长率，当其含量增加超过一定阈值时，HFRP 筋的失效模式发生改变，此时拉伸应变由碳纤维主导，且主导程度与 V_{CF} 成正比，因此 H3FRP 和 H4FRP 筋的拉伸应变相对较低。此外，在碳纤维集中内核排布时，HFRP 筋会完全断裂，而在环向分散排布时，则存在未失效的碳纤维，所以 H3FRP 筋的拉伸应变最小。

3.3 FRP 筋剪切性能

3.3.1 试验方案

根据 ASTM D4475[120]，HFRP 筋的层间界面性能通过短梁剪切试验进行评估。测试设备为 MTS 万能试验机，量程为 5 kN。在短梁剪切试验中，ASTM D4475 推荐的跨度与直径的比（跨径比）为 3∶1 到 6∶1。Wang 等[121]研究结果表明，在跨径比为 4～6 时，可以避免垂直破坏和可能的弯曲破坏模式。Yi 等[122]试验结果表明，当筋材的长度和跨径比分别为其直径的 7 倍和 6 倍时，测得的层间剪切强度的标准差相对较小。考虑到本试验所采用的 HFRP 筋与文献［122］中所用的 BFRP 筋由同一生产商提供，为了便于后续试验结果的对比，本研究中 HFRP 试样的跨径比为公称直径的 6 倍，且两侧的悬挑长度为 0.5 倍的公称直径。

测试采用位移控制模式，加载速率为 ASTM D4475 推荐的 1.3 mm/min。图 3-9（a）和（b）为短梁剪切试验装置的示意图和实际图。HFRP 筋的层间剪切强度（S, MPa）可由式（3-1）计算得出。图 3-9（c）显示了测试过程中 HFRP 筋的典型剪应力-变形曲线。其中，S_{max} 为最大剪切应力；s_0 为与最大剪切力对应的变形；E_s 为引起试样变形所需的荷载，定义为初始刚度。

$$S=0.849P / R^2 \tag{3-1}$$

式中，R 为筋材公称直径，mm；P 为峰值荷载，kN。

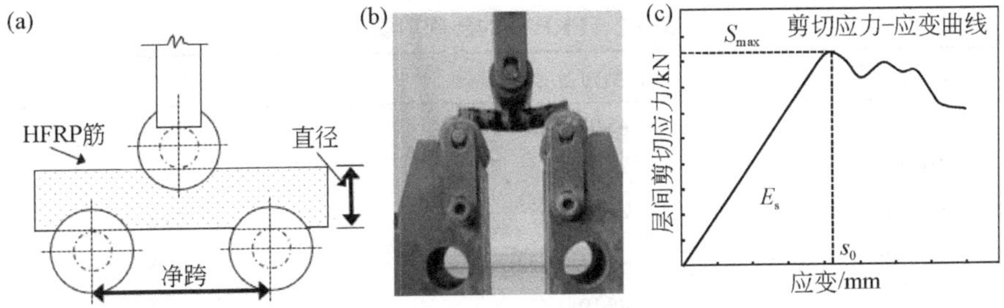

图 3-9　短梁剪切试验

（a）示意图；（b）实际图；（c）典型剪应力-应变曲线

3.3.2　失效模式

图 3-10 显示了短梁剪切试验后 FRP 试样的典型失效模式。可以看出，试样表面在受压变形后，表面和横截面出现裂纹。在进行短梁剪切试验时，试样的加载区（中心部分）首先受到荷载，然后沿中性轴形成贯穿裂纹。这一现象与 GFRP 筋的失效模式相似，表明纤维/树脂界面具有良好的界面粘接力[123]。

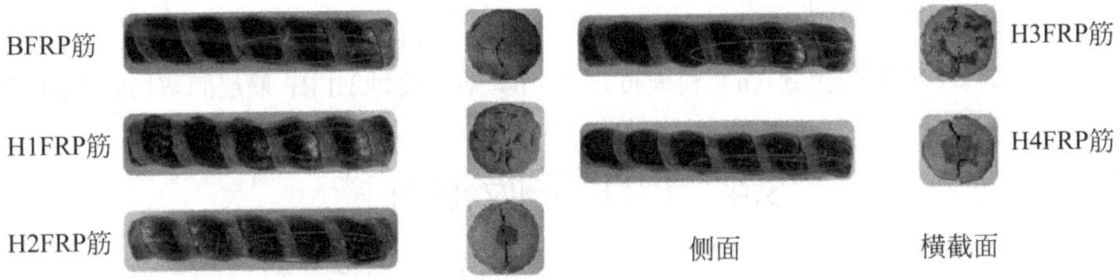

图 3-10　FRP 筋的破坏模式

3.3.3　剪切强度

表 3-2 总结了未腐蚀 HFRP 筋的层间剪切强度及其变异系数。所有 HFRP 试样的 COV 值较低，最大值为 4.98%，低于 Wang 等[124]测得的 BFRP 筋（最大 COV 值为 6.3%）和 CFRP 筋（最大 COV 值为 6.9%）的相应值，并与 Yi 等[122]测得的 BFRP 筋的值相似。这表明玄武岩和碳纤维的混杂并没有削弱 HFRP 筋的整体稳定性。

图 3-11 显示了碳纤维混杂含量（V_{CF}，%）和碳纤维排布方式对未腐蚀 HFRP 筋层间剪切强度的影响。可以看出，层间剪切强度随着 V_{CF} 的增加而略有增长；相比于碳纤维集中内核排布，碳纤维环向分散排布时 HFRP 筋的层间剪切强度略有提高，但幅度较小。

表 3-2　FRP 筋的层间剪切强度

HFRP 筋类型	层间剪切强度/MPa	变异系数/%
BFRP	45.01±1.43	3.18
H1FRP	45.52±2.11	4.64
H2FRP	45.20±1.21	2.68
H3FRP	46.83±2.33	4.98
H4FRP	45.19±1.47	3.25

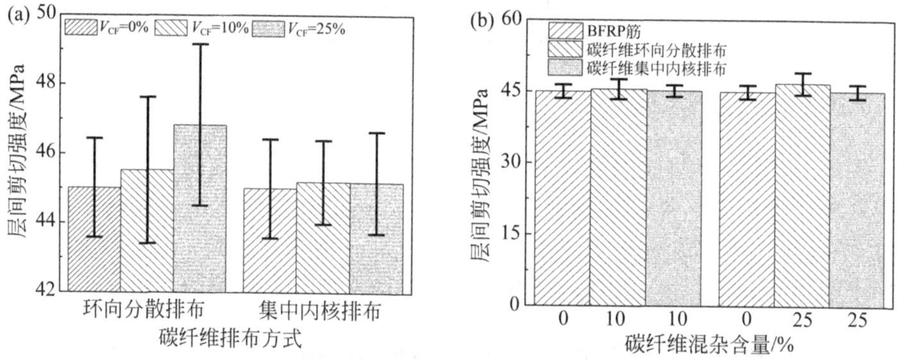

图 3-11　碳纤维的混杂含量（a）和排布方式（b）对未腐蚀 HFRP 筋层间剪切强度的影响

3.4　FRP 筋吸湿性能

3.4.1　试验方案

FRP 筋增强海水海砂混凝土结构的实际服役环境复杂多样，尤其在水下区域，水分渗透混凝土并扩散到 FRP 筋内，使得筋材劣化成为可能。事实上，水分在 FRP 筋内的扩散是沿径向和纵向同时进行的，而两者在扩散速率上可能存在显著差异。

FRP 筋的吸湿性试验是按照 ASTM D570[125] 所规定的程序进行的。试样长度为直径的 5 倍，即 50 mm。为了确保水分沿径向扩散，试样两端均采用硅酮密封；而端部为未密封的筋材，以允许水分沿径向和纵向同时扩散。图 3-12（a）为 BFRP 筋在真空干燥箱中的质量损失率。在 60℃时，BFRP 筋的质量损失（约为 0.031%）在第 3 d 达到平衡状态，而在 100℃时同期质量损失为 0.084%，这可能与水分及低分子量物质的挥发有关。此后，在 100℃时质量损失又额外增加了约 0.012%，这可能是树脂基体的降解（主要是脱水反应）及填料的挥发所引起的。因此，在吸湿性试验之前对 HFRP 筋进行 3 d 的干燥已足够去除其在自然环境中的水分吸收。此外，预干燥也是为了进一步防止热降解。

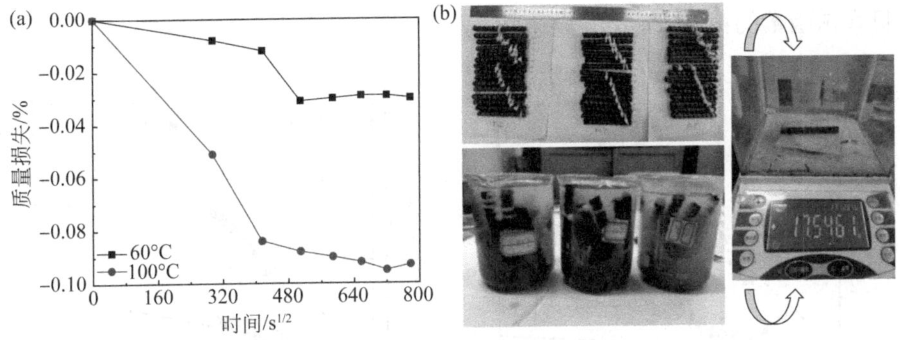

图 3-12　FRP 筋的吸湿性试验

（a）FRP 筋干燥后质量损失；（b）吸湿性试验测试

吸湿性测试环境与 FRP 筋的拉伸性能试验条件一致，且采用至少 5 个平行样以获得平均值。如图 3-12（b）所示，预干燥筋材（w_0）在达到设定的腐蚀龄期后被取出，使用纸巾对其表面进行干燥，然后利用精度为 0.001 g 的数字天平称重（w_t）。FRP 筋的水分吸收（W_t，%）由式（3-2）计算得到：

$$W_t = \frac{w_t - w_0}{w_0} \times 100\% \tag{3-2}$$

与此同时，与制备筋材相同的固化环氧树脂试块（尺寸为 30 mm×10 mm×5 mm）的吸湿性也被同步测定。通过对比树脂试块和 HFRP 筋的水分吸收差异，旨在更深入地阐明 FRP 筋的劣化机理。

3.4.2　径向吸湿性

FRP 筋的吸湿率是影响其力学性能和长期耐久性的一个重要因素。Wang 等[126]发现，暴露于流体环境介质中的 BFRP 筋的降解速率与流体溶液的吸收率有关。FRP 筋在模拟海水海砂混凝土孔溶液中可能吸收水分子和 OH^-，这会导致树脂发生水解和塑化，从而刻蚀纤维，使其有效直径变小，降低筋材的拉伸性能。

本研究采用端部密封的 HFRP 筋试样，基于吸湿性试验定量获得 HFRP 筋沿径向的水分吸收和扩散速率。图 3-13 为端部密封 HFRP 筋在模拟海水海砂混凝土孔溶液中水分吸收率与暴露时间的曲线。图 3-14 总结了所述暴露条件下 HFRP 筋的径向扩散系数（D_r）和饱和水分吸收（W'_∞）。上述数据均是基于理论 Fickian 曲线拟合所得，所采用的公式如（3-3）所示。

$$\frac{W_t}{W'_\infty} = 1 - \sum_{n=1}^{\infty} \frac{4}{R^2 \alpha_n^{\ 2}} \exp(-D_r \alpha_n^{\ 2} t) \tag{3-3}$$

式中，W_t 为水分吸收，%；t 为暴露时间，s；R 为 HFRP 筋的直径，mm；α_n 为零

阶贝塞尔函数的第 n 根。

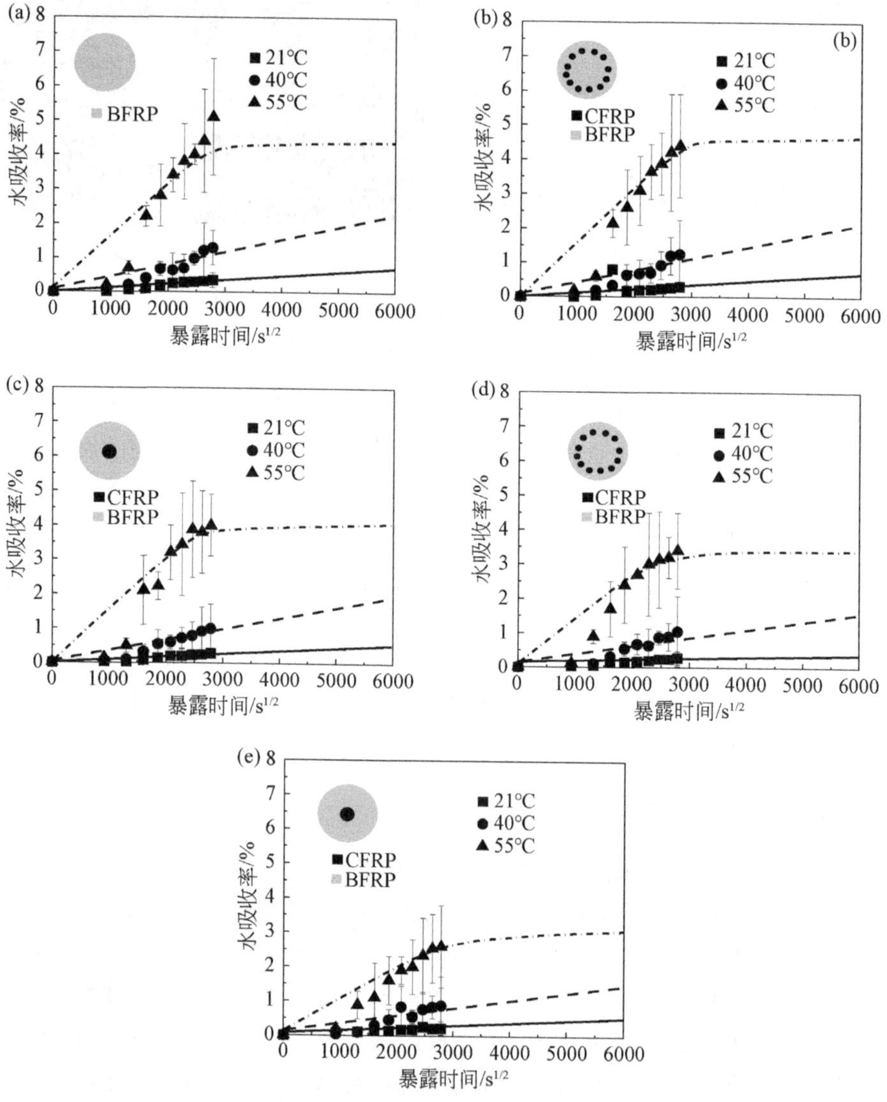

图 3-13　FRP 筋的径向吸湿性

（a）BFRP 筋；（b）H1FRP 筋；（c）H2FRP 筋；（d）H3FRP 筋；（e）H4FRP 筋

由图 3-13 可知，水分吸收存在明显的分散程度，这可能是 HFRP 筋相对较小的质量以及纤维/树脂的不均匀分布所致。具体而言，平行试样的微小质量差异影响了水吸收的数据。然而，整体而言，HFRP 筋的水吸收均符合理论 Fickian 定律，表现出典型的将拟合曲线分为两个阶段的特点：水分吸收最初以线性方式增加，随后增长速率明显减缓，曲线开始呈现弯曲。在 55℃时，水分吸收逐渐趋于饱和，而在 21℃和 40℃时未达到饱和状态，这表明温度对吸湿性有重要影响。

水分吸收呈现两个阶段是高体积分数复合材料的典型特征。正如 Bao 和 Yee[127]所述，树脂的化学结构和纤维体积分数决定了 FRP 材料的吸湿率，高温则加速了环氧树脂结构的松弛，进而提高了水分子吸收的速率。因此，W'_{∞}值随着暴露温度的升高而增加。此外，从图 3-14 中可以看出，BFRP 筋具有最高的 D_r 和 W'_{∞}值（分别为 $5.04\times10^{-13}\,m^2/s$ 和 5.18%），其次是 H1FRP（W'_{∞}=4.84%，D_r=$4.77\times10^{-13}\,m^2/s$）和 H2FRP 筋（$W'_{\infty}$=4.51%，$D_r$=$4.77\times10^{-13}m^2/s$）。H4FRP 筋表现出最低的 W'_{∞}和 D_r 值，分别为 3.49%和 $3.98\times10^{-13}m^2/s$。H3FRP 和 H4FRP 筋较低的 D_r 和 W'_{∞}值是混杂碳纤维低吸湿性和扩散速率所致，这可能缓解了 OH^-诱导的纤维结构断裂、树脂解聚以及纤维/树脂界面的脱粘。

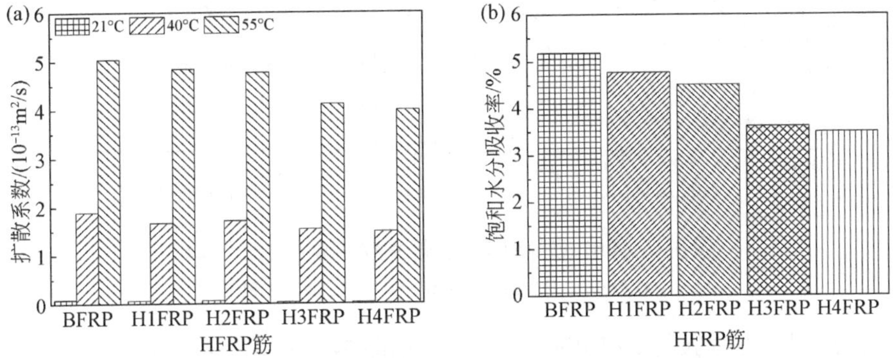

图 3-14　HFRP 筋的径向扩散系数（a）和饱和水吸收率（b）

本研究中，BFRP 筋的 W'_{∞}值（5.18%）略低于 Yi 等[128]测得的值（5.47%），但明显低于 Wang 等[126]的试验结果（15.82%）。这可能是因为 Yi 等[128]使用的暴露溶液为模拟海水，而非天然海水；前者含有更多或更大的离子，如盐离子。此外，Wang 等[126]的试验中使用了较小直径的试样，并且端部未密封，这可能导致显著的差异。

HFRP 筋的吸湿性受纤维排布的影响。相比于 H1FRP 和 H3FRP 筋，H2FRP 和 H4FRP 筋的 D_r 和 W'_{∞}值略低。这可能是由于碳纤维的环向分散排布，碳材料的分布更加分散，导致 HFRP 筋界面区域的面积增大，需要更多的树脂基体进行黏附。多余的树脂吸收更多水分，可能会影响纤维的性能，进而影响 HFRP 筋的拉伸性能。

根据 Arrhenius 方程，径向扩散系数可用温度（1000/T）表示，如式（3-4）所示。

$$D_r = D\exp\left(-\frac{E_{ad}}{RT}\right) \tag{3-4}$$

由上式可得 $\ln D_r$：

$$\ln D_r = D_0 \times \left(-\frac{E_{ad}}{RT}\right) \tag{3-5}$$

式中，E_{ad} 为 FRP 材料中水分子径向扩散的活化能，J/mol；R 为通用气体常数，8.314 J/(mol·K)；D_0 和 D 均为扩散系数常数；T 为开氏温度，K。

图 3-15 绘制了 HFRP 筋径向扩散系数（$\ln D_r$）随温度变化的函数曲线。

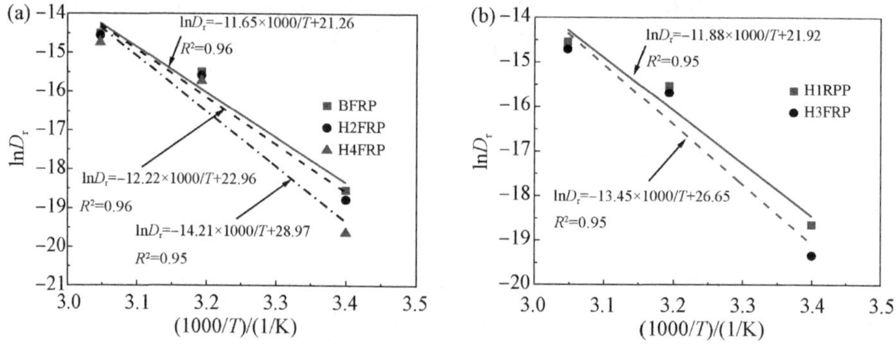

图 3-15　FRP 筋径向水分扩散系数与温度的拟合曲线

（a）BFRP，H2FRP，H4FRP；（b）H1FRP，H3FRP

通过拟合方程获得 HFRP 筋的 E_{ad} 值，如图 3-16 所示。可以看出，E_{ad} 值与水吸收的结果一致，表明 HFRP 筋抵抗水分侵蚀的能力随着 V_{CF} 的增加而增强，并受到纤维排布的影响。相比之下，当碳纤维集中在内核排布时，HFRP 筋抵抗水分侵蚀的能力更强。

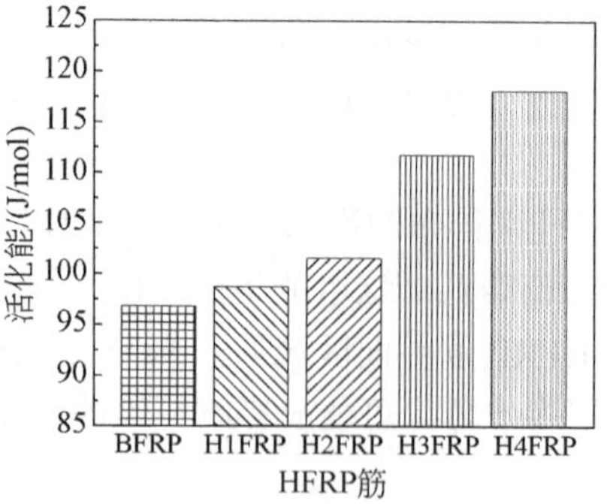

图 3-16　HFRP 筋径向水分扩散的活化能

3.4.3　纵向吸湿性

图 3-17（a～e）为暴露于 55℃时未密封 HFRP 筋水分吸收率随时间（$s^{1/2}$）变化的函数曲线。为了便于对比，端部密封时筋材的吸湿性结果也一并给出。从图中可以看出，端部未密封试样的吸湿性数据较为离散，这与密封试样相似；然而，

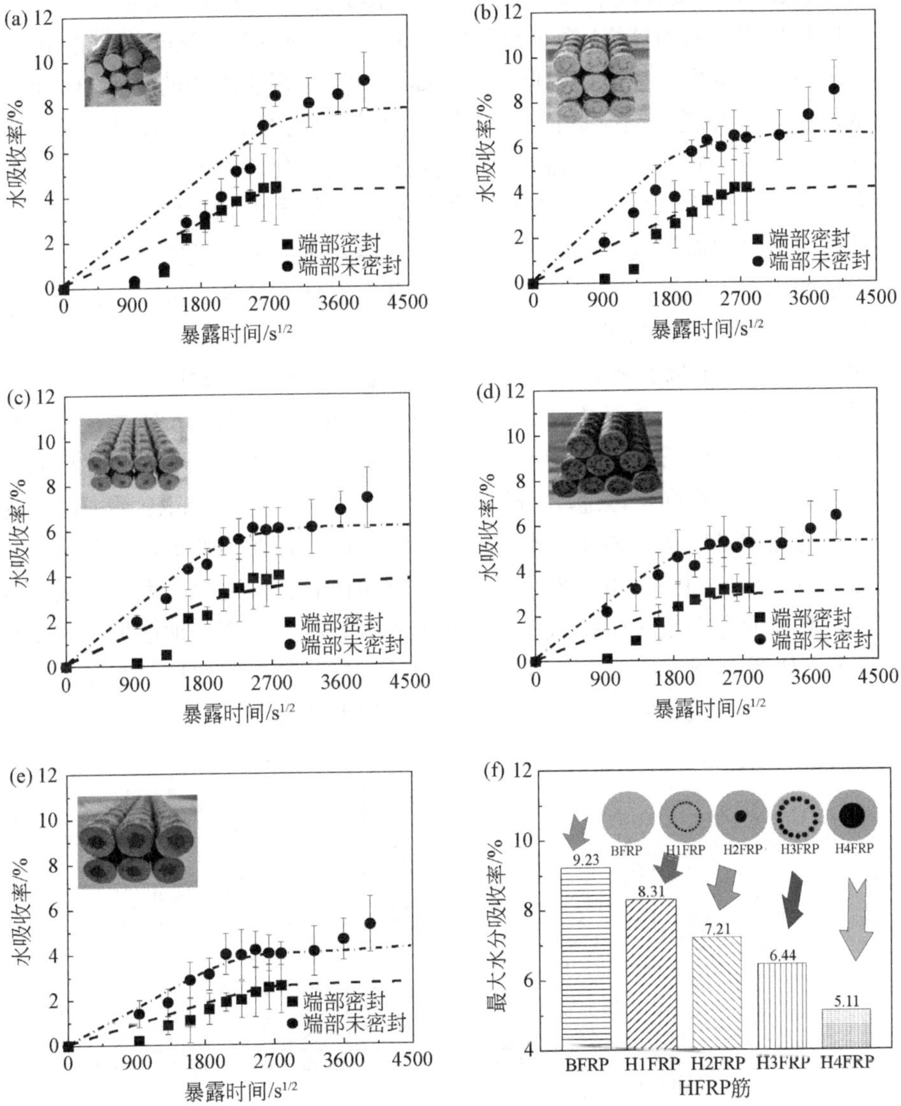

图 3-17　FRP 筋端部密封和未密封时的水分吸收

（a）BFRP；（b）H1FRP；（c）H2FRP；（d）H3FRP；（e）H4FRP；（f）端部未密封时最大水分吸收率

密封试样的离散程度略微较大，表明水分在纵向扩散时路径更均匀且顺畅。另一方面，端部未密封和密封试样的水分吸收均随时间延长而增长，但明显前者的增长速率高于后者。为了进一步研究未密封 HFRP 筋的吸湿性，并系统阐述水分对 HFRP 筋劣化的影响，将暴露龄期延长至 180 d。显然，所有筋材在吸收水分后逐渐达到饱和状态，但端部未密封试样在此之后仍出现了继续增长的现象。

利用 Fickian 曲线描述端部未密封试样的水吸收，如图 3-17 所示。可以看出，对于短期和长期暴露的试样，数据点与曲线均出现偏离趋势。Crank[129]指出，FRP 材料吸水后的重量变化在短期内偏离 Fickian 曲线，呈现出略微的 S 形。Crank[130]和 Wan 等[131]发现，高交联的环氧树脂在高温高湿条件下也表现出类似的非 Fickian 行为。这可能是由于吸湿过程中树脂性能的变化，尤其是扩散行为导致水吸收存在延迟。在长期暴露后，树脂基体的水解以及纤维/树脂界面的脱粘，可能导致筋材内部出现微裂缝，微裂缝逐渐扩大为渗透水的滞留提供了可能，使得水吸收在后期出现小幅度的增加。因此，为了获得最佳的拟合，采用未偏离的数据计算相应的扩散系数和饱和水吸收。

图 3-18 总结了端部未密封和密封 HFRP 试样的扩散系数以及饱和水吸收情况。根据图 3-18（a），D_z 值在 13.04～22.72×10^{-13}m^2/s 之间，而 D_r 的最大值和最小值分别为 5.04×10^{-13}m^2/s 和 3.98×10^{-13}m^2/s。这证实了水分沿纤维/基体界面的纵向扩散速率远大于径向扩散速率，暗示纤维/树脂界面可能是 HFRP 筋中的薄弱部分。较低的径向扩散率主要源于水分沿径向的扩散路径较为曲折，以及树脂基体的低渗透性。此外，Tsenoglou 等[132]发现纤维和树脂基体通常并不是完美粘接在一起的，其界面存在较多微孔通道，这提供了水分和腐蚀离子加速扩散的便利通道。因此，如图 3-18（b）所示，端部未密封的试样额外的纵向扩散路径导致筋材呈现更大的水分吸收速率，从而引起更高的饱和水吸收率。

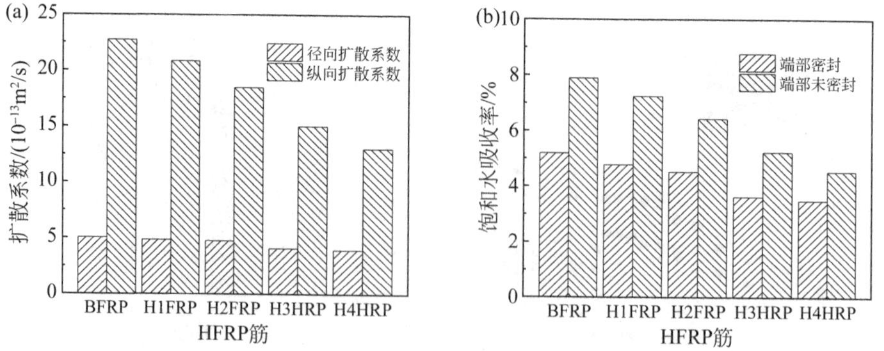

图 3-18　HFRP 筋径向和纵向的水分扩散系数（a）和饱和水吸收率（b）

3.5　FRP 筋在溶液中拉伸性能劣化

3.5.1　溶液 pH 值的影响

1. 试验方案

为分析溶液碱度对 FRP 筋拉伸强度劣化行为的影响，构建了不同 pH 值的溶液环境。所选 pH 范围为 10～13.6，具体设置为 10、11、11.4、12.43、13 和 13.6。试验所用的 FRP 筋为江苏飞博尔新材料科技有限公司生产的 GFRP 筋，其物理参数和树脂性能参数如表 3-3 和表 3-4 所示。

表 3-3　GFRP 筋的物理参数

直径/mm	拉伸强度/MPa	拉伸模量/GPa	密度/(g/cm^3)
6	850	45	2.54

表 3-4　GFRP 筋所用树脂的性能参数

环氧	固化剂	软化温度/℃	纤维体积分数/%
双酚-A	甲基四氢邻苯二甲酸酐	140	～62.8

溶液浸泡后的 FRP 筋拉伸试验根据 ACI 440.3R-12 [116] 进行。具体步骤是将 FRP 筋浸泡至不同 pH 值下，持续 300 d 后开展拉伸测试。用于测试的试样两端采用环氧树脂灌注的空心钢管制成，试样长度为 1.02 m，如图 3-19 所示。试验采用 1000 kN 的长春万能试验机（YSN 1000），在机器的两端用夹具固定试样，加载速度为 2 mm/min，直到试样失效。为了消除数据的分散性，需对每个批次的 4～6 个试样重复进行拉伸试验。

2. 结果与分析

拉伸强度作为 FRP 筋力学性能的重要评价指标，通常用于评估筋材的耐久性[133]。此外，拉伸强度作为一个敏感参数，在 ASCE [134]（美国）、EUR27666 [135]（欧洲）和 CECS [136]（中国）的结构设计标准中被广泛应用。图 3-20 显示了 FRP 筋的平均抗拉强度和损失率与不同 pH 值之间的关系。由图 3-20（a）可知，GFRP 筋的极限抗拉强度随着 pH 值的增加而持续下降。pH=13.6（模拟普通混凝土孔溶液）对应的 GFRP 筋强度损失率比 pH=12.43（模拟海水海砂混凝土孔溶液）更高。当 pH 值为 10 时，强度下降幅度较小；当 pH 值达到 12.43 时，下降幅度增大，抗拉强度下降至 1034.86 MPa，下降了约 10%；当 pH 值达到高碱性环境的 13.6 时，GFRP 筋的抗拉强度损失率达到约 13.5%。由此可知，当 pH 值接近 13 时，拉伸强度的损失率突然增大，从 pH 值 11.4 时的 2.77%增加至约 10%。导致这种现象的主要原因是溶液的碱度随着 pH 值的降低而降低，从而使树脂的水解反应逐渐减少[137]。

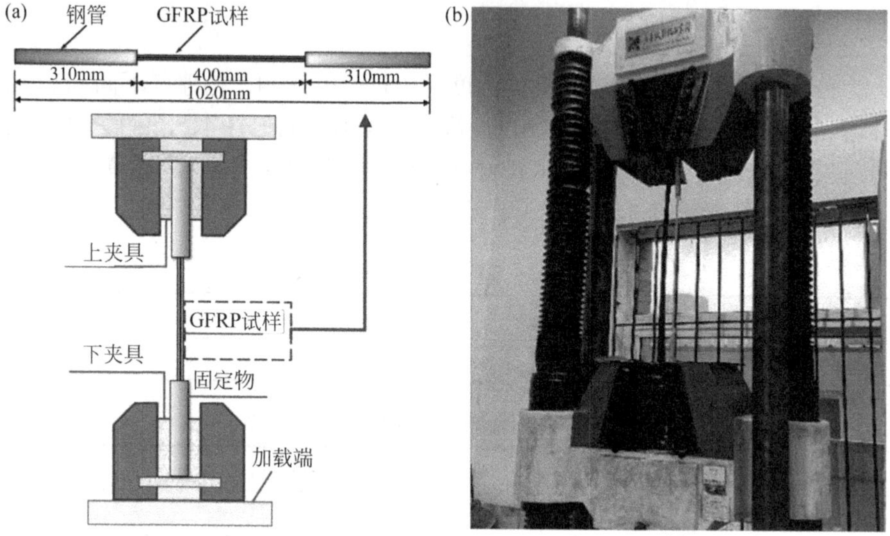

图 3-19　拉伸试验

（a）示意图；（b）拉伸设备

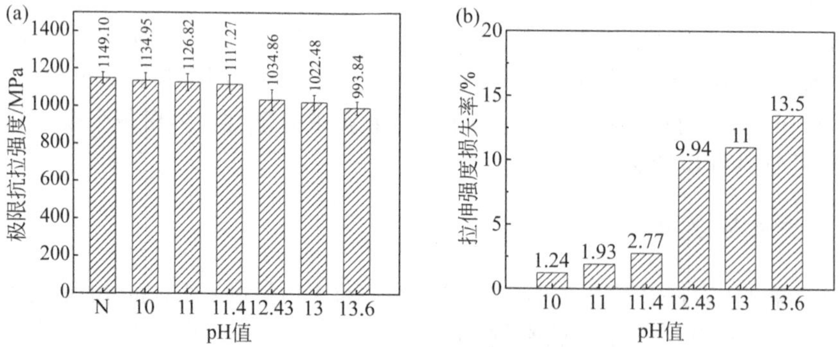

图 3-20　不同 pH 值下 FRP 筋的拉伸性能

（a）极限抗拉强度；（b）拉伸强度损失率

由前面的分析可知，FRP 筋在碱性环境中的性能下降趋势明显。然而，目前没有详细的验证过程来确定性能下降的主要原因是由于 pH 值还是 C_{OH^-} 的影响。因此，此处引入缓冲溶液的概念来分析上述现象。缓冲溶液可以控制 pH 值不变，

同时改变 OH^-的浓度，或者控制 OH^-不变并改变 pH 值[138]。因此，制备了不同 pH 值和 OH^-浓度的 NaOH 溶液及 Na_2HPO_4-NaOH 缓冲溶液。

由图 3-21（a）可知，在相同 pH 值和不同 C_{OH^-} 溶液中，GFRP 筋的拉伸强度存在差异，三组平行试验显示了相同的趋势。而由图 3-21（b）中观察到，在相同的 OH^-浓度和不同 pH 值溶液中，FRP 筋的抗拉强度几乎相同。同样，三组平行试样均展现出相同的规律。由此可推断，FRP 筋在碱性溶液中性能下降的主要因素是 OH^-的浓度，而不是由 pH 值决定的。碱度越高，FRP 筋材料的机械性能下降速率越明显，这与溶液中 OH^-离子的含量较高有关。

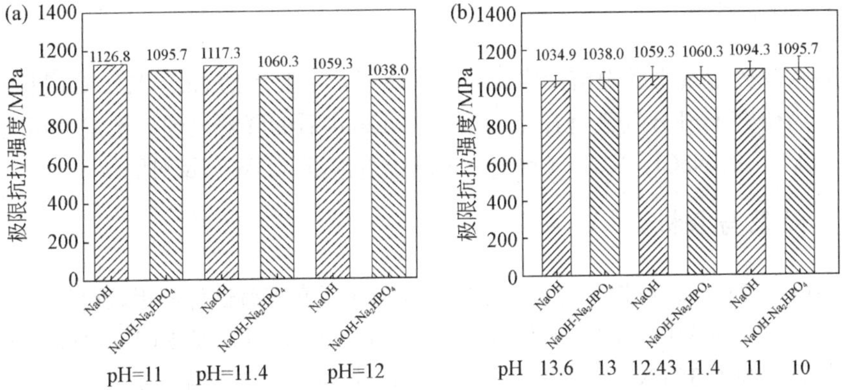

图 3-21　FRP 筋的拉伸强度

（a）在不同 C_{OH^-} 条件下，保持相同 pH 值；（b）在相同 C_{OH^-} 条件下，改变 pH 值

3. 微观形貌分析

图 3-22 展示了不同 pH 环境浸泡 300 d 后的 GFRP 筋的表观腐蚀形貌。由图 3-22（b）可知，相比未暴露的试样，当 GFRP 筋暴露在 pH 值为 10 的碱性溶液中时，纤维表面的树脂几乎没有被腐蚀，纤维与树脂之间具有良好的粘接力。此时，力学性能的下降，主要归因于基体的吸水溶胀和塑化现象。当 pH 值增加至 12.43 时，可以明显看出纤维表面部分树脂已被腐蚀，露出光滑的纤维表面，部分纤维-树脂界面出现脱粘现象。然而，从微观形貌图中并未观察到纤维表面的刻蚀损伤。随后，当 pH 值达到高碱性 13.6 时，大部分树脂已被腐蚀，纤维-树脂界面处的树脂减少，纤维之间的距离随之增大，但未发现纤维被腐蚀的现象。因此，微观形貌分析的结果与力学性能的降解相一致，随着 pH 值的增加，筋材表面的腐蚀程度逐渐加重，尤其在 pH 值达到 13.6 时，筋材在高碱性环境下的腐蚀现象严重，导致其力学性能显著下降。

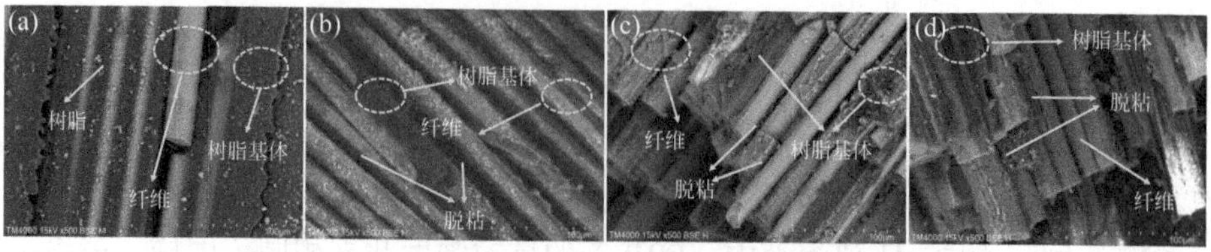

图 3-22　不同 pH 值溶液浸泡 FRP 筋材表面腐蚀形貌图

（a）未暴露；（b）pH=10；（c）pH=12.43；（d）pH=13.6

3.5.2　盐溶液类型的影响

1. 试验方案

海水海砂混凝土孔隙溶液中含有各种离子，主要包括 Na^+、K^+、Ca^{2+}和 Cl^-等离子。为研究 GFRP 筋浸泡在不同溶液中 120 d 后的降解机理，构建了相同浓度（0.3 mol/L）的 NaCl、KCl、$CaCl_2$、去离子水溶液（DW）及对照组。

2. 结果与分析

由图 3-23（a）可知，与未暴露的试样相比，暴露后试件的极限荷载值逐渐降低。在 $CaCl_2$ 溶液中，构件的极限荷载值约为 32 kN，其次是 KCl 和 NaCl 溶液，极限荷载值约为 30 kN。而在去离子水溶液中，构件的极限荷载值最低，约为 26 kN。图 3-23（b）显示了不同溶液中 GFRP 筋的拉伸强度损失率。在 KCl 和 NaCl 溶液中拉伸强度损失率相近，均约为 5%。然而，在 $CaCl_2$ 溶液中，GFRP 筋的强度损失率为 3.63%，低于 KCl 和 NaCl 溶液中的筋材拉伸强度损失率。此外，暴露在去离子水中的 GFRP 筋拉伸强度损失率最大，达到 8.98%。由此可知，在不同类型的盐溶液中，拉伸强度损失率从低到高的排序为：$CaCl_2$＜NaCl＜KCl＜去离子水。

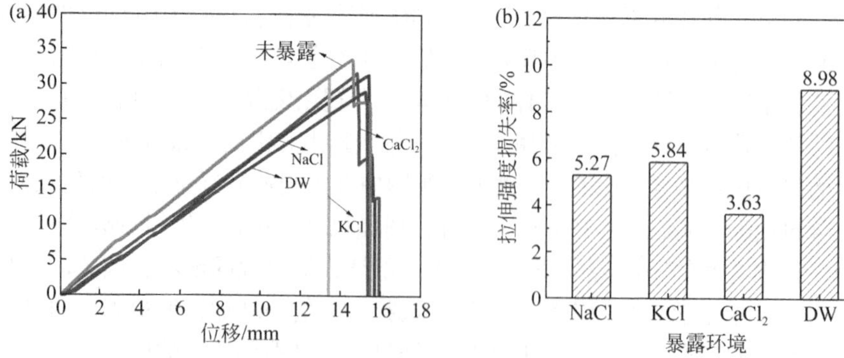

图 3-23　拉伸测试

（a）荷载-位移曲线；（b）拉伸强度损失率

3. 微观形貌分析

图 3-24 展示了在 20 倍和 300 倍放大倍率下，暴露于不同溶液中的试样表面的超景深显微照片（DM）。在 300 倍显微镜下观察暴露于 KCl、NaCl 和 $CaCl_2$ 溶液中的试样时，发现除了颜色变暗外，没有任何表面损伤，也未观察到纤维之间距离的增加，如图 3-24（a）～（c）所示。与此现象略有不同的是，暴露于去离子水溶液中的 GFRP 筋内纤维之间的距离略有增加，且表面呈现出凹凸不平的现象，见图 3-24（d）。这一现象可能是由于树脂吸水后软化，增加了结构内部的孔隙体积，从而使纤维之间的距离增大。此外，随着树脂基体吸水率的增加，基体间裂缝的发展和水解反应的发生会进一步增加纤维之间的距离。水通过通道扩散到结构中后，在结构内部产生渗透压，这种力与界面结合力相互作用，削弱了纤维与树脂之间的结合性能，进而增加了纤维之间的距离。

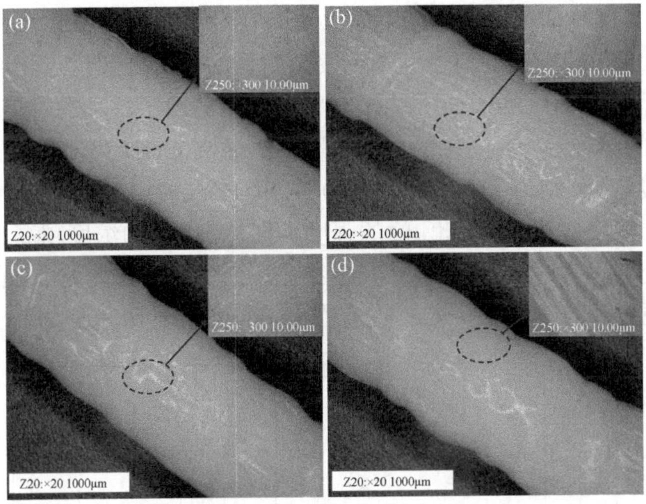

图 3-24　暴露于不同溶液中的试样表面的超景深显微照片

（a）NaCl；（b）KCl；（c）$CaCl_2$；（d）DW

为了进一步分析筋材在不同溶液中的降解机制，采用 SEM 继续观测腐蚀试样的形貌，见图 3-25。由于树脂基体的存在，FRP 筋的表面损伤主要表现为树脂基体的损伤，在部分区域中树脂保护了纤维，使其不受损伤。如图 3-25（a）～（c）所示，暴露于盐溶液中的 FRP 筋并没有观察到明显的损伤，完整的树脂仍然黏附在纤维上，保持了良好的界面粘接性能。然而，在图 3-25（d）中，筋材表面局部区域的树脂出现了轻微腐蚀，纤维表面变得粗糙，而在 DW 溶液中，纤维/树脂界面的局部黏合区域周围出现了小的腐蚀坑。

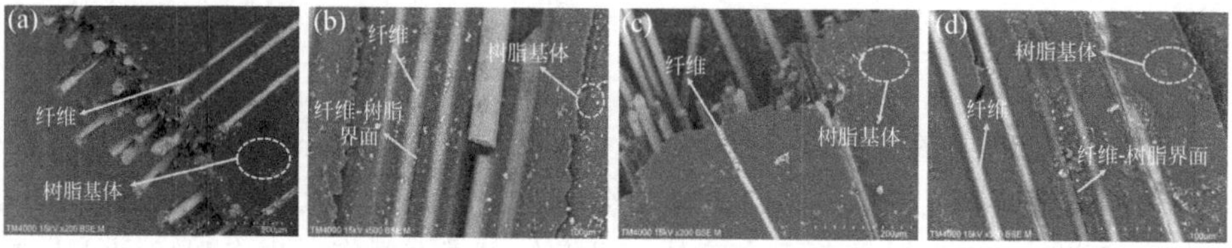

图 3-25　腐蚀试样的 SEM 图像

（a）NaCl；（b）KCl；（c）$CaCl_2$；（d）DW

4. 红外光谱分析

为了观察树脂基体官能团的变化并分析 GFRP 筋材在腐蚀溶液中的降解机制，对 GFRP 筋材进行了傅里叶变换红外光谱（FTIR）测试。图 3-26 展示了暴露在不同盐溶液中的 GFRP 筋的 FTIR 光谱。A 区域对应于 C═O 官能团的振动频率，未暴露于腐蚀的筋材与其他样品相比，吸收峰的强度没有明显差异。Kamal 等[139]指出，C═O 光谱峰值强度随着酯键的水解而发生相同变化。这表明，在 DW 和盐溶液中，GFRP 筋表面的树脂并未观察到明显的化学降解反应。通过放大 B 区域，可以发现在 1540～1565 cm^{-1} 的振动频率区间出现了最高的峰值强度，对应于 $CaCl_2$ 溶液中的试样[140]。固化的环氧树脂中的游离 COO^-可能在不同的盐溶液中形成三种羧酸盐，分别为 RCOONa、RCOOK 和 $R(COO)_2Ca$。根据朗伯-比尔定律，吸光度与试样浓度成正比。因此，峰的强度越高，官能团的浓度越高，Ca^{2+}与 COO^-自由离子的交联程度越高。Jar 等[141]也指出，二价阳离子与 COO^-的相互作用比单价阳离子更强，且水溶液中 Ca^{2+}的存在会降低结构的吸水能力。

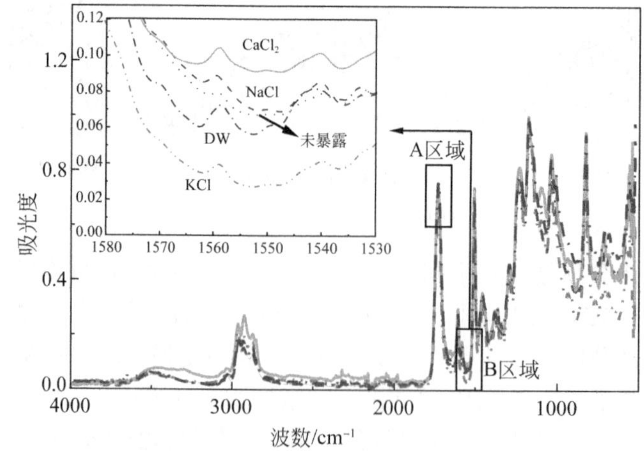

图 3-26　GFRP 筋在不同溶液中腐蚀后的 FTIR 测试结果

3.5.3　溶液温度的影响

1. 试验方案

为了模拟混凝土的高碱性环境，根据 ACI 440.3R-04，配置了 pH 值为 13.6 的 NaOH 溶液。每周测量一次 pH 值，控制误差范围约为±0.01。为了研究不同温度对 FRP 筋拉伸性能劣化行为的影响，设置了五个暴露温度（25℃、30℃、40℃、50℃、60℃）和七个暴露龄期（3 d、7 d、15 d、30 d、45 d、60 d、105 d）。需要说明的是，为了避免数据分散，每个实验条件至少设置五个样品，未暴露的样品作为对照组。

2. 结果与分析

表 3-5 总结了 GFRP 筋拉伸试样的平均抗拉强度及保留率与暴露时间和温度的关系。其中，抗拉强度最大的变异系数为 2.1%。浸泡试样的平均抗拉强度除以在实验室环境中未暴露试样的抗拉强度，相应的数值表示为保留率。

表 3-5　GFRP 筋的拉伸强度结果

编号	暴露天数/d	温度/℃	极限拉伸强度		保留率
			均值/kN	变异系数/%	
未暴露			32.49	0.5	1.00
1	3	25	32.34	0.8	0.99
	7		29.93	1.3	0.92
	15		29.44	1.3	0.91
	30		28.83	1.2	0.89
	45		28.59	1.2	0.88
	60		28.04	1.5	0.86
	105		27.57	1.6	0.85
2	3	30	31.72	1.5	0.98
	7		29.53	1.4	0.91
	15		29.11	1.5	0.90
	30		26.93	1.5	0.83
	45		26.27	1.6	0.81
	60		26.13	1.3	0.80
	105		19.68	1.5	0.61

续表

编号	暴露天数/d	温度/℃	极限拉伸强度		保留率
			均值/kN	变异系数/%	
3	3	40	30.95	1.3	0.95
	7		28.82	1.1	0.89
	15		28.21	1.7	0.87
	30		26.29	1.8	0.81
	45		24.19	2.0	0.74
	60		23.90	1.7	0.74
	105		15.31	1.5	0.47
4	3	50	30.24	1.5	0.93
	7		28.20	1.8	0.87
	15		27.03	2.0	0.83
	30		23.29	1.0	0.72
	45		22.29	1.5	0.69
	60		20.58	1.8	0.63
	105		11.73	1.8	0.36
5	3	60	29.52	1.2	0.91
	7		28.12	2.1	0.86
	15		27.01	1.3	0.83
	30		17.94	2.0	0.55
	45		15.66	1.0	0.48
	60		15.16	1.6	0.46
	105		6.52	1.5	0.20

图 3-27 显示了暴露后 GFRP 筋的抗拉强度保留率。试验在 40℃的碱性溶液中暴露 30 d 后，拉伸强度下降了 19%；而暴露 105 d 后，GFRP 试样的拉伸强度较初始强度下降了 53%。这表明，GFRP 筋的劣化程度随着暴露时间的延长而增加，且在较高温度下暴露的 GFRP 筋表现出较低的抗拉强度保留率。Kim 等[142]研究发现，在 40℃的碱性溶液中暴露 1440 h 后，GFRP 筋的拉伸强度保留率为 70.45%。将暴露温度进一步提高到 60℃，导致 GFRP 筋更快速地劣化，拉伸强度的降低使得 105 d 后的强度损失可达到 80%。Shanahan 等[143]研究发现，当调节温度接近玻璃化转化温度时，拉伸强度会显著下降。

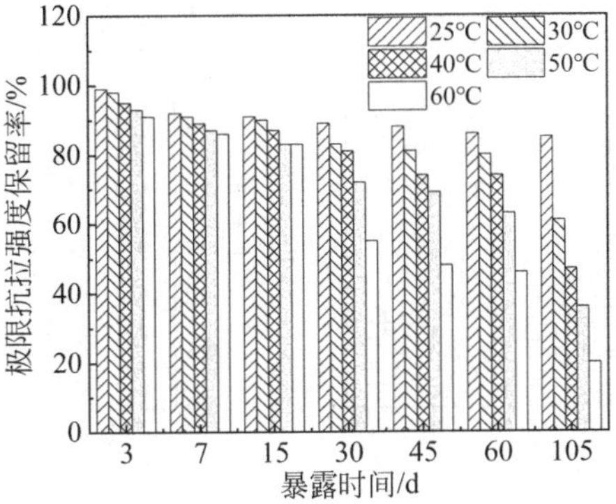

图 3-27 GFRP 筋的拉伸强度保留率

此外，吸收的水分降低了树脂的 T_g，使材料的相位由玻璃状转变为橡胶状[144]。在较高的温度下，OH^-离子和水分子与外部树脂发生反应，导致树脂基体的塑化和水解反应，从而使 FRP 筋的拉伸强度下降。Hojo 等[145]提出，酸酐和环氧树脂固化分子结构中的酯键在游离 OH^-离子的碱性溶液环境中极易降解。此外，Nanni 等[146]研究表明，在混凝土水化过程中，孔隙水溶液的高 pH 值可能使玻璃纤维受到化学侵蚀，并且在高温环境下会进一步加剧结构内部发生的化学反应，这可能导致纤维损伤。

图 3-28 给出了 BFRP 筋的拉伸强度保留率值。从图中可以看出，当 BFRP 筋暴露于 21℃的模拟海水海砂混凝土孔溶液中 90 d 时，其拉伸强度保留率 95.69%，相对应的拉伸强度为 1163.78 MPa；当暴露于 40℃的模拟孔溶液中 90 d 时，BFRP 筋的拉伸强度保留率相对于未腐蚀的筋材减少了 19.42%；试样在 55℃溶液中暴露 90 d 时，BFRP 筋的拉伸强度从 1216.18 MPa 减小到 318.68 MPa（R 值为 26.2%）。以上结果表明，BFRP 筋的拉伸强度保留率随着暴露时间的延长而降低。事实上，BFRP 筋在模拟海水海砂混凝土孔溶液中吸收了大量水分子和 OH^-，树脂内部首先产生不均匀的膨胀，导致微裂纹的出现。同时，树脂基体的塑化和水解使得腐蚀性离子更容易渗透到纤维/树脂界面，增加了有利通道。这些有害离子刻蚀纤维，导致纤维性能劣化，从而使其拉伸强度降低。随着温度的升高，水分子和 OH^-的吸收与扩散速率明显提高，加剧了纤维的劣化。因此，暴露在如 55℃的高温环境中，对 BFRP 筋的拉伸强度具有直接影响。

3. 微观形貌分析

由显微照片可知，未暴露的 GFRP 筋的基体和纤维表面光滑，且纤维与基体之间具有良好的结合力，见图 3-29（a）。图 3-29（b）～（f）显示了 GFRP 筋在

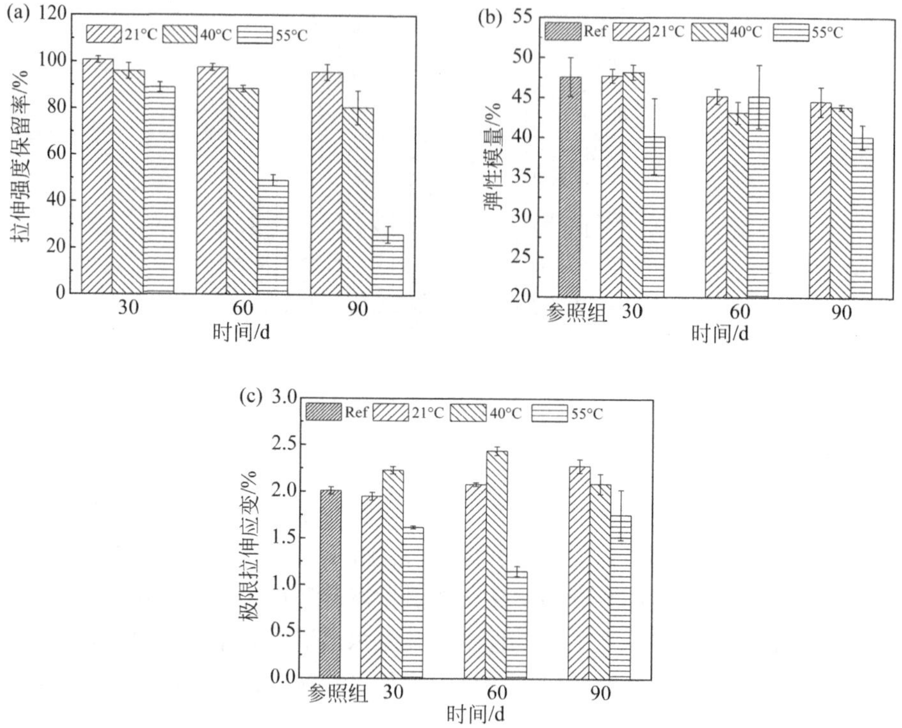

图 3-28　BFRP 筋的力学性能

（a）拉伸强度保留率；（b）弹性模量；（c）极限拉伸应变

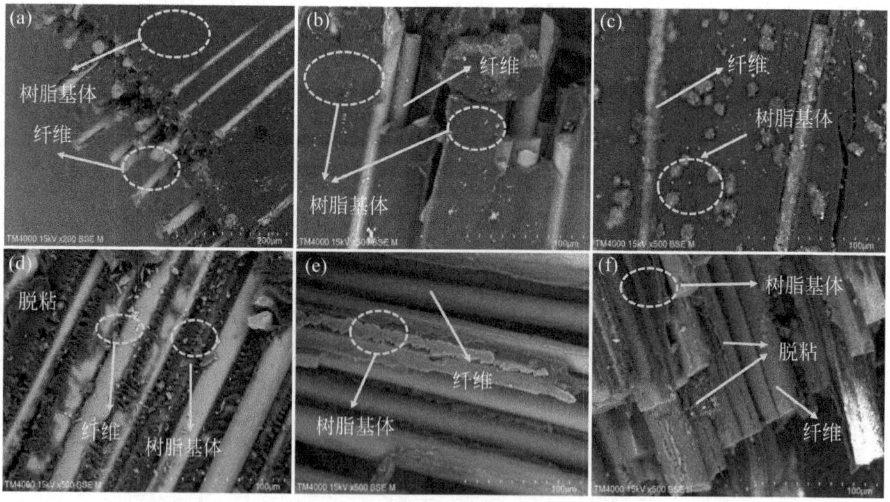

图 3-29　腐蚀 105 d 后 GFRP 筋失效表面的 500 倍 SEM 图像

（a）未暴露；（b）25℃；（c）30℃；（d）40℃；（e）50℃；（f）60℃

不同温度条件下暴露 105 d 后的 SEM 扫描图。在室温下暴露 105 d 后，GFRP 筋的树脂和纤维没有明显损伤，证明了其抗拉强度降低幅度有限。然而，当温度达到 30℃时，树脂表面出现了局部腐蚀坑，纤维表面也出现了轻微的损伤。此外，在纤维与树脂的结合界面观察到大约 1 μm 的裂缝。在 40℃时，大部分树脂被腐蚀，纤维与树脂界面发生脱粘现象，这种现象是由 OH^-离子的渗透引起的，导致了树脂基体的化学降解[139]。当环氧树脂与酸酐固化剂交联时，固化后的分子中含有酯基。OH^-离子参与高温催化下的水解反应，导致大分子断裂和酯键水解。在 50℃时，树脂几乎被腐蚀掉。当温度达到 60℃时，不仅树脂几乎没有保留，而且纤维表面的许多区域也被腐蚀，这证实了其拉伸强度的大幅度下降。

图 3-30（a）～（d）显示了在 60℃的碱性溶液中，经过不同天数（7 d、30 d、45 d、105 d）的试样的 SEM 图像。从图（a）到图（d）可以看出，随着暴露时间的增加，纤维表面和纤维之间的树脂含量逐渐减少。特别是在 30 d 时，纤维表面局部区域的树脂被腐蚀，裂纹和纤维间的缝隙增加，纤维表面明显受到腐蚀，这也证实了前述拉伸强度突然大量损失的现象［图 3-30（b）］。此外，在 45 d 时，纤维和树脂腐蚀程度严重，此时拉伸保留率下降到约 48%。而在暴露 105 d 时，保留率仅为约 20%［图 3-30（c～d）］。

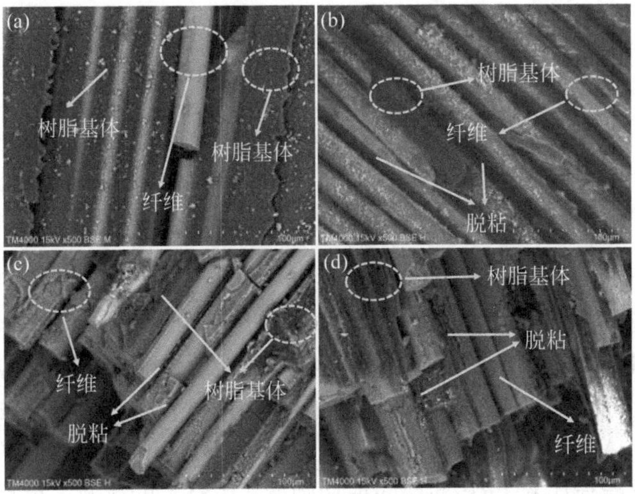

图 3-30　60℃腐蚀后 GFRP 筋失效表面的 500 倍 SEM 图像

（a）3 d；（b）30 d；（c）45 d；（d）105 d

显然，较高的腐蚀温度会导致 GFRP 筋表面树脂的减少，进而影响树脂与纤维之间的结合力，使结合力减弱。温度加速了水的扩散，并降低了水解的能量障碍。因此，分子链中弱键的断裂可能是高温引起的。此外，键的断裂降低了聚合度，破坏了交联点之间的连接[147]。可以看出，随着温度和时间的增加，基体的降解变得更加严重，这反过来又会影响筋材的拉伸强度。类似地，BFRP 筋在腐蚀后的微观形貌也证实了这一点，如图 3-31 所示。

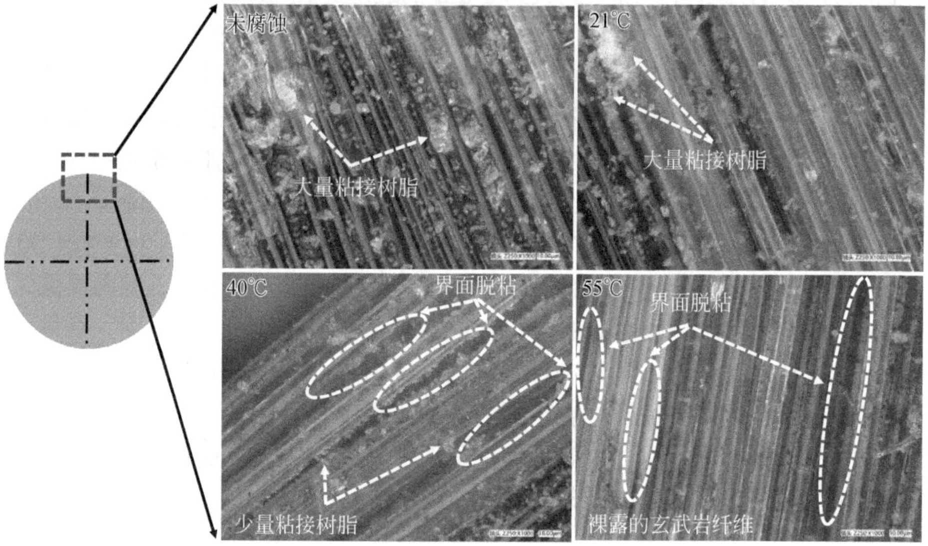

图 3-31　腐蚀后 BFRP 筋微观形貌

3.6　FRP 筋在溶液中剪切性能劣化

3.6.1　溶液 pH 值的影响

为分析不同碱度对 GFRP 筋剪切性能劣化的影响，本研究构建了不同的 pH 环境，pH 值选取范围从 10 到 13.6，具体为 pH 值 10、11、11.4、12.43、13 和 13.6。根据 ASTM D4475[120]，FRP 筋的层间界面性能通过短梁剪切试验进行评估（图 3-32）。测试设备为 MTS 万能试验机，量程为 50 kN。测试采用位移控制模式，加速速率按照 ASTM D4475 的推荐速率，即 1.3 mm/min 进行。

为了研究跨径比对 FRP 筋层间剪切强度（ILSS）的影响，设置了 4 个不同的跨径比，如表 3-6 所示。

图 3-33 显示了暴露在不同 pH 腐蚀环境下的各种长度的 GFRP 筋的层间剪切强度。GFRP 筋的 ILSS 随着溶液 pH 值的增加而下降。与未腐蚀的筋材相比，当 pH 值达到 10 时，GFRP 筋的 ILSS 最大损失率已达到 31%；当 pH 值从 10 增加至 12.43 时，ILSS 略微下降，直至 pH 值增长至 13.6，此时 ILSS 的下降幅度增大，

ILSS 的最大损失率达到了 41%，特别是在构件长度为 42 mm 时。这可以归因于腐蚀溶液 pH 值的增加，溶液的碱度也随之提高，OH^-与水分子的存在导致筋材吸收水分的百分比和化学降解率增加，最终引发了树脂的降解、纤维-基体界面的劣化以及纤维的刻蚀。

图 3-32　短梁剪切试验

表 3-6　不同剪跨比 GFRP 筋的层间剪切强度

跨径比/(s/d)	跨度/mm	试样长度/mm
3	18	24
4	24	30
5	30	36
6	36	42

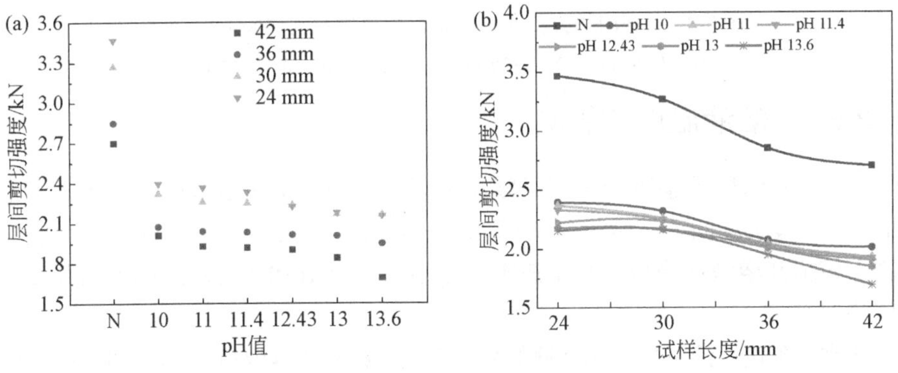

图 3-33　GFRP 筋的层间剪切强度

（a）不同 pH 值；（b）不同试样长度

此外，ILSS 与构件长度有关，随着构件长度的减少，ILSS 逐渐增加。如图 3-34(d)所示，当构件长度为 42 mm 时，暴露在 pH=13.6 溶液中的 ILSS 为 1.68 kN；而当构件长度为 24 mm 时，相同 pH 环境中的 ILSS 增至 2.1 kN，增长幅度约为 25%。同样，对于未暴露的试样，构件长度为 42 mm 时，其 ILSS 为 2.7 kN，构件长度为 36 mm、30 mm 和 24 mm 时，ILSS 分别为 2.85 kN、3.27 kN 和 3.46 kN。

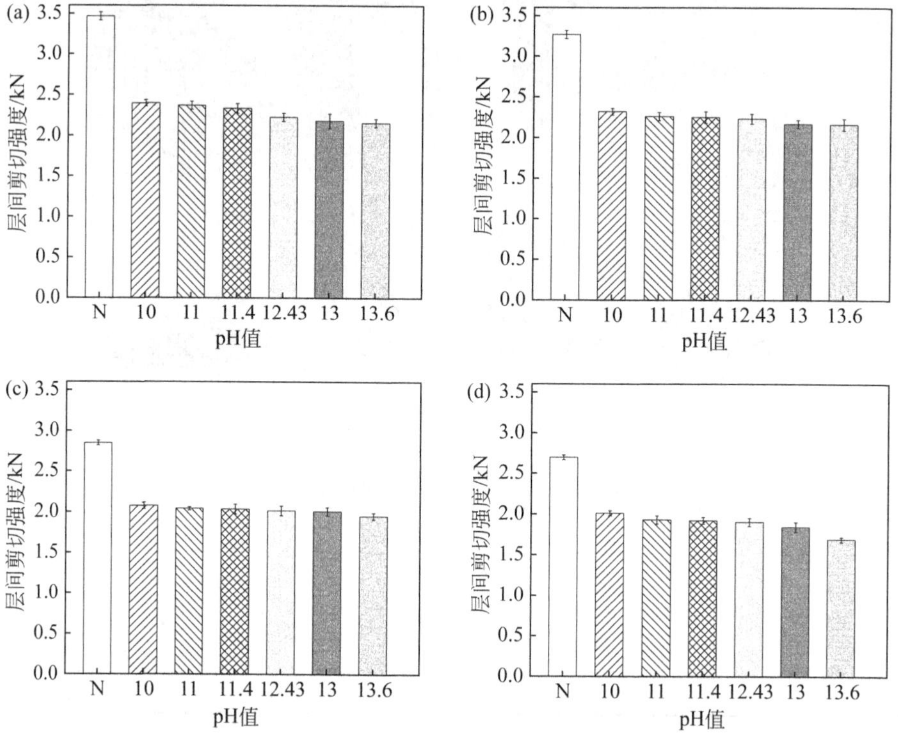

图 3-34　GFRP 筋在不同 pH 值溶液腐蚀后的层间剪切强度

（a）L=24 mm；（b）L=30 mm；（c）L=36 mm；（d）L=42 mm

3.6.2　溶液温度的影响

图 3-35 给出了暴露于不同温度和不同龄期的模拟海水海砂混凝土孔溶液中 BFRP 筋的残余层间剪切强度及其标准差。可以看出，这些值与 Yi 等[122]测得的暴露于模拟孔溶液和模拟海水中海水海砂砂浆包裹 BFRP 筋的层间剪切强度标准差值相似。

通常，在碱性溶液中，FRP 筋的残余 ILSS 随着暴露温度的提升和暴露时间的延长而降低。模拟孔溶液中 FRP 筋的 ILSS 也显示出相似的变化趋势。当 BFRP 筋暴露于 21℃的模拟孔溶液 180 d 时，其层间剪切强度保留率为 81.12%，与之相

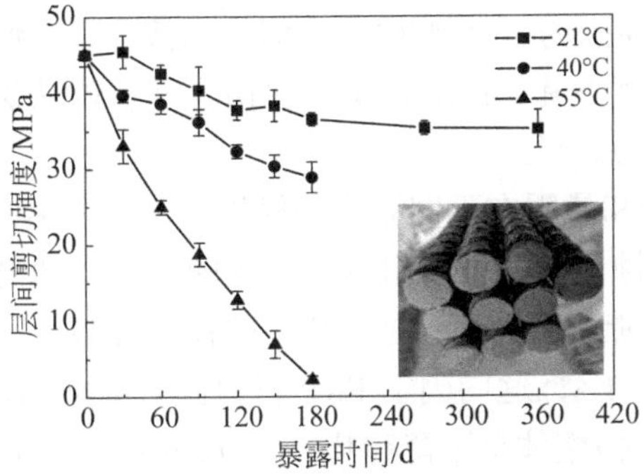

图 3-35　不同暴露温度下 BFRP 筋的 ILSS

比，在 40℃和 55℃的同一时间段，其保留率分别为 64.14%和 5.02%。这可能是由于暴露时间的延长导致 BFRP 材料的水分吸收增加，从而使纤维/树脂界面性能下降。Manalo 等[123]发现在短梁剪切试验中，FRP 筋边缘树脂的软化极为重要，因为该位置成为薄弱环节并承受较高的剪切力。此外，也有学者进一步指出，界面劣化被认为是影响 FRP 筋力学性能下降的主导因素。此外，Wang 等[121]发现，CFRP 筋和 BFRP 筋在高温暴露条件下的水分吸收量较高，导致层间剪切强度降低。因此，提升在腐蚀溶液中的暴露温度进一步加剧了 BFRP 筋界面性能的劣化。

图 3-36 为 BFRP 筋在模拟孔溶液中暴露 180 d 后筋材横断面相应位置的显微形貌图。对于未腐蚀试样，纤维以及纤维/树脂界面区域相对完整，未见明显缺陷。需要说明的是，从图 3-36 可以看出，部分纤维表面存在少量缺陷，如刻痕和划痕，这些缺陷是筋材在抛光打磨过程中造成的。Guo 等[148]对比了研磨和抛光 FRP 材料横截面与暴露于液氮中试样的纤维/树脂界面的微观形貌，试验结果表明，研磨和抛光对 FRP 材料横截面的影响可以忽略不计。对于腐蚀后的 BFRP 筋，其微结构发生了明显的腐蚀，包括玄武纤维的刻蚀、树脂的水解以及纤维/树脂界面区域

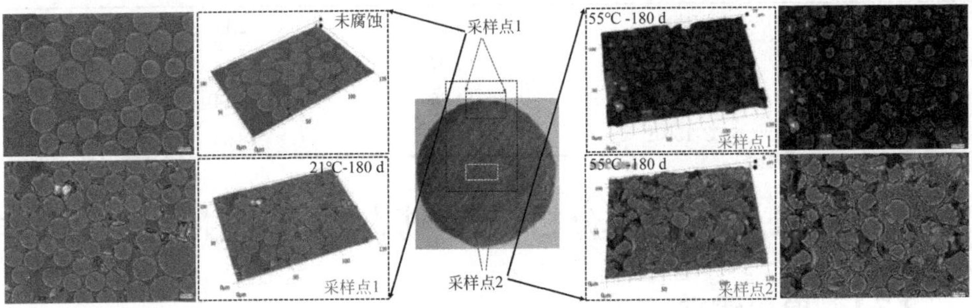

图 3-36　不同暴露温度条件下 BFRP 筋的显微形貌

的脱粘。这些劣化明显削弱了纤维/树脂之间的粘接力，降低了层间界面的抵抗能力，使得残余层间强度下降。因此，层间剪切强度可以从宏观尺度更直接地反映 FRP 筋的界面抵抗能力。

图 3-37 为未腐蚀和暴露在不同温度的模拟孔溶液中 BFRP 筋的 X 射线 CT 三维重构图像。根据腐蚀前后试样中组分灰度值的差异，通过阈值分割算法可以得出相应纤维（V_f）、树脂（V_r）和孔隙（V_v）的体积分数，如表 3-7 所示。未腐蚀 BFRP 材料的 V_v 为 2.34%，这归因于 FRP 材料固有的缺陷。腐蚀后，BFRP 筋的 V_f 和 V_r 值出现波动，但整体呈下降趋势，而 V_v 值则上升。这表明孔隙的增加是由于纤维的刻蚀、树脂的水解以及两者相互作用导致的纤维/树脂界面的脱粘。

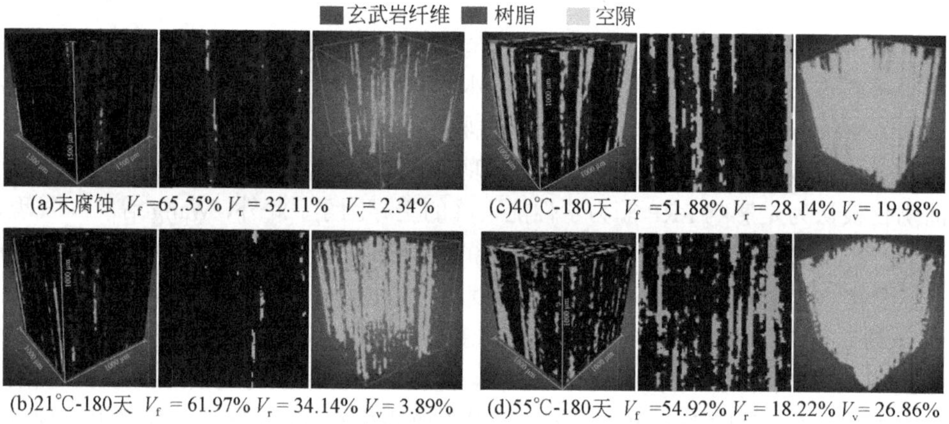

图 3-37　不同暴露温度条件下 BFRP 筋的三维重构图像

表 3-7　BFRP 筋 X 射线三维重构各组成成分的体积比例/%

筋材类型	暴露环境	纤维（V_f）	树脂（V_r）	孔隙（V_v）
		玄武岩纤维		
BFRP	未腐蚀	65.55	32.11	2.34
	21℃-180 d	61.97	34.14	3.89
	40℃-180 d	51.88	28.14	19.98
	55℃-180 d	54.92	18.22	26.86

3.7　基于分子动力学分析 FRP 筋在溶液中性能演变机理

3.7.1　模型建立

选择 BOVIA 公司的 Materials Studio 2019 [149] 软件进行分子动力学模拟，建

立初始结构，并进行能量优化和动力学松弛。初始模型主要由双酚 A 型环氧树脂（DGEBA）与固化剂甲基四氢邻苯二甲酸酐（MeTHPA）交联固化而成，建立的初始模型如图 3-38 所示。

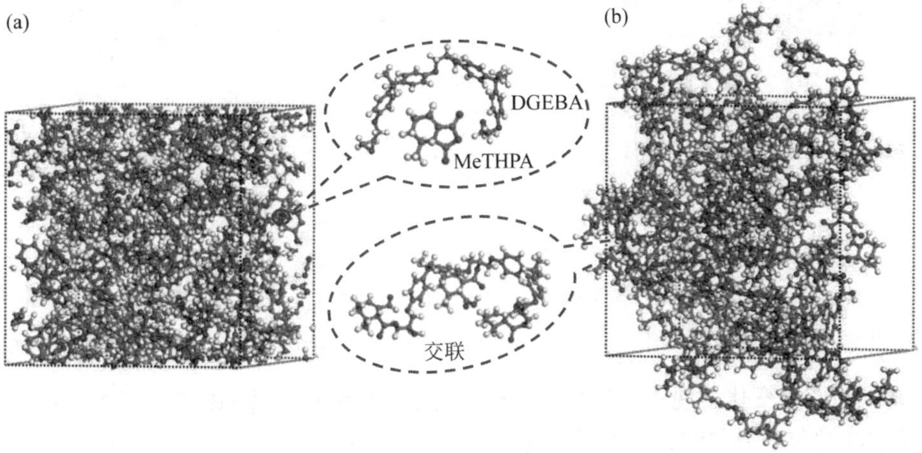

图 3-38　环氧树脂交联网络

（a）周期性模型；（b）非周期性模型

3.7.2　腐蚀环境建立

为了研究不同吸湿条件对环氧树脂聚合物物理和化学性能的影响，在环氧树脂体系中加入不同数量的水分子。有研究表明，环氧树脂系统的饱和吸湿性低于 4%[150]。因此，添加到结构中的水分子量为环氧树脂摩尔质量的 0.8wt%、1.6wt%、2.3wt%和 3.8wt%，以代表不同的吸湿条件。此外，对于盐溶液环境的模拟，采用 2.3wt%的水分子，并添加 Na^+、K^+、Ca^{2+}以及 Cl^-等离子。不同环境下相应的环氧树脂体系的分析模型见图 3-39。其中 H_2O、NaCl、$CaCl_2$和 KCl 分子由 CPK 模型表示，环氧树脂网络由线模型表示。

3.7.3　水环境模拟结果分析

1. 密度、体积、自由体积分数

不同吸湿率模型系统的密度、体积和自由体积特性如图 3-40 所示。在较低的水浓度下，环氧树脂的密度最初增加，随后在较高水浓度下迅速下降。最初的密度增加可能与加水时引入氢键的相互作用有关，而随后的密度下降则可能是水分子对聚合物体系软化作用的结果。有研究指出，聚酰胺在加水时也表现出类似的密度变化，即加水之初密度增加，而随着水分进一步进入，密度减少[151]。体积

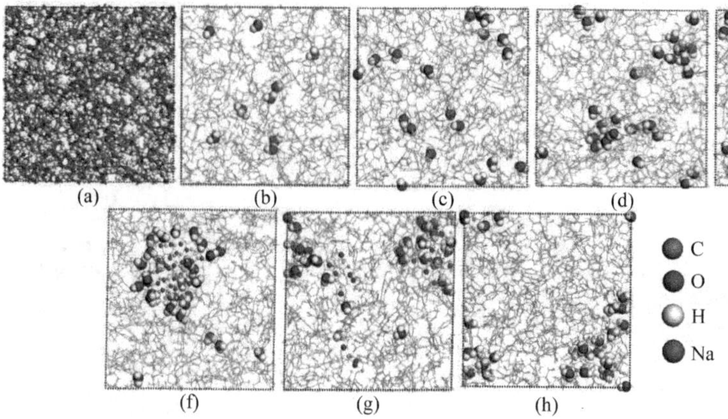

图 3-39　环氧树脂分子模型

（a）干燥环境；（b）～（e）水环境（0.8wt%、1.6wt%、2.3wt%和 3.8wt%）；（f）～（h）NaCl、KCl 和 $CaCl_2$

膨胀率与密度变化呈现相反趋势，一开始观察到环氧树脂体积的微小增加，随着水的加入，总体积则呈跳跃式增长。这一过程可能伴随聚合物网络的溶解和塑化[152]。随后，利用水分子作为测试探针测量模型中的自由体积分布。图 3-41 显示了不同吸湿率对应不同的自由体积模式。根据自由体积可以计算出自由体积分数（f_V），如式（3-6）所示。f_V 随着水浓度的增加逐渐增大，水的存在增加了自由体积腔的大小，水分子“拉伸”了盘绕的聚合物链，从而创造了更大的自由体积空腔，允许更多的水分子渗透。与前述微观观测中暴露于去离子水中的腐蚀筋材的结论相一致，长期将 FRP 筋暴露在蒸馏水中将导致树脂基体的体积扩大、筋材表面粗糙度增加以及纤维之间的距离增大。

$$f_V = \frac{V_f}{V_T} \tag{3-6}$$

式中，f_V 代表自由体积分数；V_f 和 V_T 分别代表自由体积和总体积。

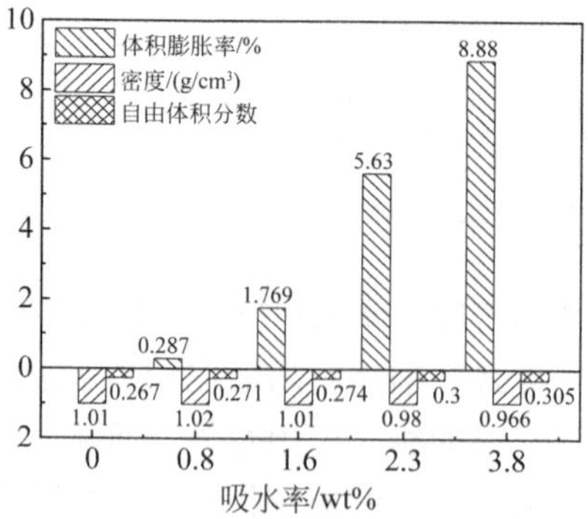

图 3-40　不同吸湿率下的密度、体积和自由体积分数

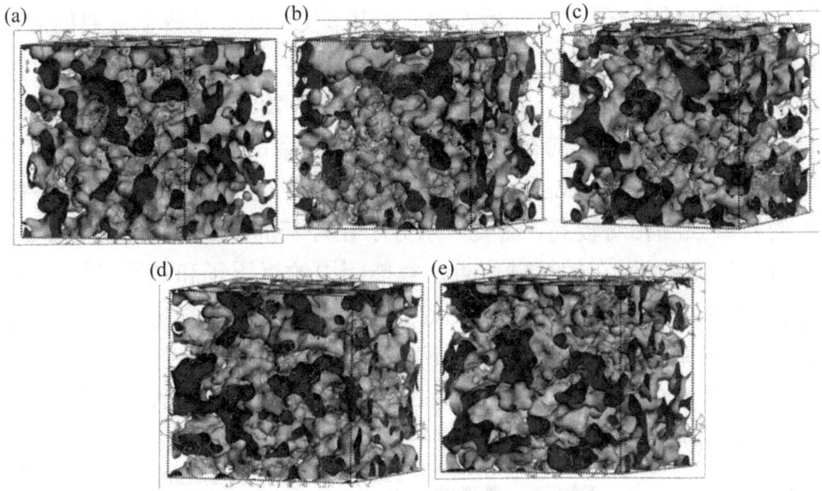

图 3-41　不同水分浓度模型中自由体积的分布

（a）0wt%；（b）0.8wt%；（c）1.6wt%；（d）2.3wt%；（e）3.8wt%

2. 水分子与环氧树脂的相互作用

径向分布函数（RDF）用于测量在距离 r 的地方发现另一个原子的归一化概率，这有助于理解水分子在环氧基团周围的堆积与相互作用[153]。首先，测量了水分子中的氧原子与环氧功能团中的氧原子之间的 RDF，见图 3-42。在大约 3 Å 的距离上出现的尖峰表明，环氧树脂网络官能团与水分子之间的分布较为接近，此时，环氧树脂网络内的极性官能团与水分子中的氢/氧原子形成氢键。随着吸湿率的增加，水分子在极性官能团附近的数量逐渐减少。

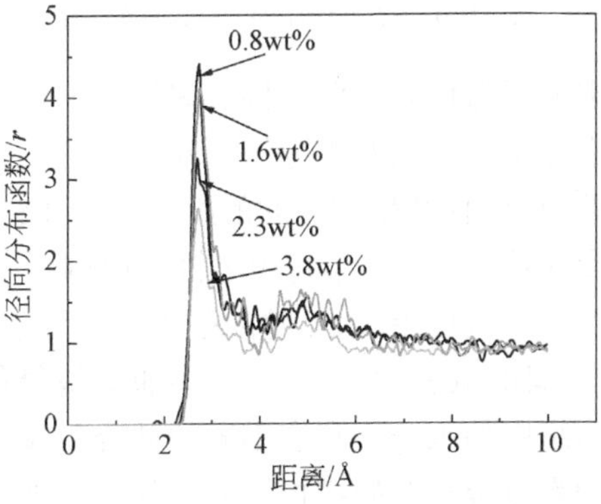

图 3-42　不同吸湿率时环氧树脂官能团中的氧与水分子中氧的 RDF 曲线

其次，环氧树脂分子结构分析表明，羟基和 C═O 键是两个重要的潜在位点，它们通常通过与水分子的相互作用形成氢键，见图 3-43（a）。图 3-43（b）中的高峰曲线显示了羟基与水相互作用的 RDF。在 2 Å 附近的尖峰表示羟基与水分子之间形成氢键，而在 4 Å 处的第二个峰值则表示相邻的羟基与水分子之间的距离，这是羟基与水相互作用的标志。此外，与低峰区的 C═O 与水的相互作用相比，羟基-水的峰值强度相对较高，这表明水分子在羟基周围有良好的聚集。这可能是因为羟基提供了两个潜在的氢键位点，官能团中的氢原子和氧原子均能与水分子形成氢键。此外，还观察到羟基-水和 C═O-水相互作用的峰值强度均受到吸湿率的影响，当吸湿率较高时，峰值强度下降。这是因为在聚合物网络中，羟基等极性基团的数量是恒定的，当吸湿性增加时，参与氢键作用的水分子的比例减少，从而导致高浓度下的峰值强度降低。

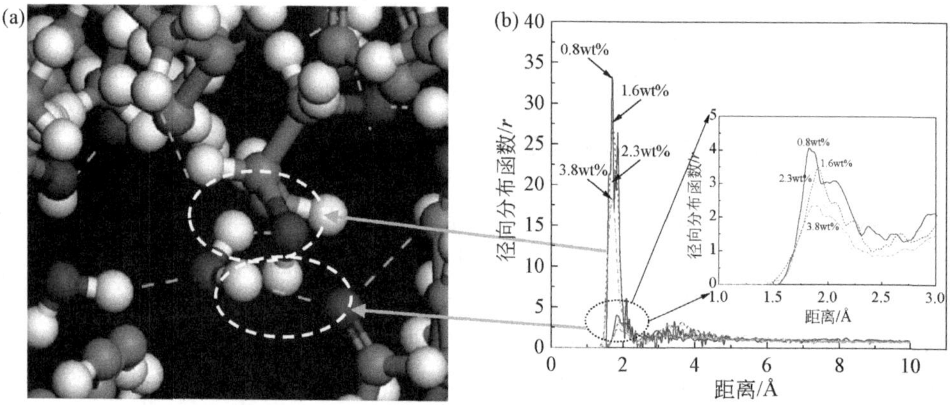

图 3-43　羟基-水和羰基-水相互作用的 RDF

（a）相互作用示意图；（b）径向分布函数

为了进一步描述水分子与环氧树脂结构之间的分子相互作用，对环氧树脂基团之间、环氧树脂和水分子之间以及水分子之间形成的氢键数量进行了统计。形成一个氢键的统计标准为：供体和受体之间的距离小于 3.5 Å，角度大于 130°[151]。基于对系统中氢键数量的计算，计算了每个氢键的比例，如图 3-44 所示。特别是在低湿度的浓度条件下，环氧树脂-水氢键的强度明显强于水-水氢键；而在高湿度的浓度条件下，水-水氢键似乎占主导地位。因此，氢键的变化表明，在不同的吸湿率下，环氧树脂网络中的水分子存在不同的结合现象。这一现象与聚丙烯酸酯聚合物和环氧树脂纳米复合材料的模拟研究一致。当吸湿率较低时，水分子主要与网络基体形成氢键[154]。换句话说，在高吸水率下，更多的水分子参与与其他水分子的氢键相互作用，形成水分子聚集现象。

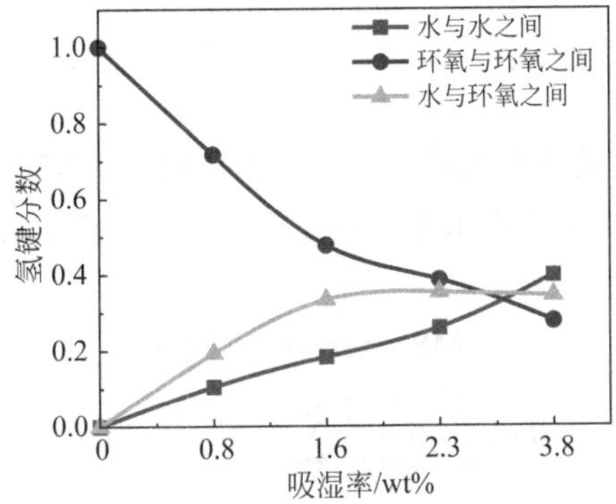

图 3-44　不同结构之间的氢键数量

图 3-45 中水分子沿 *Z* 方向的强度分布表明，随着水浓度的增加，水分子在网络内逐渐积累。当吸湿率＜1.6wt%时，水分子分散在不同的位置。当吸湿率达到 3.8wt%时，水分子的强度峰值在 23 Å 处达到最大值，且峰值窄而强，说明水分子的聚集效应在此非常显著。然而，水分子在环氧基团附近的分布，形成了水团，影响了环氧树脂结构的分子内相互作用以及树脂的黏聚性能。同样，被吸收的水减少了水与环氧树脂之间的氢键力，成为裂纹形成和延伸的核心因素。水的高内聚能可能导致聚合物中的团聚，从而引发不可逆的微孔隙损伤，进而影响 FRP 筋的机械性能[155]。因此，随着树脂吸水率的增加，树脂中会出现微裂纹，这将影响纤维-树脂界面。

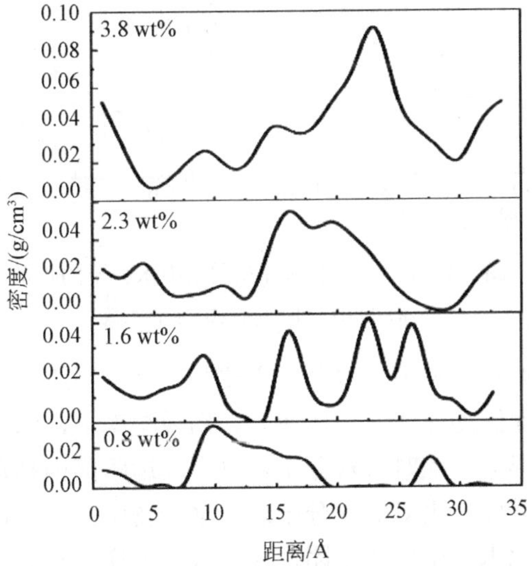

图 3-45　不同吸湿量时 *Z* 方向的水的强度分布

3. 水分子的均方位移

使用 MSD 可以有效地分析原子间的扩散，见式（3-7）。计算湿润网络模型中水分子的扩散系数是为了考察水浓度对扩散系数的影响。水分子扩散系数是用式（3-8）计算[156]。

$$\mathrm{MSD}=\left\langle \left| r(t)-r(0) \right|^2 \right\rangle \tag{3-7}$$

$$D=\frac{1}{6N}\lim_{t\to\infty}\frac{\mathrm{d}}{\mathrm{d}t}\sum_{i=1}^{N}\left\langle \left| r_i(t)-r_0(t) \right|^2 \right\rangle \tag{3-8}$$

式中，D 是水分子的扩散系数；$r_i(t)$是第 i 个水分子质量中心的位置；N 是水分子的数量。

不同浓度（0.8 wt%、1.6 wt%、2.3 wt%、3.8 wt%）的环氧树脂聚合物中的水扩散情况见图 3-46（a）。通过分析 MSD 曲线的斜率可以看出，水分子的扩散能力随着吸湿率的增加而提升。绘制出的 MSD 曲线采用对数坐标并进行拟合后，得到斜率为 1 的实际扩散区域。根据式（3-8），可以计算出扩散系数，如图 3-46（b）所示。随着浓度的增加，水的扩散系数也在增加，具体关系为 $D_{0.8\ \mathrm{wt\%}}<D_{1.6\ \mathrm{wt\%}}<D_{2.3\ \mathrm{wt\%}}<D_{3.8\ \mathrm{wt\%}}$。

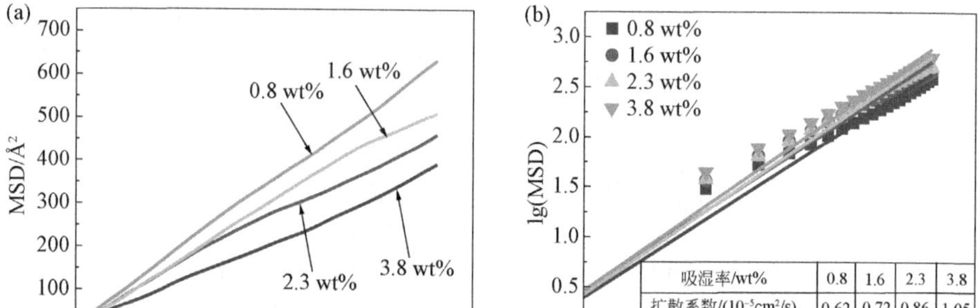

图 3-46　不同吸湿率环氧网络中水分子的扩散

（a）MSD；（b）lg-lg 图与扩散系数

如前所述，在低吸湿率下，水分子主要与聚合物网络相关联，导致水分子的扩散受到限制，从而流动性较低。然而，在高吸湿率下，水基氢键的数量达到饱和，观察到水团的形成。此时，水分子可以在较远距离内移动，且不易遇到环氧树脂的极性基团，因此，更多的水分子进入聚合物中，但难以形成氢键，或形成的氢键非常弱，因此水分子主要在团块内扩散，表现出较高的流动性。当吸湿率超过 2.3 wt%时，水分子的快速扩散是聚合物基体内体积膨胀造成的。这种由体积膨胀引起的小吸附分子对聚合物基体渗透增加的现象被称为塑化效应[157]。从模拟结果中可以看出，此效应是环氧树脂聚合物网络主干中的水含量和可用氢键位点数量所导致。一旦所有可能的氢键位点被占用，水会形成水团沉聚，达到聚合物网络的饱和极限。

3.7.4　盐环境模拟结果分析

1. 体系的密度、体积、自由体积分数

在 DW 溶液中加入相同浓度的 Na^+、Ca^{2+}、K^+和 Cl^-后，体积膨胀率增加。这是由于加入的离子半径较大，导致环氧树脂内部体积增大。环氧树脂体系的密度大于 DW 中的体系，而自由体积分数相对较小，水分子在体系内的扩散空间有限，如图 3-47 所示。不同类型盐溶液的自由体积变化见图 3-48，这一现象与文献中的结论相一致[158]。这一现象可能是由于高浓度的盐溶液抑制了体系的溶胀反应，溶液中较大的离子占据了自由体积。

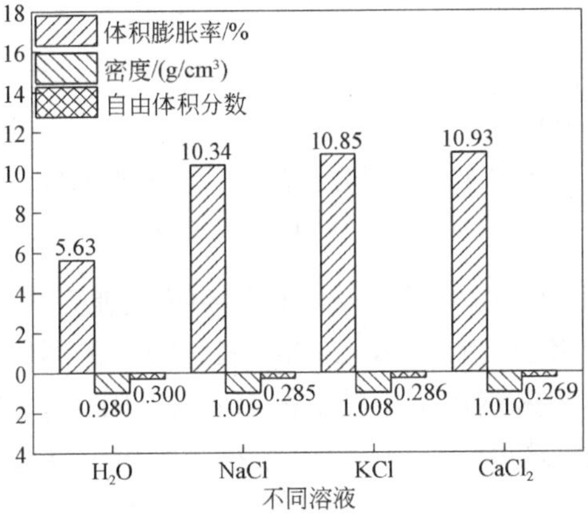

图 3-47　不同溶液中密度、体积和自由体积分数

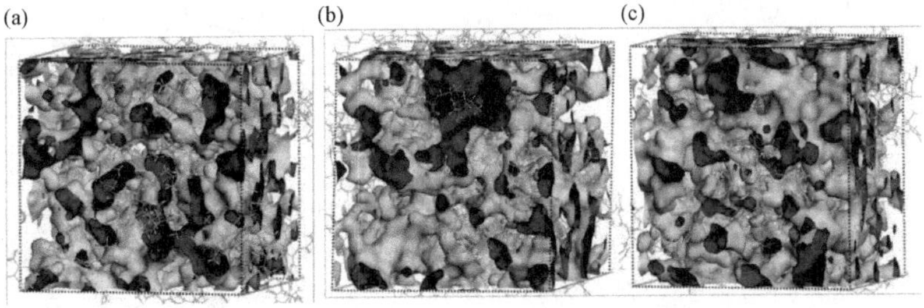

图 3-48　不同盐溶液中模型的自由体积分布

（a）NaCl；（b）KCl；（c）$CaCl_2$

2. 水分子的扩散系数

不同溶液（NaCl、KCl、$CaCl_2$）中聚合物中水分子的扩散系数见图 3-49（a）。水分子在盐溶液系统中的扩散能力低于在去离子水（DW）中的扩散能力。图 3-49（b）中的扩散系数进一步说明了这一现象，扩散能力的排序为 $D_{CaCl_2} < D_{KCl} < D_{NaCl} < D_{H_2O}$。值得注意的是，水分子在 $CaCl_2$ 溶液中的扩散能力显著降低，这与前面的分析结论一致。盐溶液的高浓度和大离子半径降低了水分子在体系内的扩散能力，从而在一定程度上阻碍了树脂的膨胀现象。因此，树脂的吸湿率也较低。

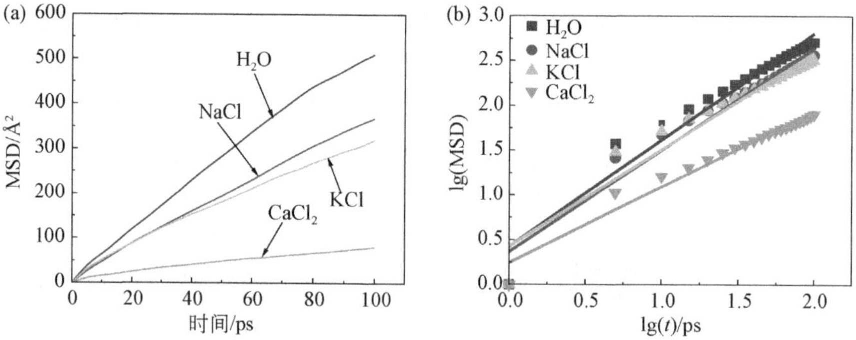

图 3-49　不同溶液中水分子的扩散系数

（a）MSD；（b）lg-lg 图与扩散系数

图 3-50（a）显示了体系中不同离子的运动传输能力，其中三种 Cl^- 的传输能力从上到下分别对应 KCl、NaCl 和 $CaCl_2$，K^+ 和 Na^+ 的运输能力相当，而 Ca^{2+} 的运输能力则较弱。Cl^- 在相应溶液中的扩散速率与其阳离子的运动速率相同，均低于水分子的运输能力，这可能是由于水分子携带的离子容易形成离子水化壳[159]。

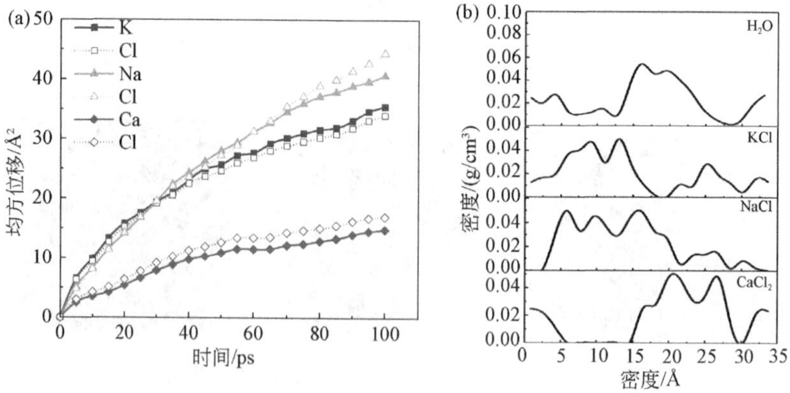

图 3-50　盐溶液中不同离子的 MSD（a）和不同盐溶液中水分子在 Z 方向的密度分布（b）

不同盐溶液中水分子沿 Z 方向的强度分布见图 3-50（b）。在 DW 中，水分子的强度分布似乎聚集在某一区域，而当溶液中加入离子后，水分子则出现在多个区域，强度峰值分散，从而在一定程度上阻碍了水分子的聚集现象。

3. 离子与环氧树脂的相互作用

为了进一步揭示盐离子阻碍树脂溶胀和吸水降低的现象，模拟了溶液中离子与聚合物系统内部的相互作用。结果表明，Na^+、K^+和 Ca^{2+}阳离子容易与羧酸根离子结合，见图 3-51（a）。通过分析 RDF 曲线可知，Na^+、K^+和 Ca^{2+}离子倾向于与羧酸根结合。特别是，Ca^{2+}更倾向于与两个羧酸根结合。如图 3-51（b）所示，在羧酸根附近的 Ca^{2+}在 3 Å 处达到一个峰值，并在其相邻处出现另一个较高的峰值。而 Na^+和 K^+均在 3 Å 附近与一个羧酸根结合，这一现象表明 Ca^{2+}具有更强的交联能力。Zhu 等[160]指出，Ca^{2+}是一种多价化合物，可以与 COO^-结合。此外，他们指出筋材在盐溶液中的水分比在 DW 中的水分低，这是离子交联现象造成的。环氧树脂聚合物网络中含有许多自由的羧基，这些阴离子羧基之间的静电排斥作用促成了树脂溶解。当 Na^+、K^+、Ca^{2+}等多价离子进入溶液中时，它们可以与 COO^-形成离子交联，从而阻碍树脂的溶解。此外，当聚合物处于离子溶液中时，离子浓度梯度驱动基体的膨胀反应。当树脂的整体吸水率较高时，膨胀率也随之提高。因此，由离子浓度梯度引起的溶胀与由离子交联引起的阻碍溶胀现象相互竞争。

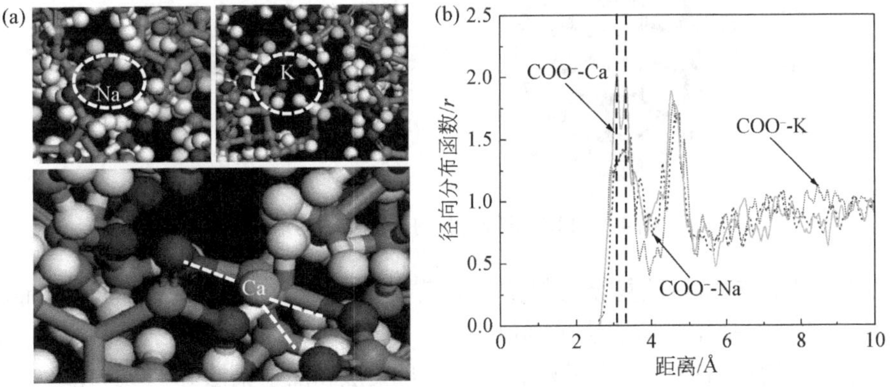

图 3-51　离子与环氧树脂的相互作用

（a）分子结构局部连接图 COO^--Na/K/Ca；（b）COO^--Na/K/Ca 的 RDF 曲线

第 4 章　FRP 筋纤维–树脂粘接性能及其演化

4.1　纤维-树脂界面性能及脱粘机理

复合材料中纤维与树脂基体的界面粘接强度反映了纤维与树脂之间的荷载传递效率，对复合材料的力学性能起着决定性作用。在 FRP 材料内部，增强纤维与树脂基体之间存在界面过渡区域，其性能与单独的纤维或树脂存在一定差异，且该区域是最容易破坏的部分。此外，成品纤维（包括碳纤维、玻璃纤维及玄武岩纤维）表面常常具有上浆涂层，导致界面区域具有一定的厚度，如图 4-1 所示。界面区域主要承担传递纤维与树脂间应力的作用，因此准确表征纤维与树脂间的界面粘接性能是评价纤维-树脂界面性能的基础。研究者一直以来采取的传统测试界面性能的方法主要分为两类。

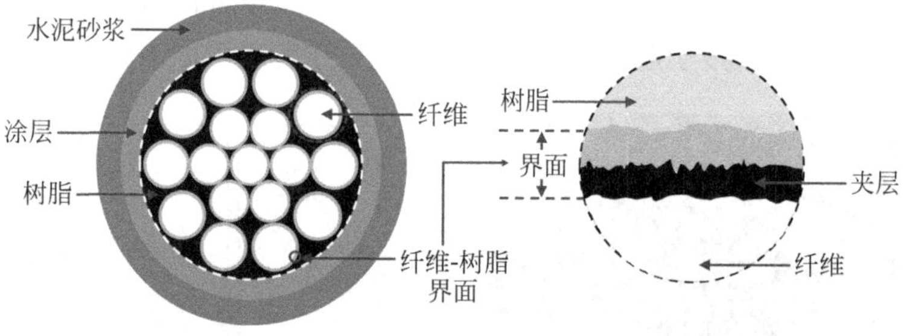

图 4-1　FRP 复合材料内界面区域的示意图

第一类是宏观测试复合材料的层间剪切强度（interlaminar shear strength，ILSS），主要包括短梁剪切法（short beam shear，SBS）、横向三点弯曲法、面内剪切法、双切口剪切拉伸/压缩法、V 型槽短梁法和品字梁法等[161]。在这些方法中，短梁剪切法和横向三点弯曲法均有相应的测试标准，且试样的制备及操作过程简单易行，测试结果的离散性较小。然而，宏观试验结果较为粗糙，主要是因为测试过程中受力情况复杂。此外，测试结果还受到纤维分布、纤维体积含量等参数的影响。因此，宏观测试结果往往无法深入揭示纤维与树脂之间界面的粘接机理。

第二类是直接测试单根纤维与树脂之间的粘接强度（interface shear strength，IFSS），具体方法包括单纤维断裂试验法、单丝拔出法、单丝顶出法和微脱粘试验法等[162]。目前，可用于测量单纤维界面性能的微机械技术包括微压痕法、单纤维破碎法和微滴法。本研究采用微滴测试来表征玄武岩纤维、玻璃纤维与环氧基体之间的界面粘接强度。利用这种试验方法，可以准确测量试验过程中微滴受力的大小，并识别纤维–树脂界面破坏模式。

4.1.1 纤维束强度及纤维束–树脂界面脱粘强度

参考一种双基体界面断裂试验方法，首先在纤维表面涂覆一层薄的脆性树脂，然后将其包埋于韧性树脂中作为测试试样[163]。采用推拉力测试机对纤维束的强度和纤维束与环氧树脂之间的微脱粘力进行测试，如图 4-2 所示，利用微脱粘试验方法表征纤维与环氧树脂之间的粘接强度。在实验过程中，记录纤维束从环氧树脂中拔出瞬间的脱粘力 F，并测量纤维埋入环氧树脂的长度 l 和纤维的直径 d。通过公式（4-1）计算纤维束与环氧树脂之间的粘接应力 τ，即界面粘接强度。

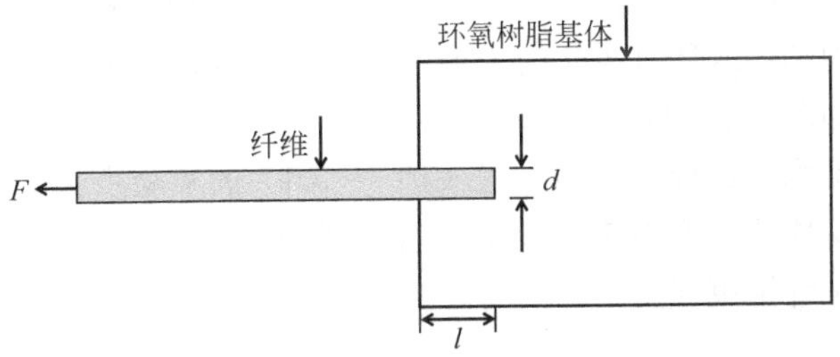

图 4-2 纤维束微脱粘试验示意图

$$\tau=F/\pi dl \tag{4-1}$$

式中，τ 为粘接应力，MPa；F 为最大脱粘力，N；d 为单纤维直径，mm；l 为纤维埋入树脂长度，mm；

1. 试样制备

本研究主要针对玄武岩和玻璃纤维两类材料进行研究，基体选用环氧树脂，设计了四类试样：玄武岩纤维束试样、玻璃纤维束试样、玄武岩纤维束–环氧树脂微脱粘试样以及玻璃纤维束–环氧树脂微脱粘试样。以玄武岩纤维束–环氧树脂微脱粘试样的粘接力测试为例（图 4-3），具体步骤如下：

（1）制作环氧树脂固定块：定制透明亚克力模具，如图 4-3（a）所示。模具采用双层板结构，板厚为 10 mm，上层板挖孔，尺寸为 7 mm×30 mm，即为环氧树脂固定块的尺寸。模具清洗完毕后，使用真空硅脂将板间缝隙密封，以防止环氧树脂溢出。模具孔中均匀喷涂脱模剂后，将环氧树脂与固化剂以 2∶1 的比例混合，使用注射器注入模具中并在常温下固化 24 h 后取出，清洗干燥后并密封保存。

（2）固定环氧树脂块位置：将聚四氟乙烯膜裁剪成 10 mm×30 mm 大小，膜上标注 9 mm 的位置，将环氧树脂块前端粘在聚四氟乙烯膜上，控制环氧树脂块间距在 8～9 mm。为避免环氧树脂块上残余离子等影响环氧树脂微滴与环氧树脂块之间的粘接，将环氧树脂块前端刮掉，改为斜面，如图 4-3（b）所示。

（3）玄武岩纤维束处理：由于玄武岩纤维丝过于纤细不便操作，故将 10 根纤维捆为一束，并将玄武岩纤维的长度裁剪为 11 mm。一端使用速干胶固定在亚克力板上，使用丙酮进行清洗后烘干处理，最后密封保存，样品如图 4-3（c）所示。

（4）固定玄武岩纤维束：使用软头镊子将玄武岩纤维束两端蘸取少量环氧树脂，使得玄武岩纤维束两端形成环氧树脂微滴。然后将玄武岩纤维束的端部轻放在环氧树脂固定块的斜面上，室温下固化 24 h 后，使用超景深显微镜观察，确保玄武岩纤维束两端埋入环氧树脂的长度在 1 mm 以内，即为有效试样。玄武岩纤维束拔出试样如图 4-3（d）所示。

纤维束强度测试试样：采用上述（1）～（4）的实验步骤，其中调整纤维束两端埋入树脂基体的长度为 5 mm，以确保纤维束不从树脂端拔出，从而作为纤维束拉断试样测试纤维束强度。

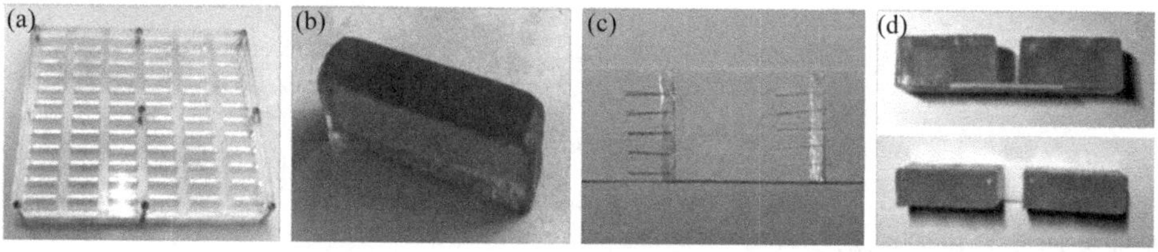

图 4-3　纤维-树脂微脱粘试样制作图

（a）亚克力模具；（b）处理完毕的环氧树脂块；（c）纤维束；（d）纤维束树脂拔出试样

2. 试验步骤

对玄武岩纤维束强度和玻璃纤维束强度的试验测试过程如下：

（1）试样处理：从密封容器中取出纤维束强度测试试样，使用黑、白两种颜料喷涂散斑。

（2）安装试样：将环氧树脂固定块分别置于装置两侧的夹头内，确保两侧的环氧树脂块保持在同一水平线上，以避免纤维出现偏心受拉。

（3）调整工业相机镜头位置：使纤维束处于镜头中央，调整镜头焦距及光线，直到能够清晰观察到纤维块表面的散斑。

（4）拉拔试样：推动摇杆，使环氧树脂块移动直至纤维束拉断，记录下最大拔出力 F。在拉拔过程中，使用 CCD 工业相机拍照记录，相机频率设置为 50 Hz。

（5）试验完成后，使用超景深显微镜观察玄武岩纤维束粘接的环氧树脂端，确认环氧树脂中未拔出玄武岩纤维束，同时确保环氧树脂面没有出现裂缝或破损，方可视为有效数据，从而确保测试的为纤维束的拉断力而非纤维的拔出力。每组测试进行 5 个试样。

纤维束–环氧树脂微脱粘试验测试过程如下：

测试过程（1）～（3）同上述描述的纤维束强度测试过程中的（1）～（3）。

（4）拉拔试样：推动摇杆，使环氧树脂块移动直至纤维束从环氧树脂中拔出，记录下最大拔出力 F。在拉拔过程中，使用 CCD 工业相机拍照记录，相机频率设置为 50 Hz。

（5）试验完成后，使用超景深显微镜观察环氧树脂纤维束的拔出端，确保环氧树脂中没有残留纤维，同时确认纤维束完整拔出且未发生断裂，方可视为有效数据。每组测试进行 5 个试样。

3. 试验结果

采用上述试验方法测试玄武岩纤维束和玻璃纤维束在拉断时的应力，以及它们与环氧树脂界面脱粘时的应力。其中，最大脱粘力采用五个试样的计算平均值，纤维束埋入长度的标准差为 0.1 mm，试验结果如表 4-1 所示。

表 4-1　纤维束拉断与纤维束–树脂界面脱粘时应力

纤维束类型	测试项目		
	纤维束最大拉断力/N	纤维束/树脂微脱粘试验	
		埋入长度/mm	最大脱粘力/N
玄武岩纤维束	3.52	0.80	2.23
玻璃纤维束	2.60	0.80	3.47

根据式（4-1），计算玄武岩纤维束和玻璃纤维束的强度，以及干燥状态下它们与环氧树脂之间的粘接应力。从表 4-2 可看出，玄武岩纤维束的强度高于玻璃纤维束，约为其强度的 2.54 倍。在有效埋入长度范围内，玄武岩纤维束与环氧树脂的粘接强度低于玻璃纤维束。

表 4-2　粘接应力计算结果

纤维束类型	测试项目	
	纤维束强度/MPa	纤维束/树脂界面粘接强度/MPa
玄武岩纤维束	165	45
玻璃纤维束	65	55

4.1.2　纤维束及纤维束-树脂界面受拉过程中应变与应力

如图 4-4 所示，采用 CCD 工业相机捕捉了纤维束拔出环氧树脂试样全过程中的图像。通过 DIC 技术，利用 Vic-2d 软件进行计算分析，可以清晰地获得纤维束从树脂端拔出过程中纤维束粘接端树脂表面的应变变化。

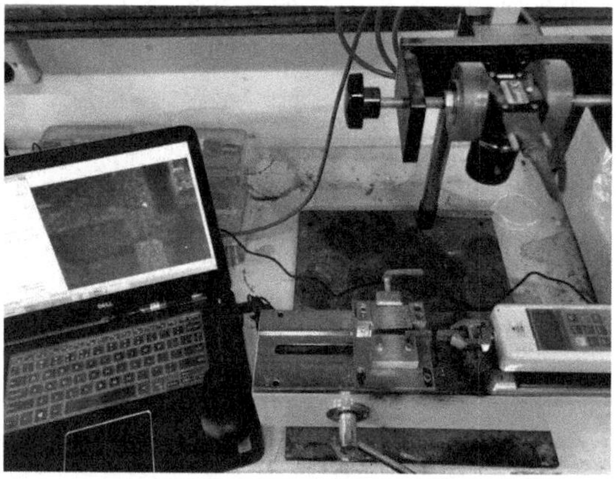

图 4-4　微脱粘试验图像采集装置

选取包括纤维束在内的纤维束两端 7 mm×21 mm 环氧树脂截面，如图 4-5 所示，标定初始状态下玄武岩纤维束与环氧树脂微脱粘试验试样的截面范围。

通过 DIC 系统测量得到的界面应力分布图能够更加全面、直观地反映粘接界面的损伤-破坏过程。使用 DIC 测量系统采集散斑区域的全场应变后，分别计算纤维束拉应力和纤维树脂粘接应力：

（1）依据式（4-2）计算纤维束的拉应力，并获取纤维束拉断应力云图。

$$\sigma=F/A \tag{4-2}$$

式中，σ 为纤维束的拉应力，MPa；F 为纤维束所受拉力，N；A 为纤维束的横截面积，mm^2。

（2）采用后处理法，选取段线上所有点的平均应变值作为计算应变值，以使差分插值法能够更准确地计算界面粘接应力值[164]。根据式（4-3）中的差分方程，

获得测点 i 与测点 i–1 之间的纤维束与环氧树脂界面粘接应力。

$$\tau_i=\frac{\Delta\varepsilon_i E_c t_c}{\Delta l_i}=\frac{(\varepsilon_i-\varepsilon_{i-1})E_c t_c}{(l_i-l_{i-1})} \tag{4-3}$$

式中，ε_i 为环氧树脂测点 i 处的应变；$\Delta\varepsilon_i$ 为测点 i-1 与 i 之间的应变差值；l_i 为测点 i 距离近端的距离，mm；Δl_i 为测点 i-1 与 i 之间的距离，mm；E_c 为环氧树脂的弹性模量，GPa；t_c 为环氧树脂液滴点的厚度，mm。

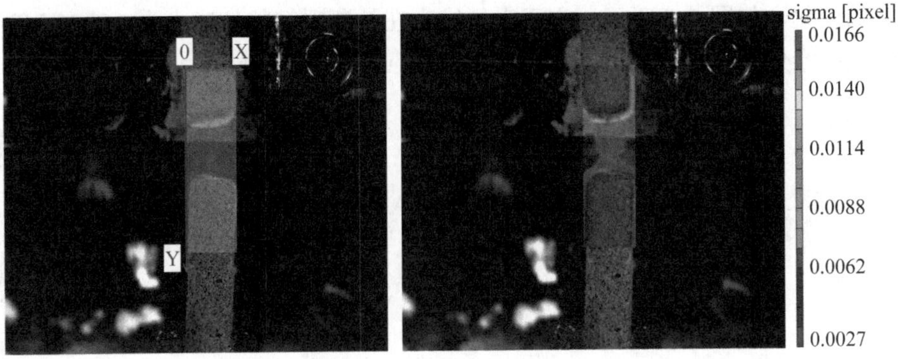

图 4-5　纤维束拔出端树脂应变场分析区域位置

1. 纤维束强度

图4-6为玄武岩纤维束与玻璃纤维束强度测试过程中环氧树脂应变场的演变。其中，图 4-6（a）中两端的虚线框内为环氧树脂表面，中间的实线框内为纤维束

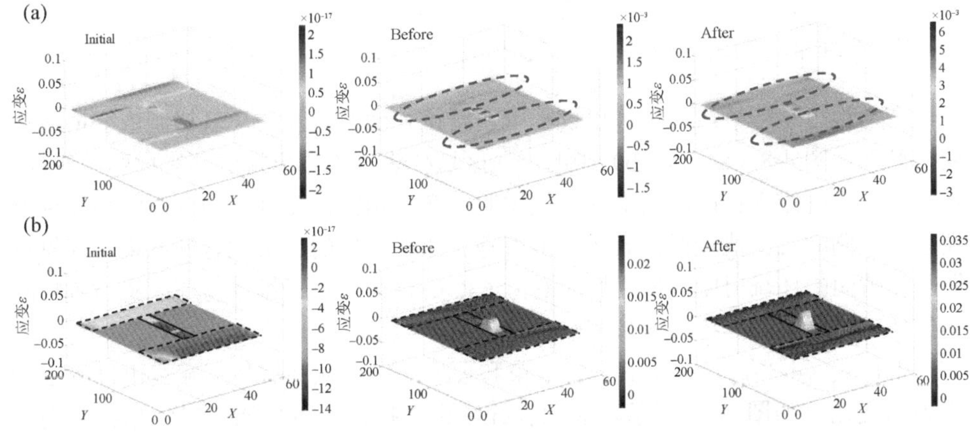

图 4-6　纤维束强度试验过程中纤维-树脂应变场

（a）玄武岩纤维束；（b）玻璃纤维束

所在位置（下同）。分析初始状态（Initial）、纤维束拉断瞬间（Before）及拉断后（After）三个应变状态。显然，在纤维束拉断过程中，两端环氧树脂的应变值［图 4-6（b）虚线内］差值较小，并未出现明显降低，表明拉拔纤维束的拉断并未导致其从环氧树脂基中脱出。玄武岩纤维束拉断瞬间环氧树脂的最终拉应变为 1245 $\mu\varepsilon$，而玻璃纤维束拉断瞬间环氧树脂的最终拉应变为 209 $\mu\varepsilon$。

根据式（4-2），计算玄武岩纤维束与玻璃纤维束强度测试过程中环氧树脂应力场的变化，如图 4-7 所示。玄武岩纤维束在拉断瞬间的拉应力为 153.20 MPa，而玻璃纤维束在拉断瞬间的环氧树脂最终拉应力为 64.58 MPa。

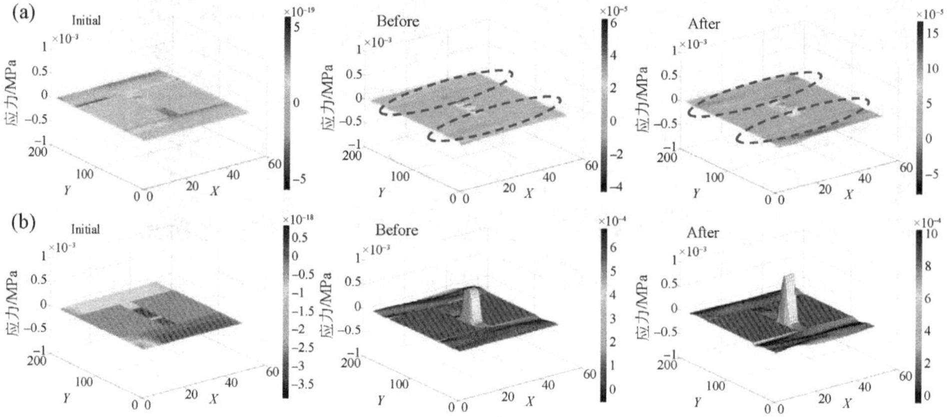

图 4-7 纤维束强度试验过程中纤维-树脂应力场

（a）玄武岩纤维束；（b）玻璃纤维束

2. 纤维束-环氧树脂界面粘接力

在纤维束从环氧树脂中拔出过程中，纤维表面及两端的环氧树脂应变场峰值明显升高。图 4-8（a）和（b）中的虚线区域代表纤维拔出端的环氧树脂应变场。与图 4-6 中纤维束拉断时两端的环氧树脂应变场相比，图 4-8 中两侧的环氧树脂端总有一侧的应变值较低，表明纤维束是从该端拔出的。玄武岩纤维束与环氧树脂脱粘瞬间的环氧树脂端最终拉应变为 630 $\mu\varepsilon$，而玻璃纤维束与环氧树脂脱粘瞬间的环氧树脂端最终拉应变为 300 $\mu\varepsilon$。

根据式（4-3），计算玄武岩纤维束和玻璃纤维束从环氧树脂端拔出过程中的应力场变化，如图 4-9 所示。玄武岩纤维束在拔出环氧树脂端时的粘接应力为 50.70 MPa，玻璃纤维束的粘接应力为 59.4 MPa。依据 DIC 测试获得的纤维束-环氧树脂表面的应变场演变，计算得出纤维束拉断时的应力以及纤维束-树脂脱粘时的应力，结果见表 4-3。

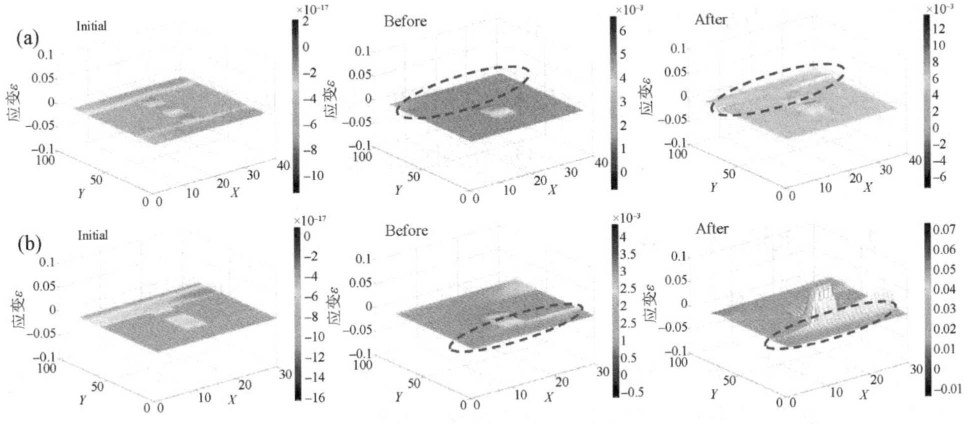

图 4-8　微脱粘试验过程中树脂-纤维应变场演变

（a）玄武岩纤维束；（b）玻璃纤维束

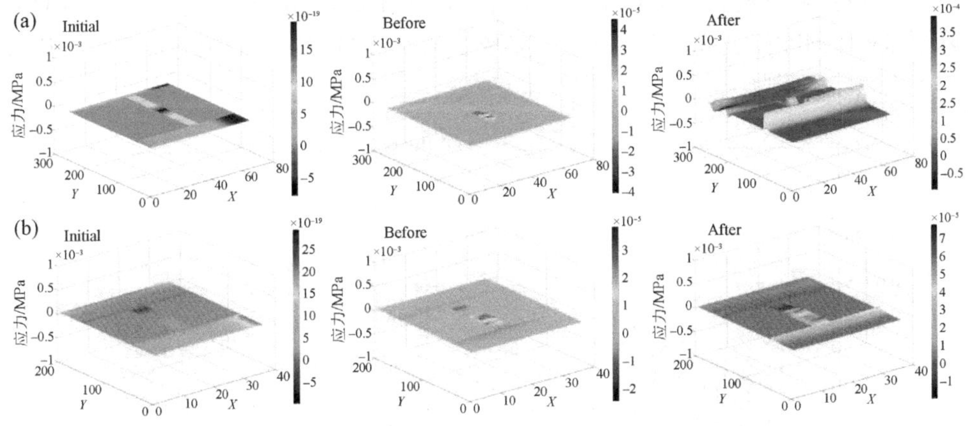

图 4-9　微脱粘试验过程中纤维-树脂应力场演变

（a）玄武岩纤维束；（b）玻璃纤维束

表 4-3　依据 DIC 测试结果计算纤维束以及纤维束-树脂界面粘接强度

纤维束类型	测试项目	
	纤维束强度/MPa	纤维束/树脂界面粘接强度/MPa
玄武岩纤维束	153.20	50.70
玻璃纤维束	64.58	59.40

将表 4-3 中的计算结果与表 4-2 的直接测试结果进行对照，二者趋势相同，测试应力相差不大。因此，利用 DIC 监测纤维束、纤维束-树脂基体拉伸过程中

的应变并计算应力是可行的，且结果准确。

4.2 基于 DIC 技术的纤维-树脂界面脱粘应变场演变追踪

4.2.1 水溶液环境

1. 玄武岩纤维

玄武岩纤维-环氧树脂拔出试样在水溶液中浸泡 3～28 d，利用 DIC 技术获得玄武岩纤维束拔出瞬间环氧树脂的应变演化。选取纤维束从环氧树脂拔出瞬间的表面应变云图，通过式（4-2）及差分插值法计算纤维粘接位置的环氧树脂拔出应力，如图 4-10 所示。在水溶液中浸泡时间从 3 d 延长至 28 d，玄武岩纤维与环氧树脂粘接处的应变由 2438 $\mu\varepsilon$降至 153.8 $\mu\varepsilon$，由此计算得到的粘接应力由 42.89 MPa 降至 11.41 MPa；显然，水分子会破坏玄武岩纤维与环氧树脂的粘接界面，从而使界面粘接力下降。

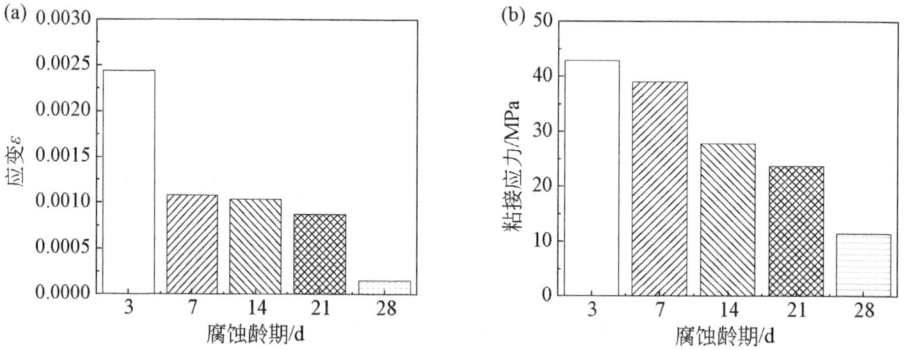

图 4-10 玄武岩纤维-树脂脱粘应变（a）和粘接应力（b）演化

2. 玻璃纤维

利用 DIC 技术监测玻璃纤维/环氧树脂拔出试样在水溶液中浸泡腐蚀 28 d 过程中环氧树脂表面应变和应力，结果如图 4-11 所示。在水溶液中，玻璃纤维与环氧树脂粘接处的应变由 18802.46 $\mu\varepsilon$降至 885.81 $\mu\varepsilon$，计算得到的粘接应力由 126.59 MPa 降至 20.17 MPa，水溶液同样导致玻璃纤维与环氧树脂间粘接力下降。

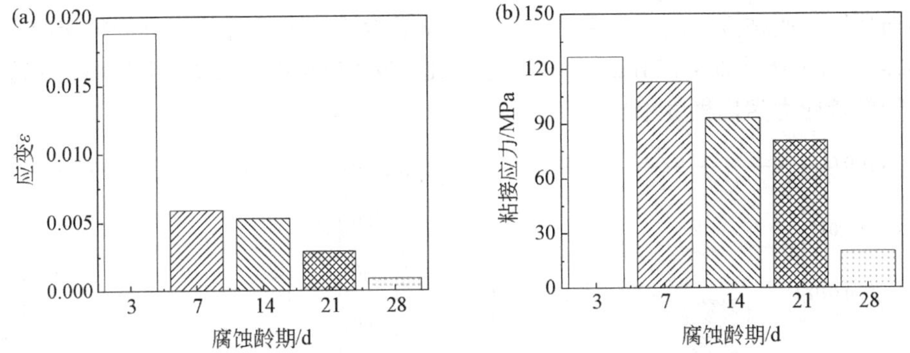

图4-11 玻璃纤维-树脂脱粘应变（a）和粘接应力（b）演化

4.2.2 NaCl溶液环境

1. 玄武岩纤维

利用DIC技术获得玄武岩纤维/环氧树脂拔出试样在NaCl溶液腐蚀过程中环氧树脂表面应变和应力，结果如图4-12所示。在NaCl溶液中，玄武岩纤维与环氧树脂粘接处的应变由 784.68 με降至 268.22 με，计算得到的粘接应力由37.69 MPa降至5.88 MPa，与水溶液相比，NaCl溶液中的腐蚀离子对玄武岩纤维与环氧树脂的粘接能力影响更为显著。

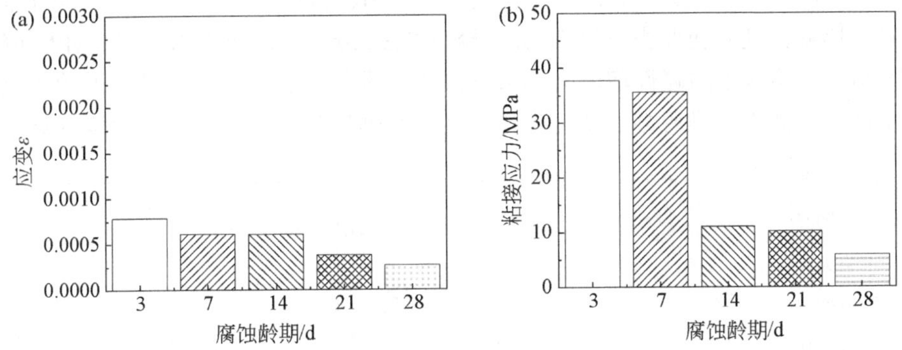

图4-12 玄武岩纤维-树脂脱粘

（a）应变；（b）粘接应力演化

2. 玻璃纤维

利用DIC技术监测玻璃纤维/环氧树脂拔出试样在NaCl溶液中浸泡腐蚀28 d过程中环氧树脂表面应变与应力，结果如图4-13所示。在NaCl溶液中，玻璃纤维与环氧树脂粘接处的应变由 1373.77 με降至 566.66 με，计算得到的粘接应力由 132.47 MPa 降至 20.44 MPa，与水溶液相比，NaCl 溶液对玻璃纤维与环氧树脂之间的粘接应力劣化程度相当。

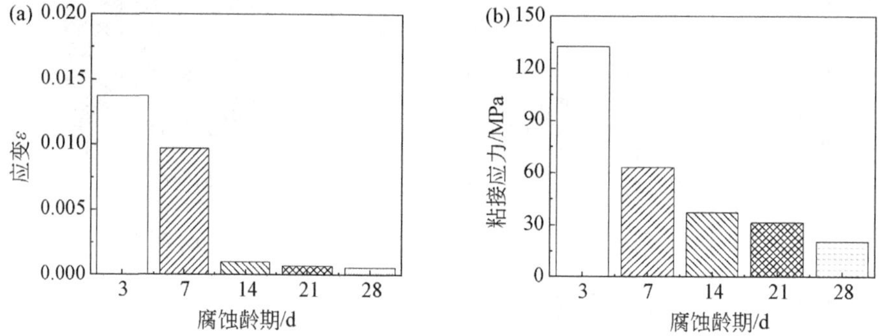

图 4-13　玻璃纤维-树脂脱粘

（a）应变；（b）粘接应力演化

4.2.3　模拟混凝土孔溶液环境

1. 玄武岩纤维

玄武岩纤维/环氧树脂拔出试样在模拟混凝土孔溶液（NC）腐蚀过程中环氧树脂表面的应变和应力，如图 4-14 所示。在模拟混凝土孔溶液中，玄武岩纤维与环氧树脂粘接处的应变由 694.75 με降至 187.32 με，粘接应力由 41.02 MPa 降至 6.18 MPa。混凝土的碱性溶液会导致玄武岩纤维与环氧树脂粘接界面处的环氧树脂水解及玄武岩纤维脱粘，从而使得玄武岩纤维增强复合材料筋的性能下降。

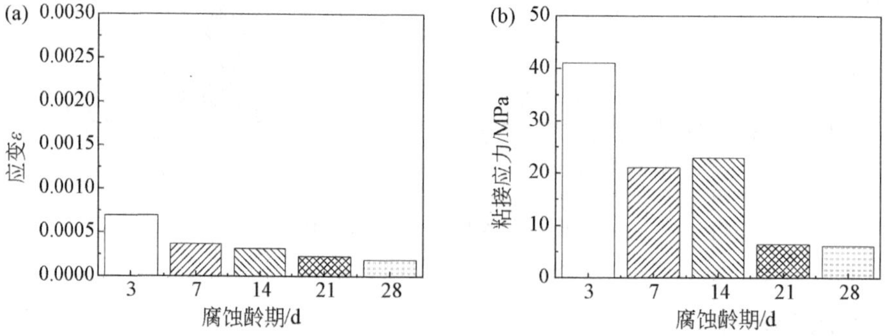

图 4-14　玄武岩纤维-树脂脱粘

（a）应变；（b）粘接应力演化

2. 玻璃纤维

利用 DIC 技术监测玻璃纤维/环氧树脂拔出试样在模拟混凝土孔溶液中浸泡腐蚀 28 d 过程中环氧树脂表面的应变和应力，如图 4-15 所示。在该溶液中，玻璃纤维与环氧树脂粘接处的应变由 13737.73 $\mu\varepsilon$降至 566.66 $\mu\varepsilon$，计算得到的粘接应力由 101.68 MPa 降至 12.28 MPa。这表明，碱性溶液导致玻璃纤维劣化显著加剧。

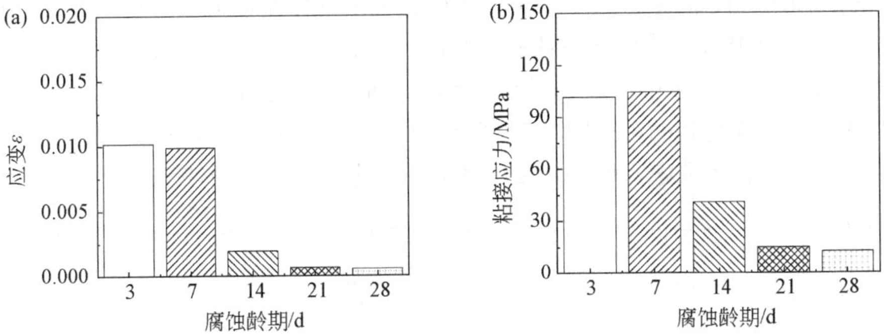

图 4-15　玻璃纤维-树脂脱粘

（a）应变；（b）粘接应力演化

4.2.4　模拟海水海砂混凝土孔溶液环境

1. 玄武岩纤维

玄武岩纤维/环氧树脂拔出试样在模拟混凝土孔溶液（SSC）腐蚀过程中环氧树脂表面的应变和应力，如图 4-16 所示。玄武岩纤维与环氧树脂粘接处的应变由

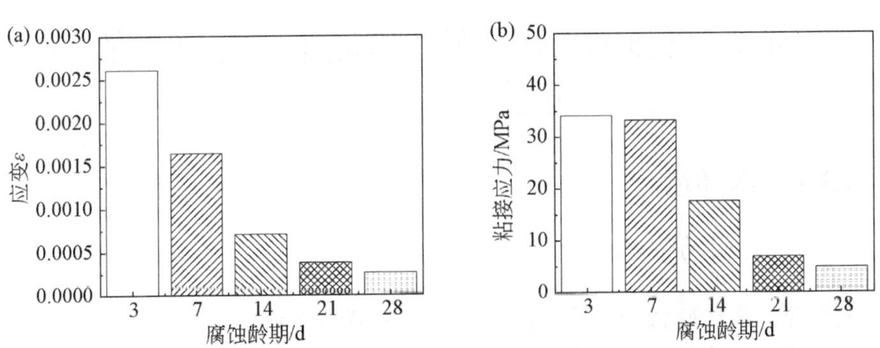

图 4-16　玄武岩纤维-树脂脱粘

（a）应变；（b）粘接应力演化

2608.09 με降至 264.96 με，计算得到的粘接应力由 34.14 MPa 降至 4.83 MPa，模拟海水海砂混凝土孔溶液中的 Cl^-与碱离子对玄武岩纤维环氧树脂界面具有劣化作用。与水溶液、NaCl 溶液以及模拟混凝土孔溶液相比，模拟海水海砂混凝土孔溶液对玄武岩纤维环氧树脂界面的粘接性能造成了最严重的劣化。

2. 玻璃纤维

利用 DIC 技术监测玻璃纤维/环氧树脂拔出试样在模拟海水海砂混凝土孔溶液中浸泡腐蚀 28 d 过程中环氧树脂表面的应变和应力，如图 4-17 所示。在模拟海水海砂混凝土孔溶液中，玻璃纤维与环氧树脂粘接处的应变由 1874.79 με降至 762.03 με，计算得到的粘接应力由 97.86 MPa 降至 9.47 MPa。这表明，在模拟海水海砂混凝土孔溶液中，玻璃纤维与环氧树脂之间的粘接力快速下降。

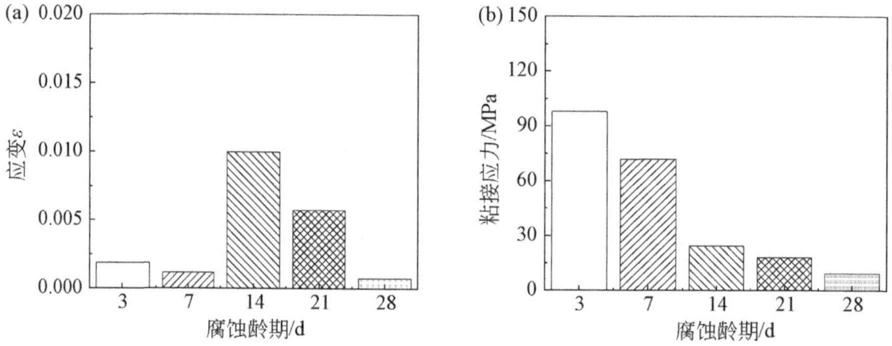

图 4-17　玻璃纤维-树脂脱粘

（a）应变；（b）粘接应力演化

4.3　纤维-树脂界面在溶液中劣化过程的分子动力学分析

4.3.1　水环境

1. 环氧树脂局部构型变化

采用纯二氧化硅代表玻璃纤维，考虑到玄武岩纤维中含有铝和铁组分，因此采用铝掺杂二氧化硅代表玄武岩纤维。水溶液环境中，环氧树脂在上述两种基底表面质心高度的变化如图 4-18 所示。与干燥环境下的环氧树脂在两类基底界面上的质心高度对比，水溶液中纯二氧化硅基底上环氧树脂质心高度升高了 1.93 Å，而铝掺杂二氧化硅基底上环氧树脂质心高度升高了 1.75 Å。这说明水分子的加入对环氧树脂与基底的粘接作用产生了影响。在水溶液环境中，环氧树脂在纯二氧化硅基底与铝掺杂二氧化硅基底上的质心位置逐渐平缓，高度差约为 2.64 Å。相较于铝掺杂二氧化硅基底，环氧树脂在纯二氧化硅基底表面的质心离基底界面更近，初步说明在水溶液环境中，水分子对铝掺杂二氧化硅基底与环氧树脂之间的粘接性能影响更大。

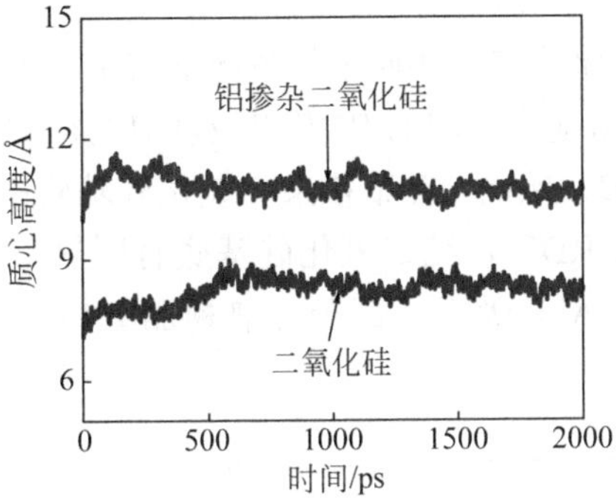

图 4-18　水溶液环境环氧树脂质心高度变化图

水环境中环氧树脂结构原子的密度分布曲线显示了环氧树脂结构垂直于两类基底界面方向的分布情况，能够反映环氧树脂与基底界面的关系。如图 4-19 所示，在接近界面位置的环氧树脂氧原子（O_e）与氢原子（H_e）中，环氧树脂的氧原子密度较高。对比图 4-19（a）和（b），可以发现环氧树脂氧原子与氢原子在界面处的密度变化不明显，密度差值在 0.4～0.9 Å 之间。

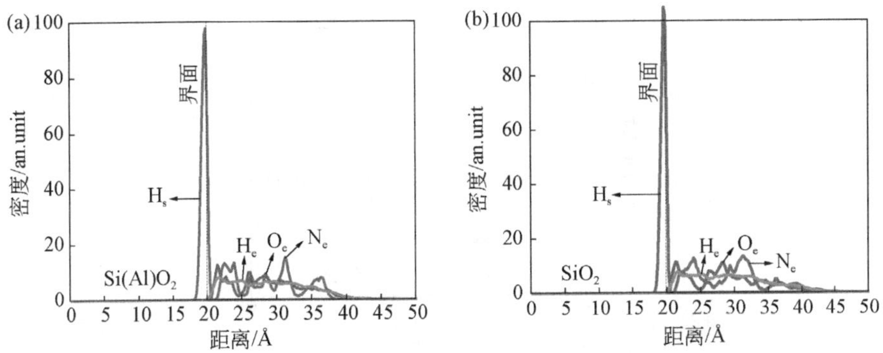

图 4-19　水溶液环境环氧树脂密度分布图

（a）铝掺杂二氧化硅；（b）二氧化硅

与干燥环境中环氧树脂的密度相比，水溶液环境中纯二氧化硅基底上的环氧树脂氧原子密度降至干燥环境中的 1/3，而铝掺杂二氧化硅基底上的环氧树脂氧原子密度为干燥环境中的 2/3。这说明水分子的加入影响了环氧树脂与基底界面的粘接。对比水溶液中两类基底上环氧树脂氧原子的密度减少程度，可以发现水分子对环氧树脂与铝掺杂二氧化硅界面的粘接作用影响较强。

2. 环氧树脂与基底界面处结构分析

水环境中环氧树脂原子与基底原子的径向分布函数如图 4-20 所示。在两类模型中，环氧树脂氧原子与基底之间的 RDF 以及环氧树脂氢原子与基底氧原子（O_s）之间的 RDF 变化不明显。然而，在铝掺杂二氧化硅基底中，环氧树脂氧原子与基底硅原子（Si）之间的 RDF 较纯二氧化硅基底有明显下降。这可能是由于铝掺杂二氧化硅基底中铝（Al）吸引了部分环氧树脂氧原子，或水分子更多地破坏了 O_e-Si 键。

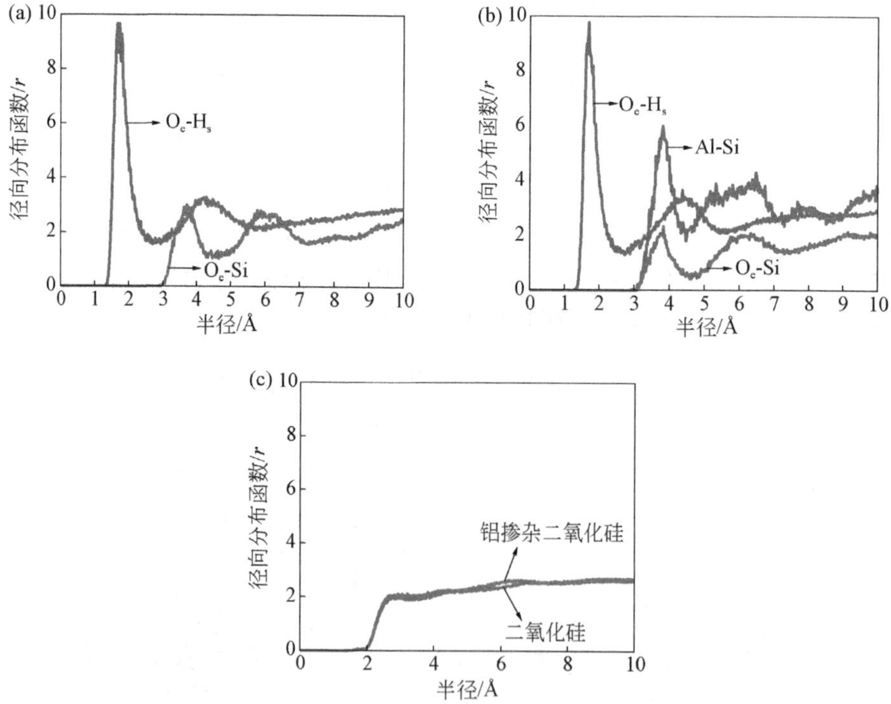

图 4-20　水环境中环氧树脂原子与基底原子径向分布函数图

（a）二氧化硅基底；（b）铝掺杂二氧化硅基底；（c）H_e-O_s

计算得到环氧树脂两类结构原子（O_e、H_e）与基底原子（H_s、Si、Al、O_s）

之间的配位数，如表 4-4 所示。在最有效原子对反应距离之内，对于环氧树脂&二氧化硅模型，环氧树脂 O_e 在界面处与基底结构配位的 H_s 数量为 5.46 个，这仅为干燥环境中 15.2 个配位 H_s 的约 1/3，但仍略多于环氧树脂&铝掺杂二氧化硅模型中环氧树脂 O_e 与基底结构 H_s 的配位数量。同样在两类模型中，环氧树脂氢原子 H_s 的配位基底氧原子 O_s 数量较干燥环境的配位数增加，但因 H_e-O_s 原子对的径向距离不在有限原子对反应距离之内，因此暂不考虑。

表 4-4　环氧树脂结构原子（O_e、H_e）与基底原子（H_s、Si、Al、O_s）的配位数

模型	配位数			
	O_e-H_s	O_e-Si	O_e-Al	H_e-O_s
玻璃纤维（纯二氧化硅）	5.46	2.46	—	2.36
玄武岩纤维（铝掺杂二氧化硅）	5.10	1.70	4.2	2.86

3. 环氧树脂与基底界面结合能分析

如图 4-21 所示，环氧树脂与两类基底的界面结合能在水环境中逐渐下降。纯二氧化硅基底模型中，界面结合能从 2361.70 kcal[①]/mol 降至 1360.49 kcal/mol；而铝掺杂二氧化硅基底模型中的界面结合能从 2554.32 kcal/mol 降至 1173.02 kcal/mol。对比结果表明，水分子的存在影响了环氧树脂与基底的粘接，并且水分子对铝掺杂二氧化硅基底与环氧树脂的粘接影响更大。

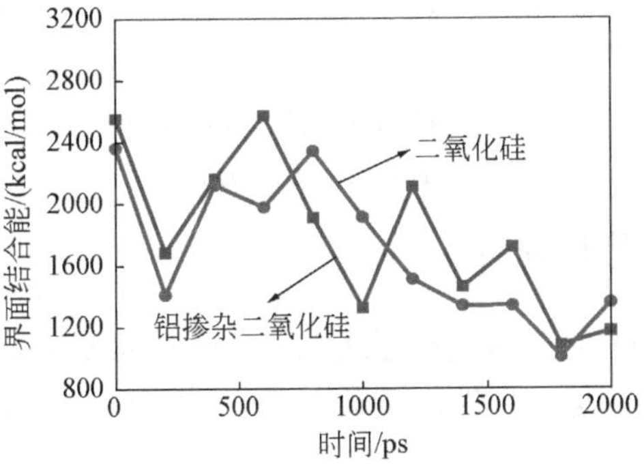

图 4-21　水溶液环境中两类模型界面结合能变化图

① 1 kcal=4185.85 J

4. 水分子对界面作用原子对的影响

环氧树脂基体在水环境表现为惰性。树脂中的空隙和裂缝允许水分渗透到复合材料中，进而促进基体结构的破坏。环氧树脂与基底界面的主要粘接方式为环氧树脂氧原子 O_e 与基底界面氢原子 H_s 之间的氢键相互作用。为了分析水分子对界面粘接作用的影响，计算了水分子中原子 H_w、O_w 分别与 O_e、H_s 的径向分布函数，如图 4-22 所示。O_w-H_s、H_w-O_e 的 RDF 峰值均在 2 Å 左右，短距离的空间相关性说明了 O_w-H_s、H_w-O_e 键的存在且较为稳定。其中，H_w-O_e 的 RDF 值约为 2.8，达到 O_w-H_s 的 RDF 峰值的 1.7 倍。这表明在水溶液环境中，水分子的 H_w 对界面作用原子对粘接作用的影响强于 O_w。Mourad 等[165]认为，吸湿会使材料变弱，导致材料内部膨胀，降低其机械附着力，从而破坏纤维与基体之间的化学键。Wei 等[166]认为，复合材料中发生了水解反应，包括纤维、基体及其界面的水解。这种水解可能会破坏分子链，降低交联网络的固化程度，进而导致性能的变化。

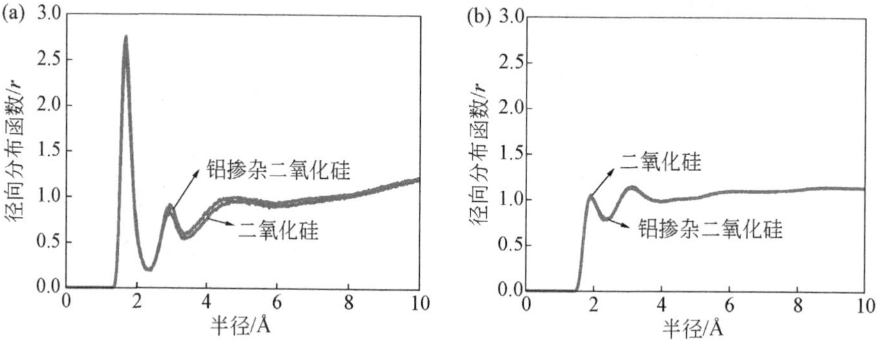

图 4-22　水分子与界面作用原子对间的径向分布函数

（a）H_w-O_e；（b）O_w-H_s

5. 水分子运动特性分析

均方位移（MSD）是对所选粒子运动轨迹随时间变化的统计平均值，本文用其评价水分子或离子的运动特性，是动力学分析的一个重要参数，计算公式如式（4-4）所示[167]：

$$MSD=\langle |r_i(t)-r_i(0)|^2 \rangle \tag{4-4}$$

式中，$r_i(t)$为 t 时刻原子 i 位置；$r_i(0)$为原子 i 的初始位置。

计算纯水溶液中水分子（O_w）的均方位移结果如图 4-23 所示。一般而言，随着时间的增加，MSD 越大，表明水分子的扩散越快。与铝掺杂二氧化硅界面模型相比，纯二氧化硅基底界面模型中水分子的扩散速率较大，说明水分子在纯二氧化硅基底界面中受到的限制较少，其运动能力强于铝掺杂二氧化硅基底界面模型。因此，水分子更多地侵入铝掺杂二氧化硅基与环氧树脂界面，从而对界面造成破坏。此结果与对环氧树脂与基底界面的径向分布函数分析结果一致。

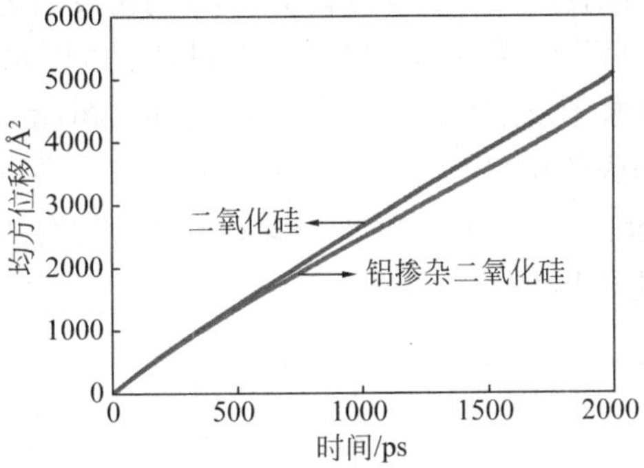

图 4-23　水分子的均方位移

4.3.2 NaCl 溶液环境

1. 环氧树脂局部结构变化

NaCl 溶液环境中，环氧树脂在基底表面质心高度的变化如图 4-24 所示。与干燥环境相比，纯二氧化硅基底上环氧树脂质心高度增加了 2.75 Å，铝掺杂二氧化硅基底上质心高度增加了 2.93 Å；与水环境中的环氧树脂质心高度对比，纯二氧化硅基底上质心高度增加了 1.33 Å，铝掺杂二氧化硅基底上增加了 1.18 Å。显然，NaCl 溶液中 Na^+、Cl^-的加入导致环氧树脂与基底界面间的质心高度增加，环

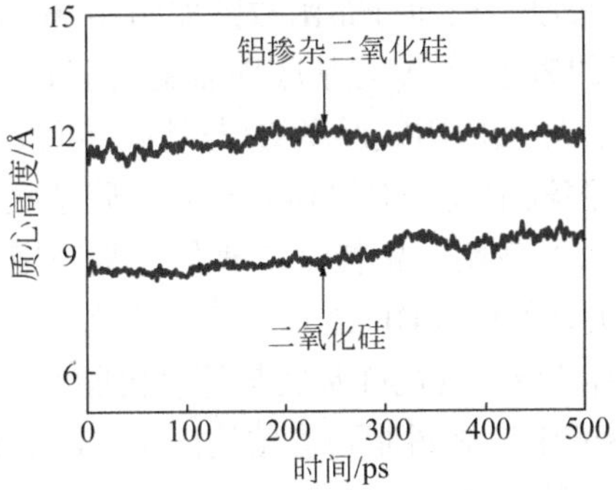

图 4-24　NaCl 溶液环境中环氧树脂质心高度变化图

氧树脂进一步脱离纤维基体。在 NaCl 溶液环境中，环氧树脂在铝掺杂二氧化硅基底表面质心高度比在纯二氧化硅基底上高出 2.50 Å，说明 NaCl 溶液对铝掺杂二氧化硅基底与环氧树脂的粘接破坏作用大于对纯二氧化硅基底的影响。

NaCl 溶液环境中环氧树脂结构原子的密度分布曲线如图 4-25 所示。在铝掺杂二氧化硅基底界面位置，环氧树脂的氧原子 O_e 的密度约为纯二氧化硅基底模型中的一半，而环氧树脂其余原子的密度变化不明显。该现象表明，NaCl 溶液中的离子与环氧树脂的氧原子发生反应，导致界面处环氧树脂氧原子的密度下降，从而影响环氧树脂与基底的粘接。与水溶液环境中环氧树脂的密度相比，在 NaCl 溶液环境中，界面处环氧树脂的氧原子和氢原子密度均有所下降，这说明 Na^+和 Cl^-对界面粘接的劣化作用强于水分子。

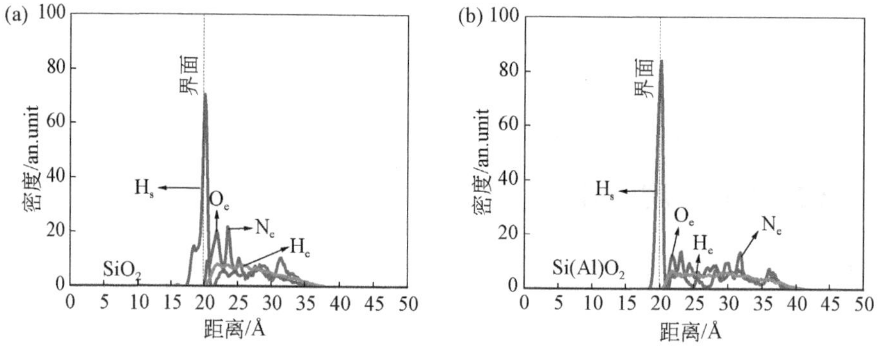

图 4-25　NaCl 溶液环境环氧树脂密度分布图

（a）二氧化硅；（b）铝掺杂二氧化硅

2. 环氧树脂与基底界面处结构分析

环氧树脂原子与基底原子径向分布函数图如图 4-26 所示。在铝掺杂二氧化硅基底模型中，环氧树脂的氧原子 O_e 与基底界面氢原子 H_s 之间的 RDF 值约为 9，而在纯二氧化硅基底中，环氧树脂氧原子 O_e 与基底界面氢原子 H_s 之间的 RDF 值为 19.8。这说明 NaCl 溶液中离子对铝掺杂二氧化硅基底与环氧树脂的粘接力劣化更加严重。图 4-26（c）表明，铝掺杂二氧化硅基底模型中的环氧树脂氢原子 H_e 与基底界面氧原子 O_s 之间的 RDF 值小于纯二氧化硅基底模型。这表明，腐蚀溶液中的 Na^+与 Cl^-对铝掺杂二氧化硅基底与环氧树脂的粘接劣化影响更大。

计算得出 NaCl 溶液中环氧树脂两类结构原子（O_e、H_e）与基底原子（H_s、Si、Al、O_s）之间的配位数，如表 4-5 所示。在最有效原子对反应距离之内，玄武岩纤维-树脂模型中 O_e-H_s、O_e-Si、H_e-O_s 三类配位数均小于玻璃纤维-树脂模型中的相应配位数。此外，作用于界面粘接的主要原子对 O_e-H_s 中，环氧树脂氧原

子 O_e 与基底氢原子 H_s 的配位数仅为玻璃纤维–树脂模型中的 1/3。相比于干燥环境与水溶液环境，玻璃纤维–树脂模型和玄武岩纤维–树脂模型中的环氧树脂 O_e 上配位基底结构 H_s 的数量均有所下降，进一步证实了 Na、Cl 对环氧树脂与基底界面粘接性能的影响。

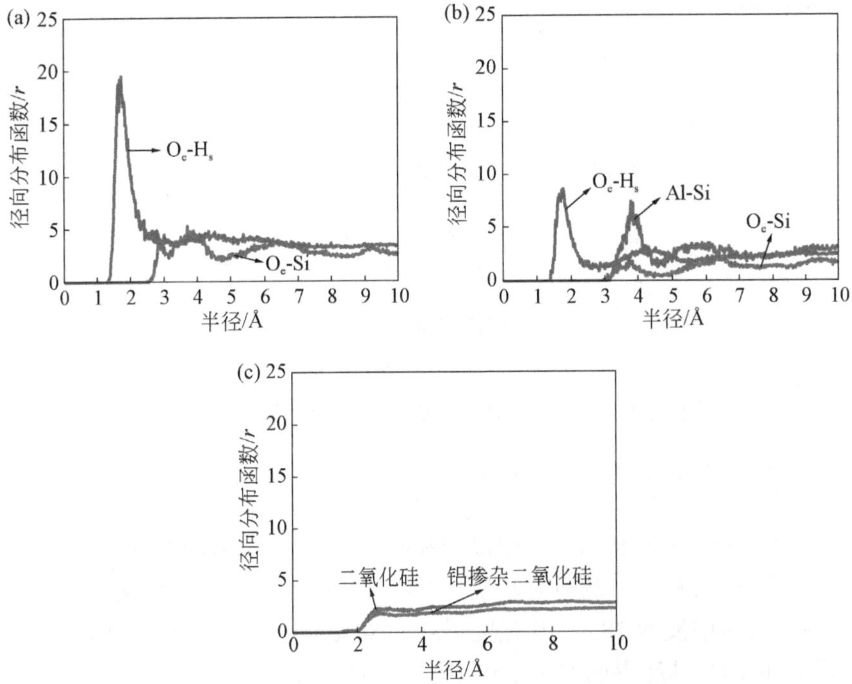

图 4-26　NaCl 环境中环氧树脂原子与基底原子径向分布函数图

（a）二氧化硅基底；（b）铝掺杂二氧化硅基底；（c）环氧树脂氢原子–基底氧原子

表 4-5　环氧树脂结构原子（O_e、H_e）与基底原子（H_s、Si、Al、O_s）的配位数

模型	配位数			
	O_e-H_s	O_e-Si	O_e-Al	H_e-O_s
玻璃纤维（纯二氧化硅）	14.28	1.55	—	2.52
玄武岩纤维（铝掺杂二氧化硅）	4.98	1.38	4.92	1.68

3. 环氧树脂与基底界面结合能分析

如图 4-27 所示，环氧树脂与两类基底的界面结合能在 NaCl 溶液中整体呈下降趋势。纯二氧化硅基底模型中的界面结合能从 2643.83 kcal/mol 降至

887.22 kcal/mol，铝掺杂二氧化硅基底模型中的界面结合能从 1469.52 kcal/mol 降至 246.73 kcal/mol。经过对比，铝掺杂二氧化硅基底模型在 NaCl 溶液中的环氧树脂与基底界面结合能总体小于纯二氧化硅基底模型。结合环氧树脂原子与基底之间的径向分布函数分析，Na^+与 Cl^-对铝掺杂二氧化硅基底与环氧树脂的粘接力劣化影响更为显著。

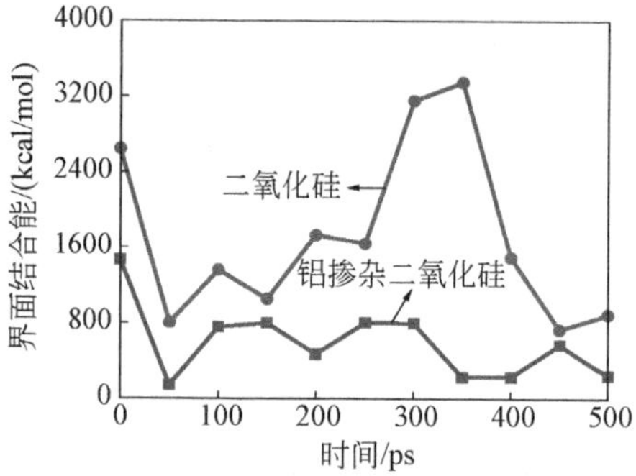

图 4-27 NaCl 溶液环境中两类模型界面结合能变化图

4. 溶液离子对界面作用原子对的影响

当 NaCl 处于溶解状态并以阳离子和阴离子的形式存在时，离子会与水分子一起渗透到复合材料中，从而对基质、纤维和界面造成破坏。前文研究表明，纤维束在氯盐溶液中浸泡 28 d，其强度下降了 84%。分析溶液离子（H_w、O_w、Na、Cl）对环氧树脂与基底界面的主要作用原子（O_e、H_s）之间的 RDF，如图 4-28 所示。NaCl 溶液中 H_w、O_w、Cl 与环氧树脂氧原子 O_e、基底界面氢原子 H_s之间的反应距离均在 1.5～3.0 Å，其中溶液中 Cl^-与纯二氧化硅基底界面氢原子 RDF 值最高，而与铝掺杂二氧化硅基底界面氢原子 RDF 值较低，仅为 0.33；溶液中的水分子 H_w对界面的作用强于 O_w。图 4-28（a）中，H_w与铝掺杂二氧化硅基底模型中环氧树脂 O_e的 RDF 值为 1.91，高于纯二氧化硅基底中的 1.08。

总体来看，NaCl 溶液中水分子对铝掺杂二氧化硅基底与环氧树脂之间的粘接作用影响更大。计算 NaCl 溶液中离子与界面作用原子对之间的配位数，如表 4-6 所示。在玄武岩纤维-树脂模型中，H_w-O_e的配位数最高为 0.76；在最有效的原子对反应距离之内（此处不包括 Na-O_e，因为原子间反应距离超过 3 Å），溶液离子与氢键原子对配位数总和为 2.0。在玻璃纤维-树脂模型中，Cl-H_s的配位数最高为 1.31，且在最有效的原子对反应距离之内，溶液离子与氢键原子对配位数总和为 2.41。

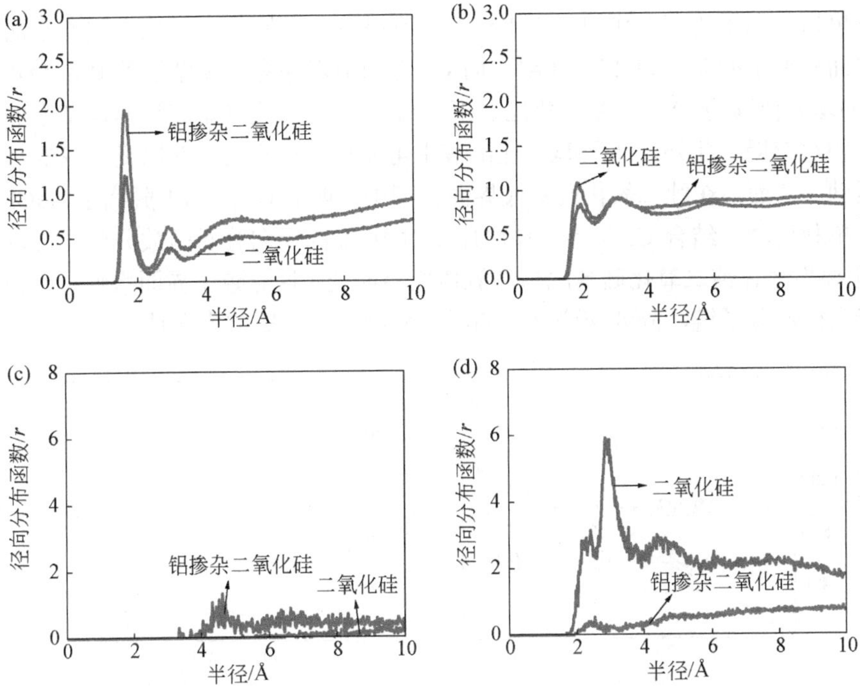

图 4-28　溶液离子与界面作用原子对的径向分布函数

（a）H_w-O_e；（b）O_w-H_s；（c）Na-O_e；（d）Cl-H_s

表 4-6　溶液离子（H_w、O_w、Na、Cl）与氢键原子对（O_e、H_s）的配位数

模型	配位数			
	H_w-O_e	O_w-H_s	Na-O_e	Cl-H_s
玻璃纤维（纯二氧化硅）	0.46	0.64	0	1.31
玄武岩纤维（铝掺杂二氧化硅）	0.76	0.49	0.55	0.20

5. 溶液离子运动特性分析

计算 NaCl 溶液中离子的均方位移结果如图 4-29 所示。图 4-29（a）中，在铝掺杂二氧化硅基底模型中，水分子的扩散速率低于其在纯二氧化硅基底模型中的速率。结合水分子与氢键作用原子对之间的径向分布函数分析，可以看出，水分子对铝掺杂二氧化硅/环氧树脂分子模型界面的腐蚀作用较强，界面原子吸引了较多水分子聚集在界面处，从而使水分子的 MSD 数值较低，扩散速率较小。图 4-29（b）和（c）中，Na^+和 Cl^-的扩散速率均低于水分子，这表明 NaCl 溶液中腐蚀离子与模型中原子的相互作用强于水分子。值得注意的是，Cl^-的均方位移在两类基底界面模型中的差值为 277.10 Å^2，而 O_w 在两类基底界面模型的差值为 580 Å^2，Na^+的均方位移为 717.12 Å^2。相比之下，Cl^-在纯二氧化硅基底界面模型中的扩散速率相对较慢。此外，Na^+和 Cl^-在溶液中可能形成离子簇，并以离子簇的形式共同运动。然而，在纯二氧化硅基底界面模型中，明显有部分 Cl^-脱离了 NaCl 离子簇，单独运动。结合 Cl^-与界面作用原子对中 H_s 的径向分布函数分析，可以发现 Cl^-主要聚集在纯二氧化硅基底与环氧树脂界面处，这导致了界面水解。这种水解可能会破坏分子链，降低交联网络的固化程度，从而影响界面粘接。

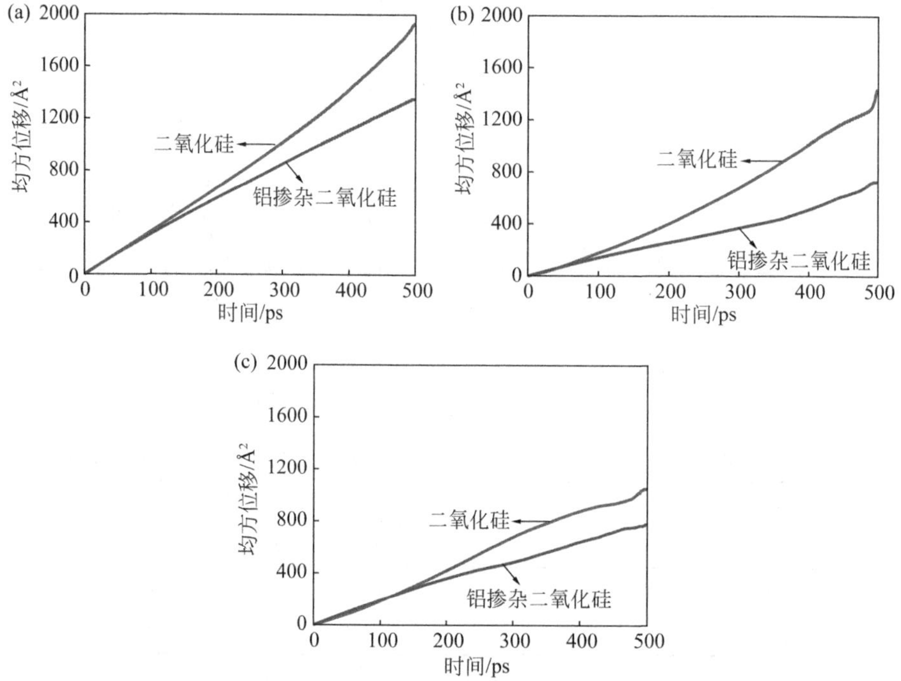

图 4-29 NaCl 溶液的均方位移

(a) 水分子；(b) 钠离子；(c) 氯离子

4.3.3 Na_2SO_4 溶液环境

1. 环氧树脂局部结构变化

Na_2SO_4 溶液环境中，环氧树脂在基底表面质心高度的变化如图 4-30 所示。与干燥环境相比，纯二氧化硅基底上的环氧树脂质心高度增加了 2.22 Å，而铝掺杂二氧化硅基底上的环氧树脂质心高度增加了 1.94 Å。与水环境中的环氧树脂质心高度相比，纯二氧化硅基底上的环氧树脂质心高度升高了 0.82 Å，铝掺杂二氧化硅基底上的环氧树脂质心高度降低了 1.86 Å。这表明，在 Na_2SO_4 溶液中，除了水分子外，Na^+和 SO_4^{2-} 的加入使环氧树脂进一步脱离了纤维基体表面。与 NaCl 环境中的环氧树脂质心高度相比，纯二氧化硅基底上的环氧树脂质心高度降低了 0.51 Å，铝掺杂二氧化硅基底上的环氧树脂质心高度降低了 3.05 Å，说明 Na_2SO_4 溶液中离子对环氧树脂从基底上脱粘的影响小于 NaCl 溶液。对比 Na_2SO_4 溶液中两类基底上环氧树脂质心高度变化，发现高度趋于一致；但与初始状态相比，Na_2SO_4 溶液中纯二氧化硅上环氧树脂质心高度上升了 3.33 Å，铝掺杂二氧化硅基底上的环氧树脂质心高度上升了 0.93 Å，表明 Na_2SO_4 溶液对纯二氧化硅上环氧树脂质心高度变化的影响强于铝掺杂二氧化硅基底。

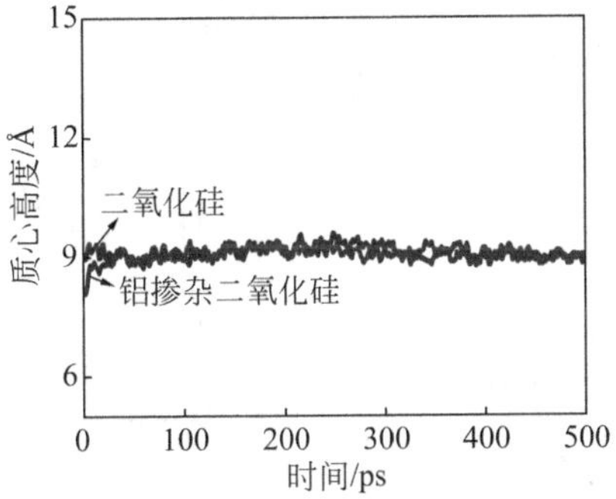

图 4-30　Na_2SO_4 溶液环境环氧树脂质心高度变化图

Na_2SO_4 溶液环境环氧树脂结构原子的密度分布曲线如图 4-31 所示，在纯二氧化硅基底界面处环氧树脂氧原子 O_e 密度为 17.25774，与铝掺杂二氧化硅基底界面处 O_e 密度 17.66567 差值较小，而纯二氧化硅基底界面处环氧树脂氢原子 H_e 密度明显高于铝掺杂二氧化硅基底。

2. 环氧树脂与基底界面处结构分析

Na_2SO_4 环境中环氧树脂原子与基底原子径向分布函数图如图 4-32 所示。在最有效原子对反应距离之内，铝掺杂二氧化硅基底模型中环氧树脂氧原子 O_e 与基底界面氢原子 H_s 间的 RDF 值为 14.39，高于纯二氧化硅基底中环氧树脂氧原子 O_e 与基底界面氢原子 H_s 间 RDF 值 4.92。因此，Na_2SO_4 溶液中离子对纯二氧化硅基底界面粘接影响较大。图 4-32（c）中铝掺杂二氧化硅基底模型的环氧树脂氢原子 H_e 与基底界面氧原子 O_s 之间的 RDF 值略大于纯二氧化硅基底模型。

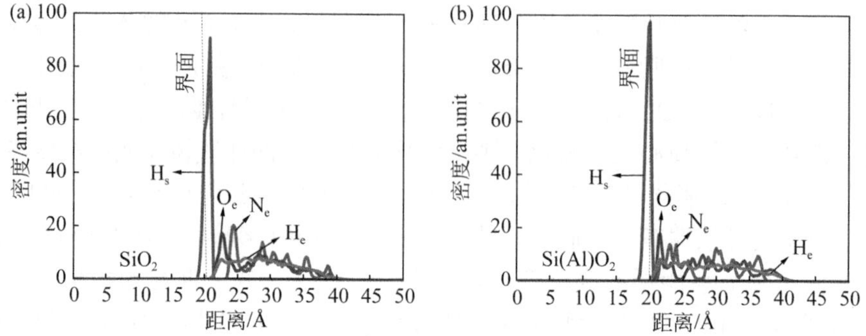

图 4-31　Na_2SO_4 溶液环境环氧树脂密度分布图

（a）二氧化硅；（b）铝掺杂二氧化硅

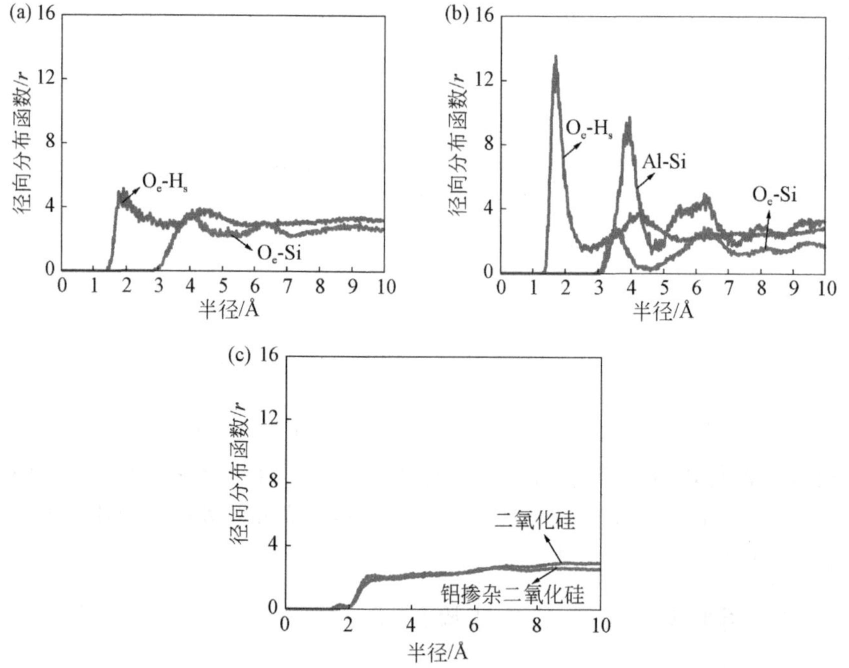

图 4-32　Na_2SO_4 环境中环氧树脂原子与基底原子径向分布函数图

（a）二氧化硅基底；（b）铝掺杂二氧化硅基底；（c）H_e-O_s

计算得 Na_2SO_4 溶液中环氧树脂两类结构原子（O_e、H_e）与基底原子（H_s、Si、Al、O_s）之间的配位数如表 4-7 所示。玻璃纤维-树脂模型中界面间主要作用氢键作用原子对 O_e-H_s 计算配位数相比干燥环境中减少 9.94，玄武岩纤维-树脂模型中 O_e-H_s 计算配位数减少 1.35；且玻璃纤维-树脂模型中 O_e-H_s 计算配位数为

9.96，大于玄武岩纤维–树脂模型中 O_e-H_s 配位数 6.54。

表 4-7　环氧树脂结构原子（O_e、H_e）与基底原子（H_s、Si、Al、O_s）的配位数

模型	配位数			
	O_e-H_s	O_e-Si	O_e-Al	H_e-O_s
玻璃纤维（纯二氧化硅）	5.74	4.69	—	2.10
玄武岩纤维（铝掺杂二氧化硅）	6.54	1.85	6.57	2.18

3. 环氧树脂与基底界面结合能分析

如图 4-33 所示，环氧树脂与两类基底界面结合能在 Na_2SO_4 溶液中整体变化平缓，铝掺杂二氧化硅基底模型在 Na_2SO_4 溶液中环氧树脂与基底界面结合能为 555.03 kcal/mol，小于纯二氧化硅基底模型 587.72 kcal/mol，在 Na_2SO_4 溶液中纯二氧化硅基底与环氧树脂粘接能力较铝掺杂二氧化硅基底更稳定，这与环氧树脂质心高度分析结果一致。

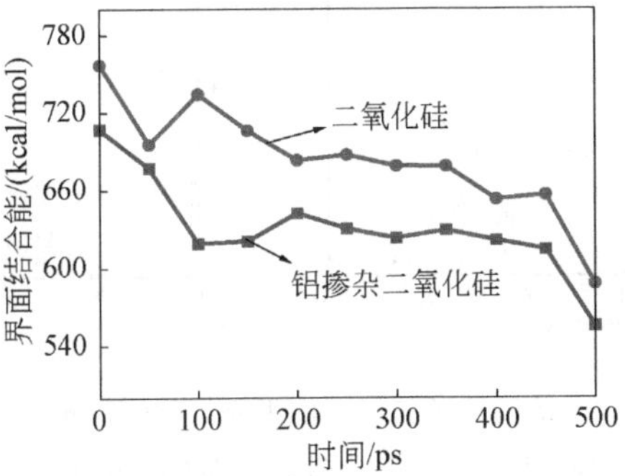

图 4-33　Na_2SO_4 溶液环境中两类模型界面结合能变化图

4. 溶液离子对界面作用原子对的影响

在 Na_2SO_4 溶液中，图 4-34（a）和（b）表明水分子中 H_w 与 O_w 与粘接界面主要作用原子对 O_e-H_w 之间的 RDF 值均高于 NaCl 溶液中；在 Na_2SO_4 溶液中 Na^+ 通过与水分子中的氧形成离子键而前进，且 Na^+ 和 SO_4^{2-} 在溶液中形成的离子簇使得这两种腐蚀离子带动水分子一起运动。图 4-34（c）和（d）中铝掺杂二氧化硅基底界面模型 Na-O_e 的 RDF 峰值为 80.14，高于 NaCl 溶液中纯二氧化硅基底界面模型 Na-O_e 的 RDF 峰值 5.87，说明在纯二氧化硅基底界面模型中 Na^+、SO_4^{2-} 与界面作用强烈，具体表现为溶液中 Na^+、SO_4^{2-} 两类腐蚀离子与界面粘接作用原子对

之间的作用强烈且 Na^+与环氧树脂中氧原子 O_e 作用最强烈，结合图 4-34 中 H_w-O_e 的 RDF 值，Na^+、SO_4^{2-} 带动溶液中水分子大量吸附聚集在界面处，破坏纯二氧化硅基底与环氧树脂之间的粘接作用。在铝掺杂二氧化硅基底界面模型中，主要表现为 Na-O_e 的 RDF 值较高，而纯二氧化硅基底界面模型中 H_w-O_e 的 RDF 值较高。

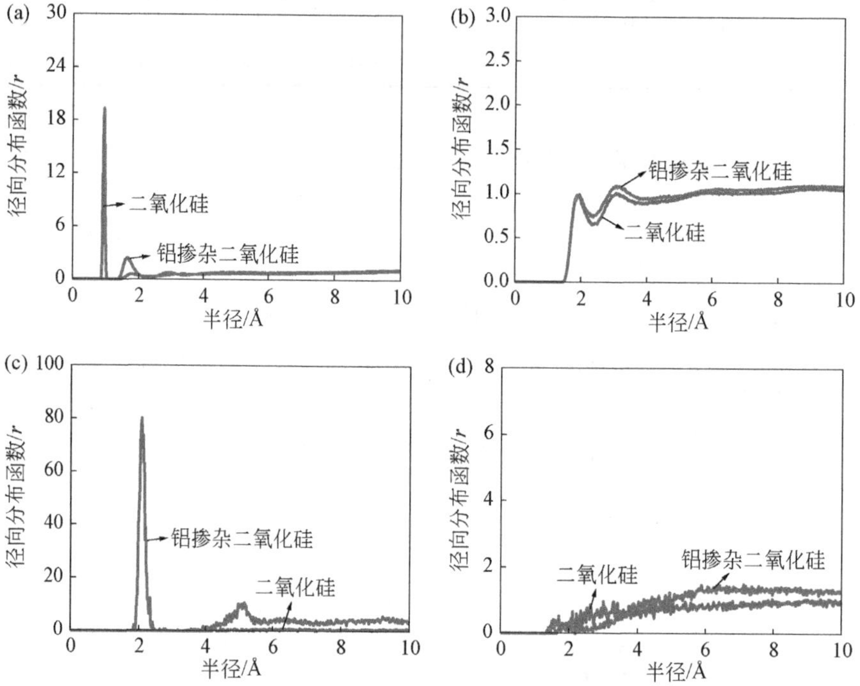

图 4-34　溶液离子与界面作用原子对的径向分布函数

（a）H_w-O_e；（b）O_w-H_s；（c）Na-O_e；（d）Cl-H_s

Na_2SO_4 溶液中溶液离子与氢键原子对之间的配位数如表 4-8 所示，其中玻璃纤维-树脂与玄武岩纤维-树脂模型中 Na-O_e 的配位数分别达到 68.78 与 6.95，远高于水分子中 H_w、O_w 与氢键原子对之间的配位数；但在玻璃纤维-树脂与玄武岩纤维-树脂模型中 SO_4-H_s 配位数均较小。

表 4-8　溶液离子（H_w、O_w、Na^+、SO_4^{2-}）与氢键原子对（O_e、H_s）的配位数

模型	配位数			
	H_w-O_e	O_w-H_s	Na-O_e	SO_4-H_s
玻璃纤维	1.68	0.63	68.78	0.67
玄武岩纤维	0.89	0.64	6.95	0.22

5. 溶液离子运动特性分析

计算 Na_2SO_4 溶液中水分子 O_w、Na^+、SO_4^{2-} 的均方位移结果如图 4-35 所示。图 4-35（a）中水分子在铝掺杂二氧化硅基底模型中扩散速率高于其在纯二氧化硅基底模型；图 4-35（b）中纯二氧化硅基底界面模型 Na^+均方位移值为 564 Å^2，相比 NaCl 溶液中 Na^+均方位移值降低 876 Å^2，说明在 Na_2SO_4 溶液中 Na^+对纯二氧化硅基底界面模型的影响强于 NaCl 溶液中的 Na^+，原因是 Na^+与界面离子反应限制了其运动能力，均方位移值下降；图 4-35（c）中 SO_4^{2-} 的均方位移在两类基底界面模型中均方位移值差值极小且逐渐趋于一致，说明在 Na_2SO_4 溶液中离子对界面粘接劣化作用的影响程度为：$Na^+ > SO_4^{2-} > H_2O$。

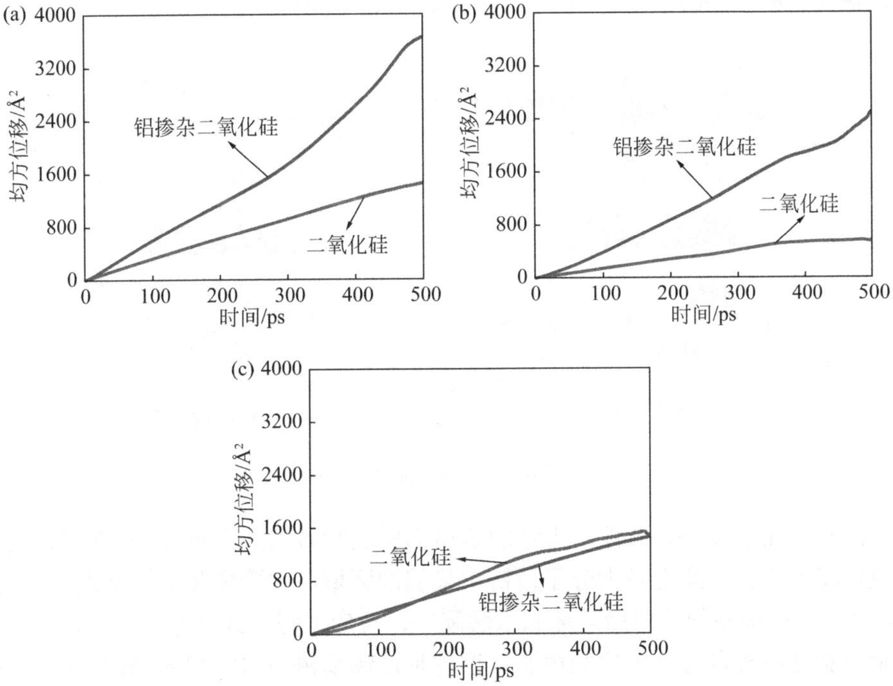

图 4-35　Na_2SO_4 溶液的均方位移

（a）水分子；（b）钠离子；（c）硫酸根离子

4.4　FRP 筋在溶液中劣化机理分析

在腐蚀溶液中，FRP 筋劣化是一个由表及里的过程，包括树脂劣化、树脂-

纤维界面劣化以及纤维劣化三个方面。

4.4.1　树脂劣化机理

在腐蚀溶液中，FRP 筋的劣化首先从树脂性能的退化开始。树脂劣化主要由塑化作用和水解反应引起。如图 4-36 所示，当腐蚀离子随水分子侵入树脂基体后，一方面，吸收的水分作为增塑剂，降低了树脂的玻璃化转变温度（T_g），降低了树脂的柔韧性。由于塑化是一种物理变化，树脂基体的力学性能在水分子挥发后会部分恢复，称为后固化。另一方面，树脂吸收的水会经历一个不可逆的化学过程，称为水解反应，破坏树脂分子的节段链，显著降低分子之间的结合力。而且，氢氧根等腐蚀离子、高温等环境会加速水解反应的进行。因此，树脂水解是 FRP 筋材料拉伸性能下降的主要原因。

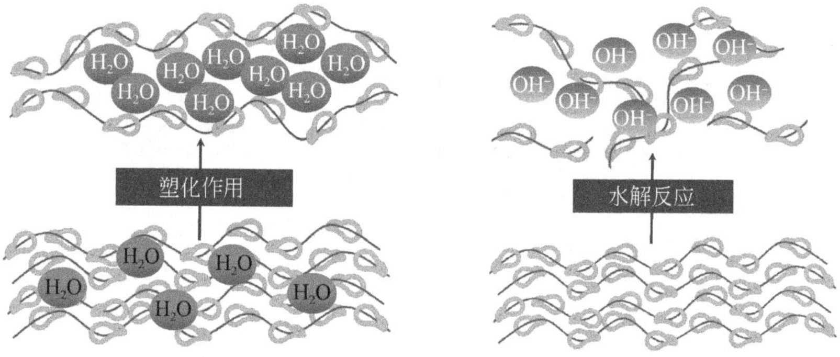

(a)塑化作用　　(b)水解反应

图 4-36　树脂劣化机理示意图

混凝土孔溶液是高碱性，大量的游离 OH^-会导致树脂严重降解。树脂基体在碱性环境下刻蚀，酯键是大分子段链中最弱的区域，如聚酯和乙烯基酯。在这种环境中，OH^-极易导致树脂破坏和水解酯基，反应方程如式（4-5）所示。乙烯基树脂中脂键的含量远低于聚酯树脂，这也是乙烯基树脂水解和耐碱性优于不饱和聚酯树脂的原因。

$$\mathrm{R{-}C({=}O){-}O{-}R'} + H_2O \xrightarrow[\text{水解}]{\text{水}} \mathrm{R{-}C({=}O){-}O{-}H} + \mathrm{HO{-}R'} \tag{4-5}$$

4.4.2　纤维劣化机理

由于碳纤维的化学成分在碱性溶液中是稳定的，所以仅讨论玻璃纤维和玄武岩纤维的劣化机理，如图 4-37 所示。玻璃纤维是由 Si—O—Si 主链结构形成的化合物，在碱性环境中 OH^-腐蚀会严重破坏纤维的主链段。考虑到玄武岩纤维和玻璃纤维在成分和结构上有很大的相似性，玄武岩纤维在碱性环境中的劣化也主要归因于 OH^-腐蚀。主链结构与氢氧根离子反应生成固体 Si-OH 和液体 SiO^-，SiO^-进一步与水反应最终生成 Si—OH，反应方程分别见式（4-6）和（4-7）。此外，如式 4-8 所示，玄武岩纤维和玻璃纤维都会发生碱-硅反应。

$$\left[-\mathrm{Si}-\mathrm{O}-\mathrm{Si}-\right] + \mathrm{OH^-} \longrightarrow -\mathrm{Si}-\mathrm{OH(solid)} + -\mathrm{Si}-\mathrm{O^-}\ \mathrm{(solution)} \tag{4-6}$$

$$\left[-\mathrm{Si}-\mathrm{O^-}\right] + \mathrm{H_2O} \longrightarrow -\mathrm{Si}-\mathrm{OH} + \mathrm{OH^-} \tag{4-7}$$

$$\mathrm{Na^+ + Si_2O + OH^- \longrightarrow Na\text{-}Si\text{-}H} \tag{4-8}$$

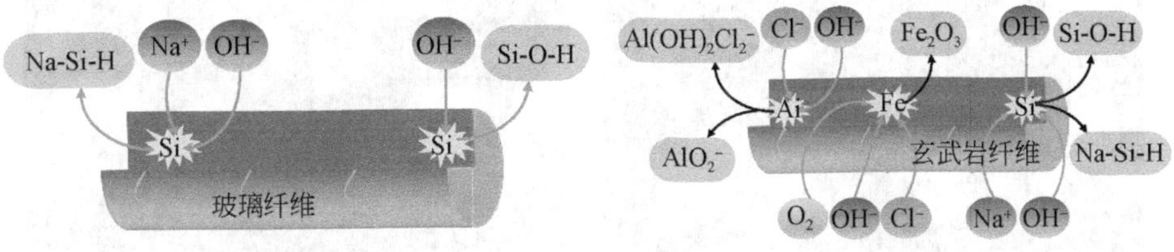

(a)玻璃纤维　　(b)玄武岩纤维

图 4-37　纤维劣化示意图

玻璃纤维和玄武岩纤维中还含有少量的 Al 和 Mg 氧化物，如式（4-9）和式（4-10）所示，金属氧化物与 OH^-反应生成可溶性物质。值得注意的是，玄武岩纤维中还含有约 8.51%的 Fe_2O_3。如式（4-11）、式（4-12）和式（4-13）所示，在海水中 Fe^{2+}与 Cl^-反应生成可溶性的氯氧化物，Fe^{3+}与 OH^-反应生成 $Fe(OH)_3$，其体积是 Fe_2O_3 的两倍，膨胀力的产生加速了玄武岩纤维的劣化。此外，纤维中含有的二价铁氧化物与 H_2O、O_2 和 Cl^-发生反应，最终产生铁锈（即 $Fe_2O_3 \cdot nH_2O$）。铁锈在纤维-树脂界面的团聚吸收了大量的水分子，导致树脂膨胀，进而会导致 BFRP 筋在拉伸条件下产生内部裂纹。

$$\mathrm{Al_2O_3 + 2OH^- \longrightarrow 2AlO_2^- + H_2O} \tag{4-9}$$

$$\mathrm{Al^{3+} + 2Cl^- + 2OH^- \longrightarrow Al(OH)_2Cl_2^-} \tag{4-10}$$

$$\mathrm{Fe^{2+} + Cl^- \longrightarrow [FeCl\ complex]^+} \tag{4-11}$$

$$\mathrm{[FeCl\ complex]^+ + 2OH^- \longrightarrow Fe(OH)_2 + Cl^-} \tag{4-12}$$

$$4Fe(OH)_2+O_2+2H_2O \longrightarrow 4Fe(OH)_3 \longrightarrow 2Fe_2O_3 \cdot 6H_2O \quad (4\text{-}13)$$

4.4.3 树脂-纤维界面劣化机理

从分子动力学模拟的结果中可以得出结论，如图 4-38 所示。环氧树脂和纤维基体界面之间的结合是通过环氧树脂的原子（O_e和 H_e）和基体的原子［Si(Al)、H_s和 O_s］之间相互作用实现的。因此，在 H_2O 或 NaCl 环境中，水分子和侵蚀性离子首先扩散到基体界面和环氧树脂的内部。然后，H_2O 分子和基体表面之间形成氢键，根据径向分布函数的结果，这进一步阻碍了环氧树脂和纤维基体的相互作用。此外，从相互作用能的结果来看，H_2O 在基体表面的持续积累也导致了环氧树脂和基体之间界面结合能的下降。

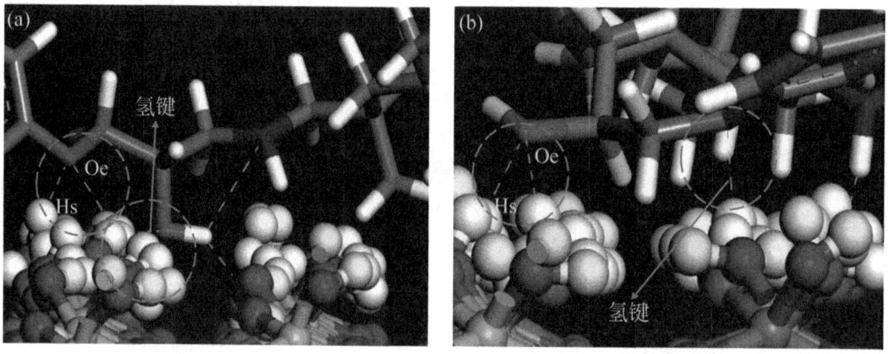

图 4-38　环氧树脂与纤维界面的主要粘接方式示意图

纤维-树脂界面是导致 FRP 筋力学性能退化的主要原因。与钢筋（即各向同性材料）不同，FRP 筋是纤维与树脂基体纵向配合的各向异性材料，在受力过程中界面容易脱粘。纤维-基体界面为 1 μm 厚的非均匀区，容易因为树脂水解而变弱。树脂基质渗透开裂、界面脱粘和分层是主要的劣化过程。树脂劣化在树脂微孔和微裂纹内扩展，使水分子和腐蚀离子快速进入树脂和纤维-树脂界面，最终导致纤维-树脂界面脱粘。一旦界面被破坏，水分子和腐蚀性物质会迅速渗透到纤维表面，开始刻蚀纤维，并进一步加剧界面的破坏。纤维与树脂界面脱粘的 SEM 图像如图 4-39 所示，可以看出纤维-树脂的脱粘包括基体降解、纤维刻蚀和界面脱粘三个方面。

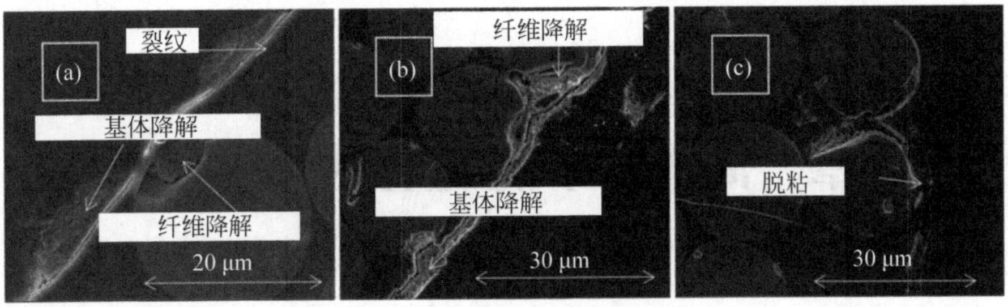

图 4-39　纤维与树脂界面脱粘

（a）基体降解；（b）纤维刻蚀；（c）界面脱粘

第5章　海水海砂混凝土中FRP筋性能演变和机理

5.1　引　　言

前文研究了FRP筋在模拟海水海砂混凝土（SWSC）孔溶液中的力学性能演化，并分析了其腐蚀损伤机制。然而，FRP筋在实际混凝土和模拟孔溶液中的腐蚀动力学存在明显差异。这是因为混凝土本身随着水化、硬化、碳化以及内部碱性离子的溶出，其碱度是一个时变的过程，而模拟孔溶液通常保持不变。此外，混凝土的孔隙率一般在10%～20%之间，因此FRP筋与碱性孔溶液的接触面积明显少于模拟孔溶液，这导致FRP筋在混凝土模拟孔隙溶液中的劣化更为严重。

最近，BFRP筋增强预制板和海水海砂混凝土被用于建造迈阿密（美国佛罗里达州东南部港市）的港口码头。当FRP筋增强海水海砂混凝土在海洋环境中服役时，海水作为主要的流体介质通过混凝土内部的孔隙扩散到混凝土与FRP筋界面过渡区（interface transition zone，ITZ），并渗透到筋材内部，可能诱导筋材劣化。因此，研究暴露于海洋环境中的海水海砂混凝土中FRP筋的性能演变和劣化机理尤为重要。

5.2　海水海砂混凝土中FRP筋拉伸性能演变

5.2.1　试验方案

1. 原材料

试验所用FRP筋为BFRP筋和HFRP筋。其中，BFRP筋中玄武岩纤维的体积掺量约为65%；HFRP筋由48.75%的玄武岩纤维和16.25%的碳纤维混杂而成，具体包括H3FRP筋（碳纤维环向分散）和H4FRP筋（碳纤维集中内核），如图5-1所示。其具体参数详见3.2.1小节。

采用普通混凝土（NC）作为对照组。海水海砂混凝土与普通混凝土的主要区别在于，前者使用海砂和海水，而后者使用河砂和淡水。海水来自青岛近海，其主要离子浓度如表 5-1 所示；淡水则为青岛本地的自来水。图 5-2 展示了所采用的海砂和河砂及其级配曲线。表 5-2 总结了海水海砂混凝土和普通混凝土的配合比，以及在不同龄期（3 d、7 d 和 28 d）时的立方体抗压强度。

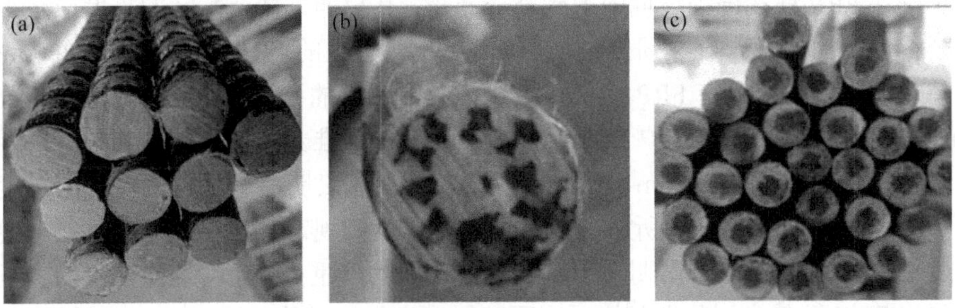

图 5-1　试验采用的 FRP 筋

（a）BFRP 筋；（b）H3FRP 筋；（c）H4FRP 筋

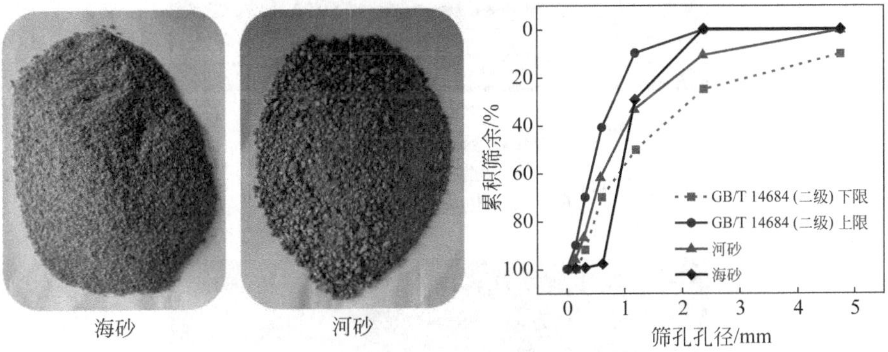

图 5-2　海砂和河砂的形貌及其级配曲线

表 5-1　海水中主要离子的浓度/(mg/L)

离子	Cl^-	SO_4^{2-}	Mg^{2+}	HCO_3^-	Ca^{2+}	NH_4^+
含量	17798.71	1660.75	1296.35	118.22	367.58	0.07

表 5-2　混凝土的配合比和抗压强度

配合比/(kg/m³)					立方体抗压强度/MPa			
水泥	粗集料	细集料	水	砂率	—	3 d	7 d	28 d
475	1085	665	200	0.4819	SWSC	22.8	30.4	37.4
					NC	19.8	28.4	46.4

2. 试件制备

采用定制的木制模具浇筑混凝土，如图 5-3（a）所示。根据 ACI 440.3R-12[116]，为了确保 FRP 筋在侵蚀环境中得到充分暴露，其拉伸试样暴露区的长度应至少为其公称直径的 40 倍。在本研究中，所有混凝土包裹区的 FRP 筋长度均为 400 mm。具体成型工艺为将所有 FRP 筋嵌入木制模具中预留的孔洞，浇筑混凝土并充分振动，随后在室温条件下养护 24 h 后拆模，最后在标准养护室条件下养护 28 d。混凝土棱柱体的尺寸为 50 mm×50 mm×400 mm，这表明所有筋材的保护层厚度均为 20 mm，如图 5-3（b）所示。最后，当试样达到规定龄期后，进行暴露试验。为避免端部 FRP 筋在暴露期间因直接暴露造成的严重劣化，其拉伸试验的夹紧段均采用 PVC 管包裹，且端部均采用环氧树脂密封，具体如图 5-3（c）所示。

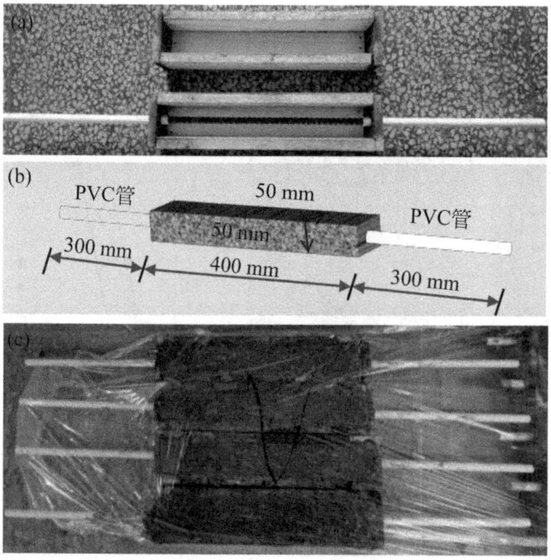

图 5-3　拉伸试样

（a）木制模具；（b）示意图；（c）实际图

3. 腐蚀试验

为了模拟海洋环境下混凝土中 FRP 筋性能的演化，使用青岛海水作为腐蚀暴露溶液。同时，为了实现加速腐蚀的目的，并为实际工程中 FRP 筋耐久性的评估提供借鉴意义，设计了一套恒温加热装置。该装置包括温度控制器、加热棒和容纳海水的容器。温度控制器设置到所需的加热温度，其精度为±1℃。为了达到保温效果，容器的上部开口被隔热板和薄膜分层覆盖。此外，为了确保所有试样均匀加热，上部和下部试件采用木条隔开，以保证它们之间有适当的间隙。加速腐蚀的示意图如图 5-4 所示。

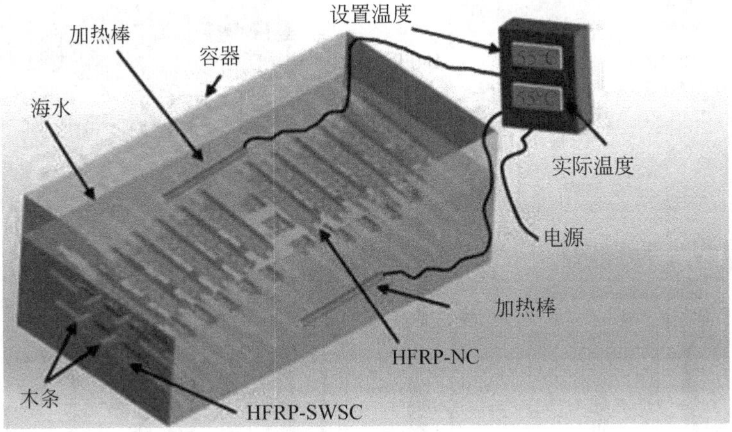

图 5-4　加速腐蚀的示意图

Lu 等[37]研究发现，水泥浆包裹环境中 BFRP 筋的劣化主要发生在腐蚀的前期，尤其是在高温条件下。NC 和全珊瑚礁 SWSC 包裹环境中 BFRP 筋性能的衰减速率具有相似的变化趋势[117]。同样，嵌入 NC 环境中 GFRP 在室外溶液暴露 8 年也验证了这一趋势[168]。因此，为了更全面地捕捉混凝土中 FRP 筋的耐久性劣化信息，设置了暴露时间为 30 d、60 d、90 d、180 d、270 d 和 360 d，暴露温度设定为 55℃，以达到加速腐蚀的效果。

5.2.2　失效模式

图 5-5 为混凝土包裹的 FRP 筋在海水中暴露不同龄期后的拉伸试验典型失效形貌。与传统 FRP 筋相似，HFRP 筋在纤维束剥落后最终突然断裂而失效。对于 BFRP 筋，失效形貌由未腐蚀时的纤维完全炸裂、呈“灯笼状”，转变为腐蚀后纤维并未完全炸裂、呈“微胀状”。相比之下，H3FRP 筋和 H4FRP 筋在腐蚀后纤维炸裂的数量随腐蚀龄期逐渐增多，这表明外层的纤维束逐渐受到腐蚀而劣化。此外，由于腐蚀溶液的侵蚀作用，HFRP 筋的表面形貌逐渐由暗黑色变为棕黄色，这表明溶解的树脂和纤维刻蚀产物可能随海水扩散到了界面区。

图 5-6 总结了混凝土包裹的 FRP 筋在拉伸时的典型荷载-位移曲线。在拉伸试验过程中，随着荷载的增加，接近极限拉伸荷载时，部分纤维束失效并剥落，随后荷载开始衰减。相比之下，BFRP 筋的荷载衰减伴随着振荡，随后急剧降低，因此荷载-位移曲线可分为三段，如图 5-6（a）所示：（I）增长段、（II）振荡缓慢

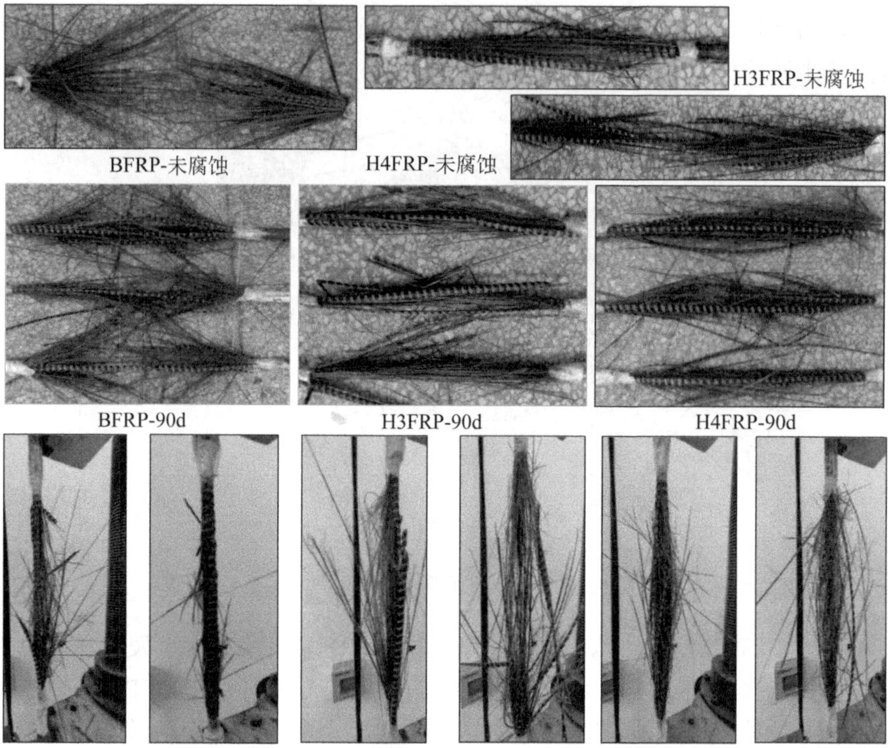

图 5-5　FRP 筋-混凝土拉伸后的典型破坏形貌

降低段和（III）急剧下降段。而 H3FRP 和 H4FRP 筋的荷载衰减过程并没有振荡，呈现出急剧下降，其荷载-位移曲线可分为两段，如图 5-6（b）和（c）所示：（I）增长段和（III）急剧下降段。这可能是由于两种纤维的混杂改变了传统 FRP 筋内部纤维束之间的约束形式。此外，通过对比不同 FRP 筋的失效模式，发现 H3FRP 筋的荷载-位移曲线在达到极限荷载之前由未腐蚀时的线性段变为非线性段，如图 5-6（d）所示。这可能归因于 HFRP 筋外核的玄武岩纤维材料受腐蚀后，分为受腐蚀的外层和未腐蚀的内层。随着拉伸荷载的增长，受腐蚀的纤维束过早失效，而内部未受腐蚀的 FRP 材料继续承担荷载。由于拉伸试验是位移控制模式，位移保持不变而荷载增长速率降低，因此呈现出非线性行为。

5.2.3　拉伸强度

图 5-7 为混凝土包裹的 FRP 筋暴露于 55℃海水后的拉伸强度。拉伸强度标准差较低，最大值为 56.17 MPa，这与 Al Rifai 等[169]的研究结果相似。显然，

FRP-SWSC 的拉伸强度随着暴露时间的延长而降低。在海水中暴露 360 天后，BFRP 筋的劣化最为严重，拉伸强度从 1216.18 MPa 降低至 804.75 MPa，相应的拉伸强度保留率为 66.17%；而在同一时期，H4FRP 筋的劣化最轻，$R_{\text{拉}}$值为 83.72%，相应的残余拉伸强度为 1428.25 MPa。在相同的暴露条件下，HFRP-SWSC 的 $R_{\text{拉}}$值遵循以下趋势：H4FRP＞H3FRP＞BFRP。HFRP-NC 的 $R_{\text{拉}}$值也呈现出相似的趋势。相比之下，HFRP-NC 的 $R_{\text{拉}}$值均高于 HFRP-SWSC 的相应值。这可能是由于表面质地光滑和圆润的海砂降低了骨料之间的“联锁”效应，导致 SWSC 的密实性降低，从而提高了其渗透性[170]，使 SWSC-HFRP 筋过早劣化。

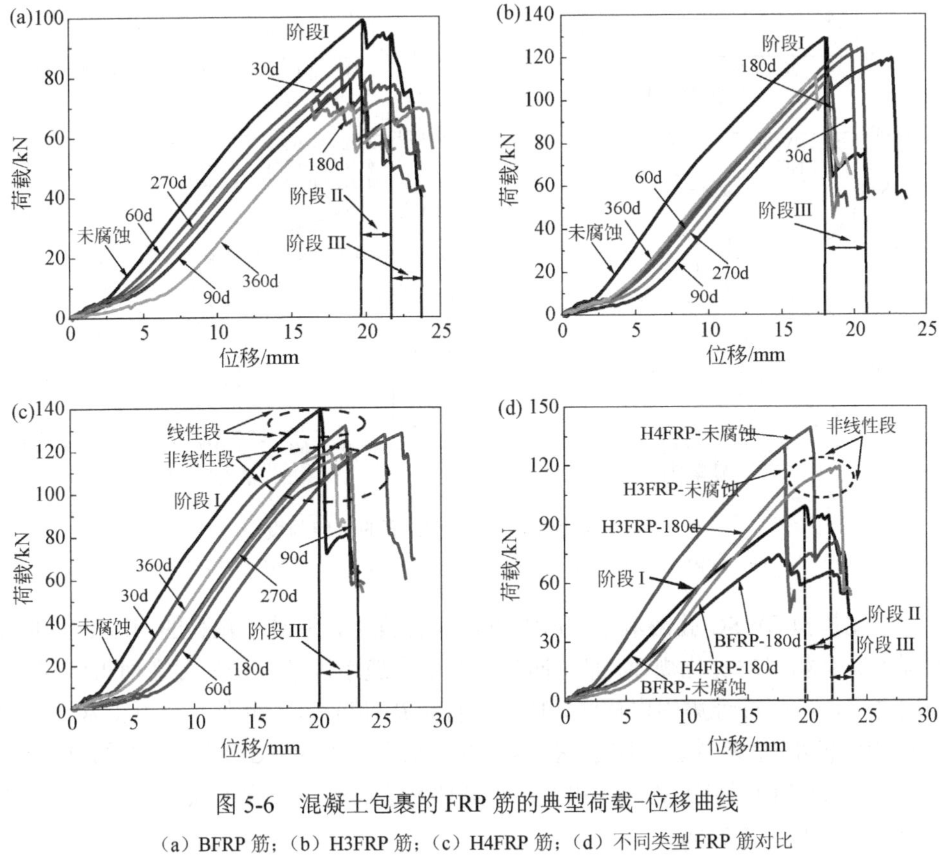

图 5-6　混凝土包裹的 FRP 筋的典型荷载-位移曲线

（a）BFRP 筋；（b）H3FRP 筋；（c）H4FRP 筋；（d）不同类型 FRP 筋对比

从图 5-7（d）可以看出，HFRP-混凝土的残余拉伸强度表现出相同的劣化趋势，劣化过程可分为两个阶段：0～180 天，拉伸强度衰减速率较快；180～360 天，衰减速率相对减缓，并逐渐趋于平衡。上述两个区段拟合线的斜率（k）进一步验证了这一结果。Wu 等[168]报道了类似的结果，他们将嵌入混凝土中的 GFRP

筋暴露于室外碱性溶液中 8 年，发现 GFRP 筋的拉伸强度劣化速率也可分为两个阶段。

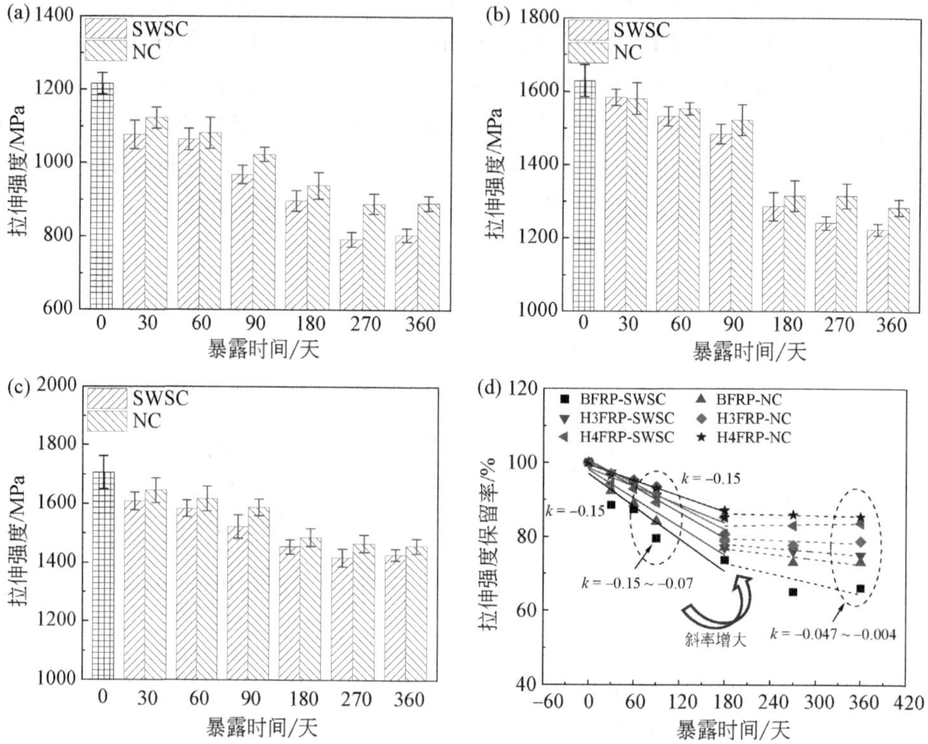

图 5-7　混凝土包裹的 FRP 筋的拉伸强度

(a) BFRP 筋；(b) H3FRP 筋；(c) H4FRP 筋；(d) 拉伸强度保留率

对比模拟 SWSC 孔溶液中 HFRP 筋的拉伸强度，混凝土包裹的 HFRP 筋的拉伸强度具有相似的劣化规律，即拉伸强度的劣化速率因碳纤维的存在而得到缓解。相比之下，当碳纤维集中内核时，HFRP 筋的 $R_{拉}$值较高。此外，混凝土基体引起的 HFRP 筋 $R_{拉}$值差异也证明了这一点。以海水中暴露 360 d 为例（图 5-8），BFRP、H3FRP 和 H4FRP 筋因 SWSC 和 NC 包裹环境造成的拉伸强度保留率差异分别为 7.11%、3.71%和 1.74%。

图 5-9 对比了本研究中 FRP 筋与之前类似环境中 BFRP 筋的拉伸强度保留率的结果。可知，本研究中的混凝土中 BFRP 筋的 $R_{拉}$值略高于 Li 等[117]测得的值，但低于 Al Rifai 等[169]测得的相应值。这可能归因于文献［117］中多孔的珊瑚礁使得珊瑚礁 SWSC 具有更高的渗透性。而文献［169］虽然采用了 60℃的暴露温度，但其暴露溶液仅为 NaOH 溶液，未包含 Cl^-、Na^+和 K^+等离子，这可能缓解了

腐蚀溶液对玄武岩纤维的劣化。相比之下，本研究中的 BFRP 筋 $R_{拉}$值介于 Yi 等[171]测得的相应值之间，这是由于后者通过硅灰调整海水海砂水泥浆的碱度，当硅灰掺量超过 30%时，水泥浆的碱度明显降低，从而缓解了 FRP 筋的劣化，故 $R_{拉}$值较高。

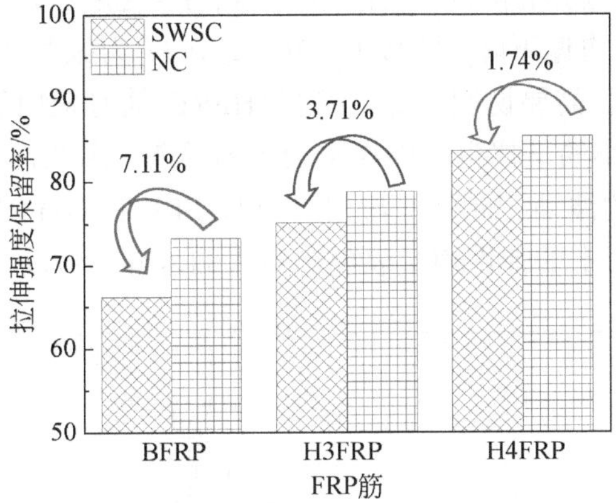

图 5-8　混凝土包裹的 FRP 筋暴露于 55℃海水中 360 d 后的拉伸强度保留率

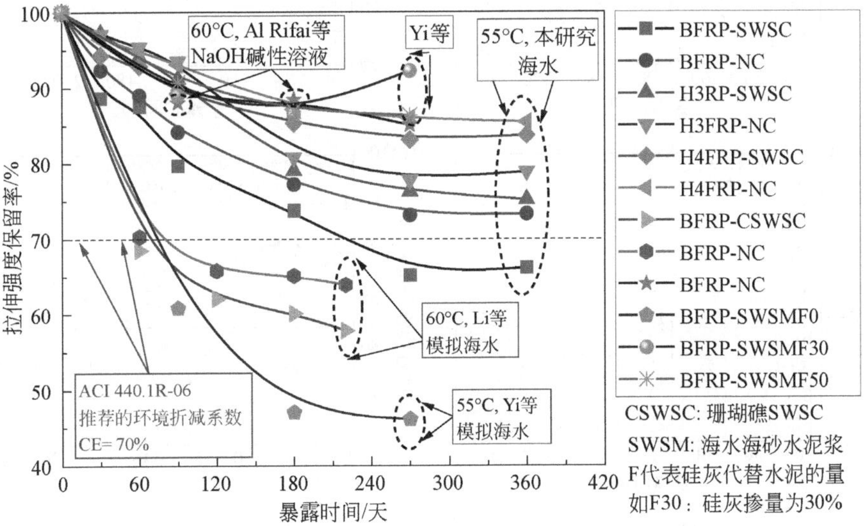

图 5-9　本研究 FRP 筋的拉伸强度保留率与其他研究结果对比

Yi Y，et al. Compos. Part. B-Eng. 2022，243(15):110115；Al Rifai M，et al. Constr. Build. Mater. 2020，243:118258；Li Y，et al. Constr. Build. Mater. 2020，259(30): 120591；ACI 440 1R-15，American Certification Institute，Farmington Hills，MI，2015

5.2.4　弹性模量和拉伸应变

图 5-10 为混凝土包裹的 FRP 筋在腐蚀过程中的弹性模量演化。腐蚀后，HFRP 筋的弹性模量有所降低，但幅度不大，弹性模量的保留率在 85%左右波动。总体而言，腐蚀后 HFRP 筋的弹性模量呈现出相似的变化趋势，可以分为三个阶段：阶段 I（0～30 d）为快速下降；阶段 II（30～270 d）为振荡波动；阶段 III（270～360 d）为相对稳定。需要说明的是，测量 HFRP 筋时采用的引伸计标距长度为 100 mm，即使是微小的干扰也可能导致较大的误差。因此，相较于拉伸强度，弹性模量呈现出更大的波动。此外，与相比于 H3FRP 和 H4FRP 筋相比，环境敏感的 BFRP 筋在混凝土中的弹性模量表现出更大的差异和波动。

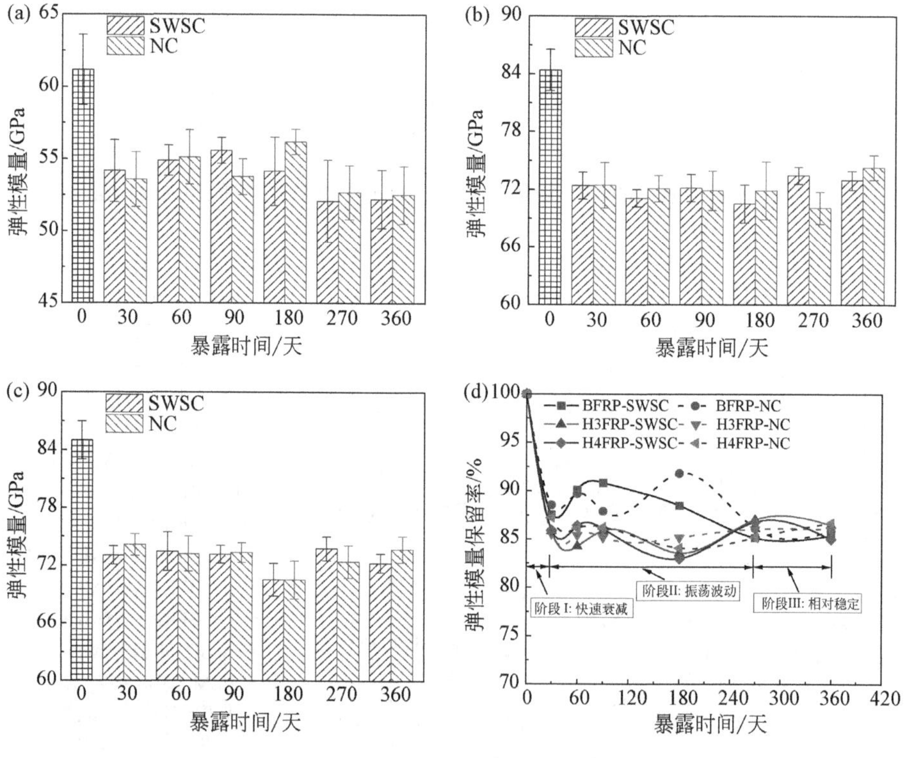

图 5-10　混凝土包裹的 FRP 筋腐蚀过程中的弹性模量

（a）BFRP 筋；（b）H3FRP 筋；（c）H4FRP 筋；（d）弹性模量保留率

图 5-11 是混凝土包裹的 FRP 筋的拉伸应变，其变化趋势可分为三个阶段：0～180 d，振荡波动；180～270 d，缓慢降低；270～360 d，相对稳定。拉伸应变是根据弹性模量计算所得。而实际测量过程中，由于仪器精度、测量误差以及腐蚀

程度相对较轻，故其变化并非与弹性模量同步变化，但腐蚀后期趋于稳定。

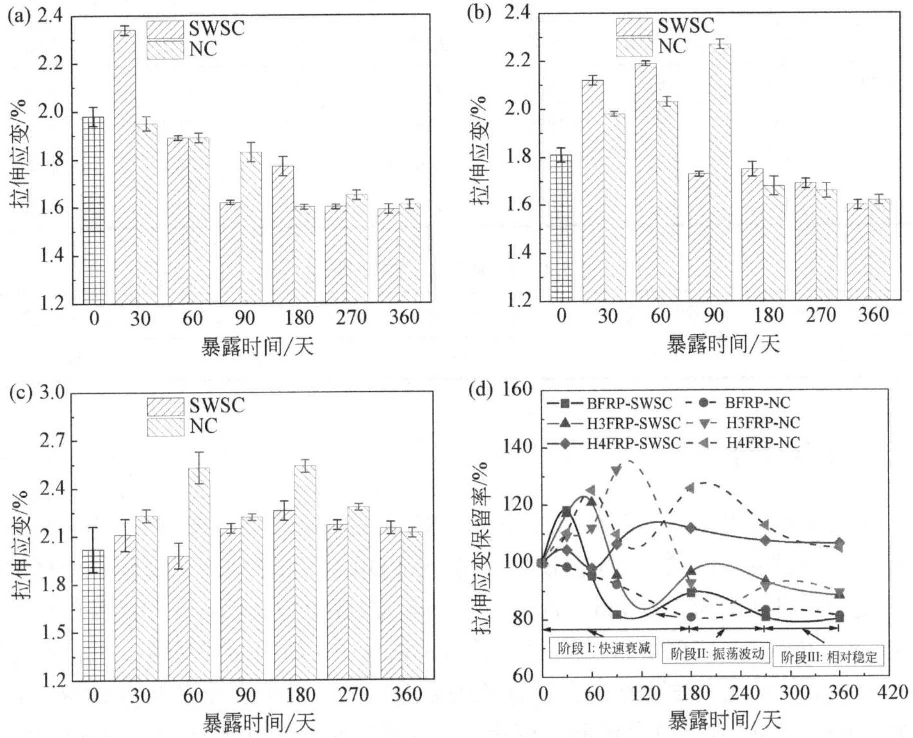

图 5-11　混凝土包裹的 FRP 筋暴露过程中的拉伸应变

（a）BFRP 筋；（b）H3FRP 筋；（c）H4FRP 筋；（d）拉伸应变保留率

5.3　FRP 筋-混凝土界面粘接性能研究

5.3.1　试验方案

1. 原材料及试验配比

水泥采用 P·I 52.5 硅酸盐水泥；粗骨料为粒径为 5～20 mm 的连续级配花岗岩；细骨料为河砂和海砂，其细度模数分别为 2.7 和 2.2；水则使用自来水（淡水）与海水。混凝土配合比及立方体抗压强度详见表 5-3。表 5-3 中，C 代表使用淡水河砂的混凝土，S 代表使用海水海砂的混凝土，编号后面的数字表示设计强度等级。筋材为江苏绿材谷新材料科技发展有限公司生产的直径 12 mm 的 BFRP 筋，相关力学性能见表 5-4。

表 5-3　混凝土配合比和立方体抗压强度

混凝土	配合比/(kg/m^3)					立方体抗压强度/MPa	
	水泥	海砂/河砂	石子	海水/淡水	减水剂	7 d	28 d
C30	415	665	1085	200	0	32.8	40.1
C50	462	645	1096	176	1.44	48.2	57.3
S30	415	665	1085	200	0	36.1	43.4
S50	462	645	1096	176	1.44	49.4	58.2

表 5-4　BFRP 筋的力学性能

有效直径/mm	横截面面积/mm^2	弹性模量/GPa	拉伸强度/MPa	极限拉伸应变/%
12	113.04	61.05	1 405	2.56

2. 试验设计

依据不同强度等级（C30、C50/S30、S50）和不同养护龄期（7 d 和 28 d），设计了 8 组试验，共 24 个拉拔试件。考虑到 DIC 技术主要用于观测和计算试件表面变形，将长度为 700 mm、直径为 12 mm 的 BFRP 筋以嵌入方式埋入尺寸为 100 mm×100 mm×300 mm 的混凝土长方体试件中，如图 5-12 所示。试件尺寸是在 Lorenzis[172] 相关试验基础上进行改进后选定的。由于表面嵌入的 BFRP 筋界面粘接强度较低，该尺寸能够防止混凝土在粘接区域未发生破坏时出现横向开裂，并保证试件不因混凝土宽度而影响粘接区域的破坏形式。为了能较为准确地反映单端轴心拉拔试验中表面内嵌 BFRP 筋与混凝土之间的界面粘接性能，并避免试验结果的离散，每组均制备了 3 个试件，结果取其平均值。

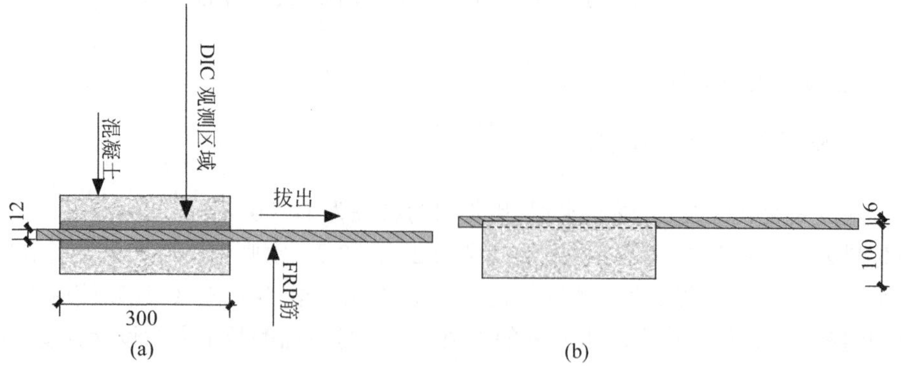

图 5-12　拉拔试件示意图

（a）俯视图；（b）侧视图

3. 试验加载装置

采用天津市东丽区亚兴自动化试验厂生产的 ML-3 型锚杆拉拔仪，使用定制的夹具将 BFRP 筋夹紧。两端采用台钳将混凝土试件固定，保持千斤顶、夹具以及 BFRP 筋在同一水平线上，从而保证 BFRP 筋处于轴心受力状态，加载装置如图 5-13 所示。试验过程中采用手动加载方式，直至混凝土与 BFRP 筋界面产生劈裂、混凝土局部开裂或纤维筋拔出破坏时，立即停止试验，并记录此时的破坏拉力以及试件的最终破坏形态。

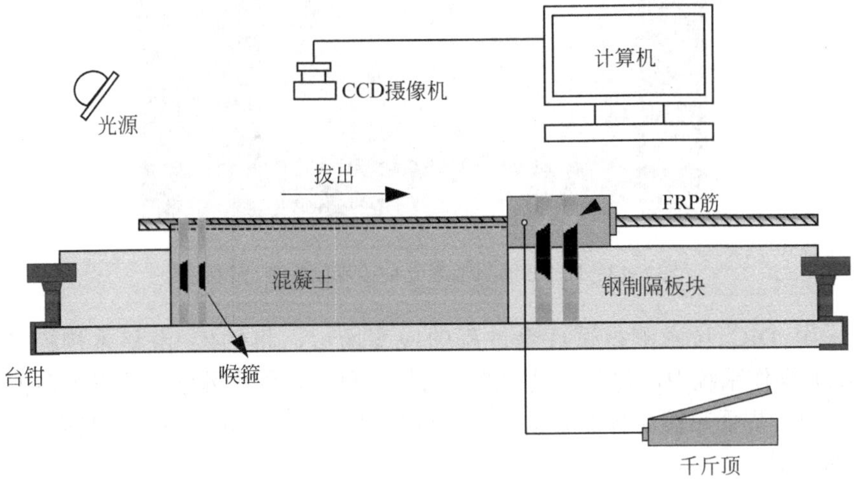

图 5-13　拉拔试验加载装置示意图

4. 图像采集与本构模型的选取

DIC 是一种基于光学的全场表面位移和应变的测量方法。其基本原理是通过对变形过程中被测物体表面信息的搜索识别和相关计算，得到变形物体的位移应变信息[173]。在 DIC 测试中，安装了一个带有 75 mm 微距镜头的数码相机，该相机的分辨率为 1200 像素×1600 像素，并提供 256 级灰度输出，图像采集频率为 25 帧/s。使用该相机对靠近拉拔端的 BFRP 筋与混凝土粘接部分的矩形截面区域进行应变采集，如图 5-14 所示。在图像测试区域的上方，放置了两个立式 LED 光源，以获得足够的图像对比度。摄像头与 BFRP 筋混凝土试件被固定在防震台上，整个测试过程中未发生移动。试件表面采用随机的散斑模式，通过软件 VIC-2D 操作系统对采集的照片进行处理，本截面的标定结果为 0.15 mm/像素，计算选取区域内应变随时间的演化情况。

图 5-14　BFRP 筋与混凝土粘接界面应变分析区域

采用 DIC 技术测得试件全过程的应变场后，将粘接-滑移本构模型输入 VIC-2D 操作系统中，得到全过程的应力场。目前，国内外学者提出了多种 FRP 筋与混凝土界面粘接滑移的本构关系分析模型[174, 175]。本研究采用张望喜等[176]提出的模型。

5.3.2　混凝土强度等级对 FRP 筋-混凝土粘接界面应力的影响

选取 BFRP 筋与混凝土拉拔试验最后时刻的数字图像进行分析，并绘制 BFRP 筋两侧粘接界面处的应力分布曲线，如图 5-15 和图 5-16 所示。其中，横坐标表示距原点的距离，纵坐标表示应力。

由图 5-15 可见，随着混凝土强度的提高，BFRP 筋与混凝土粘接界面的应力也随之提高。这是因为混凝土强度等级的提高使其抗拉强度增强，混凝土周围的环向应力增大，混凝土抗劈裂强度提高，粘接作用随之增强。各试件 BFRP 筋两侧的粘接界面应力从加载端到原点逐渐呈现减小趋势，在加载端附近的应力达到最大值。试件 C50 中，BFRP 筋两侧粘接界面的应力在加载端附近区域有急速上升的趋势，而试件 C30 中，BFRP 筋两侧粘接界面的应力从加载端到原点的增长较为平稳。在养护龄期为 7 天时，试件 C50 与试件 C30 相比，前者 BFRP 筋两侧粘接界面的最大应力增加了约 3.25 倍，而 28 天龄期时各试件 BFRP 筋两侧粘接界面的应力增长幅值均大于此。这种现象可能是由于 7 天养护龄期内，强度发展尚未完成，强度等级对应力增长幅值的影响较大。Achilides 等[174]指出，当混凝土强度等级较低（小于 C30）时，粘接强度与混凝土的抗剪强度有较大关系，且低于更高强度等级的混凝土。张望喜等[176]基于试验数据得出，粘接强度与立方体抗压强度的 0.75 次方成正比。粘接强度与混凝土强度之间的关系还需更多试验数据来验证。

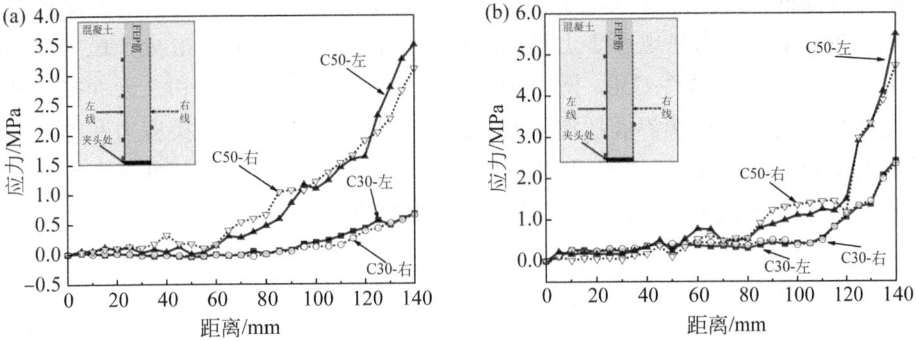

图 5-15　普通混凝土试件中 BFRP 筋两侧粘接界面处的应力分布

（a）7 d；（b）28 d

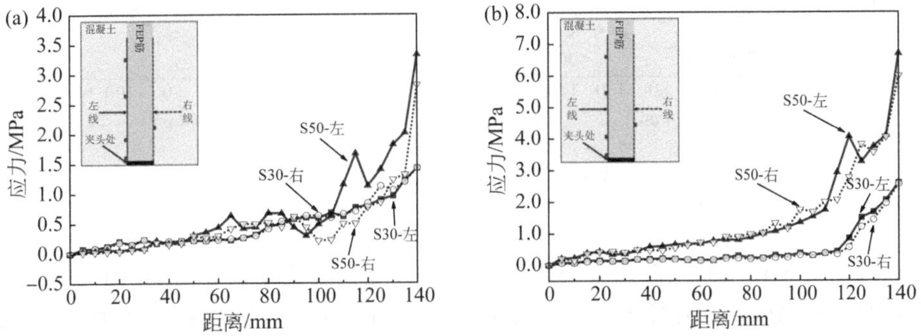

图 5-16　海水海砂混凝土中 BFRP 筋两侧粘接界面处的应力分布

（a）7 d；（b）28 d

由图 5-16 可见，随着海水海砂混凝土强度等级的提高，BFRP 筋两侧粘接界面处的应力从原点到加载端逐渐增大。龄期为 7 天时，试件 S50 和 S30 中 BFRP 筋两侧粘接界面的应力均在加载端附近达到最大值，分别为 3.2 MPa 和 1.3 MPa，而原点处的应力值均在零点附近徘徊。在距离加载端 40 mm 处，试件 S50 中 BFRP 筋两侧粘接界面的应力曲线高于试件 S30，最大应力增加了约 1.4 倍。龄期为 28 天时，试件 S50 和 S30 中 BFRP 筋两侧粘接界面的最大应力分别为 7.0 MPa 和

2.5 MPa，试件 S50 中的 BFRP 筋两侧粘接界面的最大应力相比试件 S30 增长了约 1.8 倍。

5.3.3　养护龄期对 FRP 筋-混凝土粘接界面应力的影响

对比图 5-17（a）和（b）可见，养护龄期为 28 天的试件 C30 中 BFRP 筋两侧粘接界面的应力分布曲线位于养护 7 天试件 C30 曲线的上方。随着距离加载端逐渐缩短，粘接应力呈现逐步上升的趋势。在靠近加载端 40 mm 处，最大应力增加了 2.83 倍。对于试件 C50，随着距离逐渐接近加载端，28 天和 7 天养护龄期试件的应力值均沿着粘接界面缓慢增长。28 天龄期试件的界面粘接应力在靠近加载端附近增长至 5.5 MPa，相比于 7 天龄期试件，前者的极限应力增长约 57%。这说明 C30 混凝土较 C50 混凝土更易受养护龄期的影响。

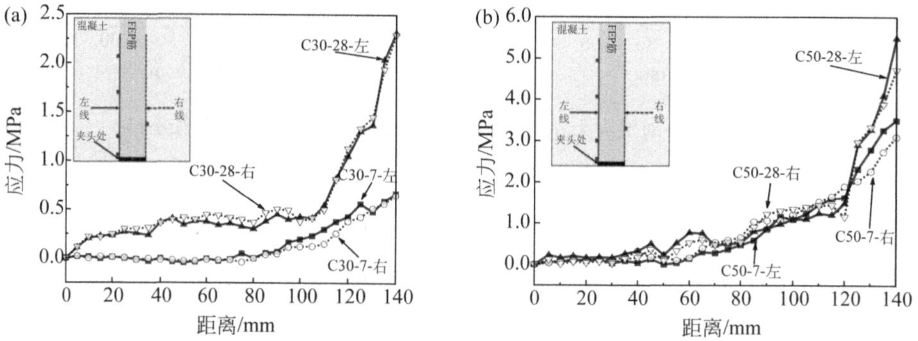

图 5-17　BFRP 与普通混凝土的粘接界面应力分布

（a）C30；（b）C50

对比图 5-18（a）和（b）可见，海水海砂混凝土试件 S30 中 BFRP 筋两侧粘接界面的应力值沿自由端到加载端缓慢增长，在加载端附近区域应力值增长至最大，分别为 2.5 MPa 和 1.4 MPa。28 天龄期时的粘接应力大于 7 天龄期时的粘接应力，极限粘接应力增长约 78%。对于试件 S50，28 天龄期时的应力分布曲线均高于 7 天，在距离加载端 60 mm 处，应力增长幅值突然增大，28 天龄期的试件在靠近加载端区域达到最大值 6.5 MPa，与 7 天龄期时相比，粘接应力最大值增加约 91%。当龄期为 28 天时，相比普通混凝土，在相同水胶比下，海水海砂混凝土与 BFRP 筋界面粘接处的最大应力增加了约 19%。

综上，无论是普通混凝土还是海水海砂混凝土，当混凝土强度等级较低时，龄期对其粘接强度的影响都较大。

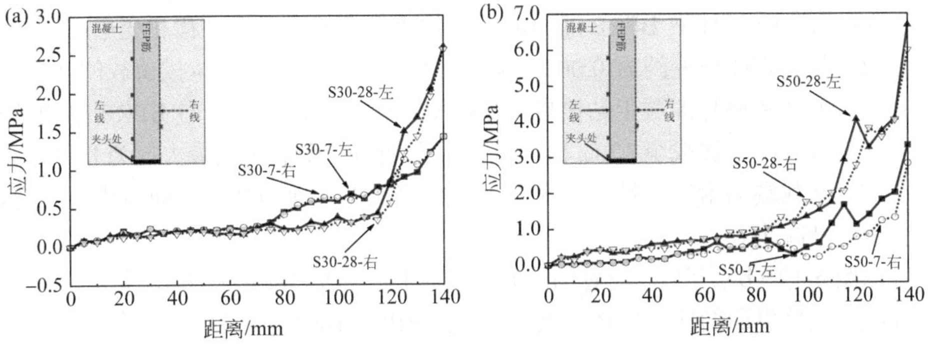

图 5-18　BFRP 与海水海砂混凝土的粘接界面应力分布

（a）S30；（b）S50

5.3.4　基于 DIC 技术的 FRP 筋-混凝土界面应变/应力场研究

1. 界面应变/应力场演变

对养护龄期为 7 d 的 C30 和 C50 试件进行拉拔试验，记录不同时刻对应的拉拔仪数显设备上的力值，并对 BFRP 筋及邻近混凝土区域的图像进行实时采集，通过数字图像计算获得 BFRP 筋-混凝土界面区的应变和应力场演变，结果如图 5-19 至图 5-22 所示。

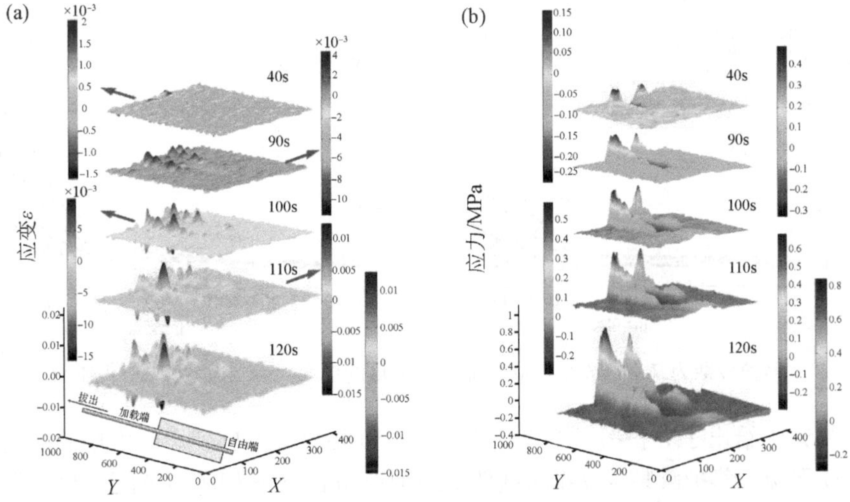

图 5-19　养护龄期为 7 d 的试件 C30 粘接界面

（a）应变场；（b）应力场演变

由图 5-19（a）可见，当 BFRP 筋受拉承载 40 s（拉拔荷载约为 1.06 kN）时，养护 7 d 的 C30 试件中 BFRP 筋与混凝土粘接界面处已经有位移和变形产生，加载端部混凝土表面应变约为 0.002；随着加载时间的延长（即拉拔荷载的增加），90 s 之后 BFRP 筋与混凝土粘接界面处应变快速增加，混凝土与 BFRP 筋的粘接界面局部开裂；当加载至 120 s 时，粘接界面处的应变值达到最大，为 0.010；应变在靠近加载端的附近区域先增大，沿着粘接长度方向由加载端向自由端传递，应变值逐渐减小。

由图 5-19（b）可见，随着加载时间的延长，养护 7 d 的 C30 试件中 BFRP 筋与混凝土粘接界面的应力值逐渐增大，并呈现出在 BFRP 筋两侧对称分布的状态。当加载至 120 s 时，靠近加载端的粘接应力可达到 0.8 MPa；沿加载端向自由端，应力逐渐减小，直至趋近于 0。随着加载时间的延长，靠近加载端的应力会逐渐下降，这是由于 BFRP 筋与混凝土之间的粘接界面被破坏所致。

为进一步分析拉拔过程中 BFRP 筋与混凝土粘接界面不同部位的应力、应变演变规律，在距离加固端的不同位置处选取了 5 个点进行分析，结果见图 5-20。由图 5-20 可见，随着加载时间的延长，养护龄期为 7 d 的试件 C30 粘接界面上各点的应变和应力逐渐增大。在 0～80 s 时，各点的应变和应力增长幅度较为平缓；而在 80～90 s 之后，应变和应力的增长幅度显著增大。距离加载端较近的点 0 在 120 s 时应力达到最大值 0.8 MPa，该点的应变最大值约为 0.012。在远离加载端的点 4 处，应力最大值为 0.1 MPa。

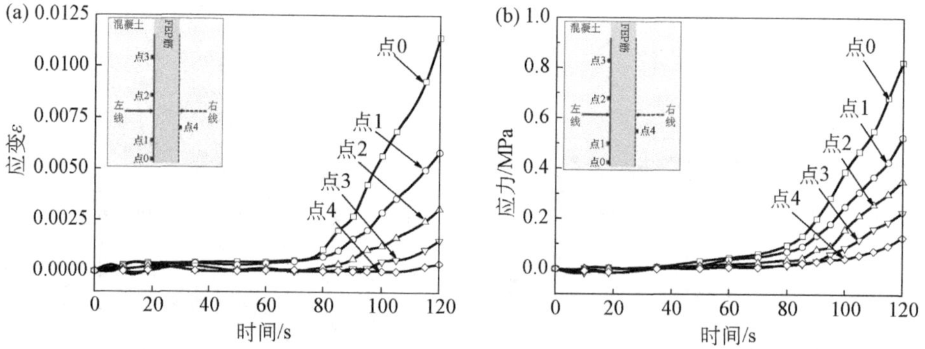

图 5-20　养护龄期为 7 d 的试件 C30 界面粘接区域的应变（a）和应力（b）随时间的变化

图 5-21 给出了养护龄期为 7 d 的试件 C50 粘接界面应变、应力场的演变。由图 5-21 可见，养护龄期为 7 d 的试件 C50 粘接界面应变和应力场随加载时间的演变规律与试件 C30 相同。在 20 s 时，其应力和应变均较小；而在 120 s 时，应变达到最大值 0.020，应力最大值约为 3.0 MPa。相比于 C30 混凝土，强度等级的提升使得 BFRP 筋与 C50 混凝土界面粘接应力的最大值增长了 3.25 倍。由于强度等

级以及养护龄期的影响，与试件 C30 相比，C50 混凝土与 BFRP 筋粘接界面的应变最大值出现在距离拔出端位置更近处。

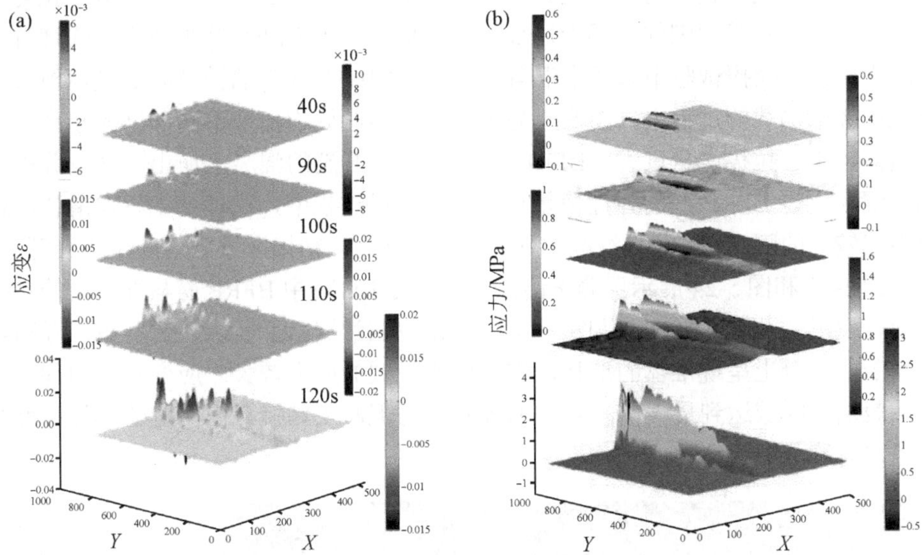

图 5-21　养护龄期为 7 d 的试件 C50 界面粘接区域的（a）应变场演变和（b）应力场演变

同样，选取试件 C50 粘接界面处 5 个点进行分析，结果如图 5-22 所示。从图 5-22 可以看出，随着加载时间的延长，养护龄期为 7 天的试件 C50 粘接界面上各点的应变和应力均有所增加。在 80 s 之前，各点的应变和应力增长幅度较小，而在 80 s 之后，增长幅度显著增大。在 85～120 s 内，靠近加载端的点 0 的应变值从 0.005 增加至 0.020，应力从 1.0 MPa 增加至 3.3 MPa，此时粘接界面出现较为明显的破坏现象。

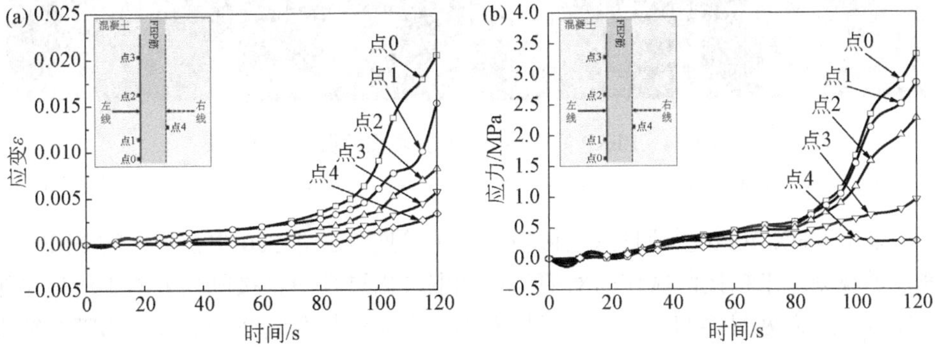

图 5-22　养护龄期为 7 d 的试件 C50 界面粘接区域的应变（a）和应力（b）随时间的变化

2. 破坏形态及界面粘接机理

试件在拉拔试验后的破坏模式主要分为两种：一是试件边缘的混凝土拉剪破坏，二是 BFRP 筋周围的混凝土局部开裂破坏。由于 BFRP 筋采用嵌入式埋置于混凝土中，在拉拔试验中未发生混凝土全部劈裂或 BFRP 筋被拉断的破坏模式。在试验逐渐加载的过程中，BFRP 筋与混凝土界面处均出现不同程度的起裂。加载后期，由于拉拔能量过大，BFRP 筋被拔出，开裂的混凝土崩出。通过分析可知，混凝土与 BFRP 筋的弹性模量相近，在拉拔过程中，试件产生纵向滑移，进而引起较大的膨胀力。如果混凝土保护层厚度不足，粘接区域的混凝土将会开裂。

图 5-23 和图 5-24 展示了养护龄期 7 d 时试件 C50 中 BFRP 筋与混凝土的粘接界面开裂形态及破坏形态。从图中可以看出，加载端附近的混凝土损伤较为严重，被拉断的混凝土呈现锥体的形状，该区域所受到的应力较大。应变和应力均在靠近加载端的区域达到最大值，并且 BFRP 筋与混凝土粘接界面两侧的损伤程度基本呈现对称分布状态。

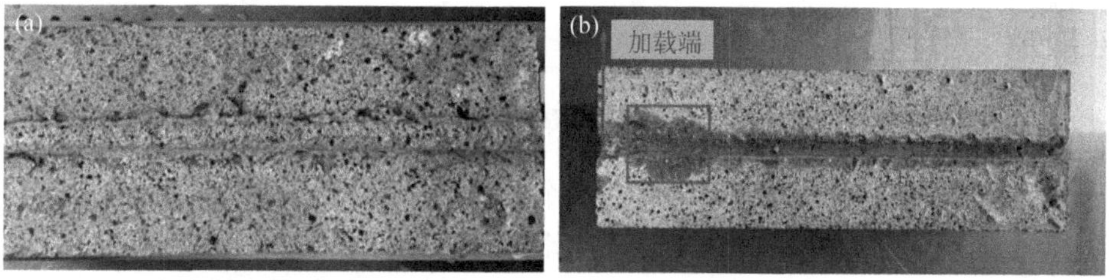

图 5-23 BFRP 筋与混凝土的界面破坏形态图

（a）界面开裂；（b）拔出后破坏形态

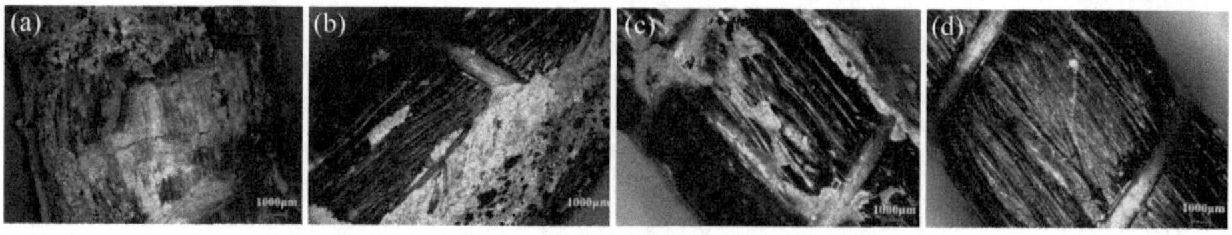

图 5-24 BFRP 筋与混凝土粘接界面的微观测试结果

（a）靠近加载端 20 mm 处；（b）靠近加载端 40 mm 处；（c）靠近自由端 10 mm 处；（d）未脱粘区域

采用 VHX-7000 型超景深显微镜对养护龄期 7 d 的 C50 中拉拔出的 BFRP 筋进行了观测。未粘接区域作为对照组，选取拔出过程中粘接段区域的小段样本进行分析，结果见图 5-24。从图中可以看出，在靠近加载端 20 mm 处，BFRP 筋表面存在纤维被剥离的现象。由于拉拔力较大，局部区域的损伤较为严重；而在靠近加载端 40 mm 处，与非粘接段相比，粘接段中的部分纤维已渗入混凝土颗粒，其损伤程度轻于图 5-24（a）中的损伤；图 5-24（c）显示了靠近原点的区域，其损伤微乎其微。

5.4　FRP-混凝土界面粘接及其脱粘机理

侵蚀离子环境下，FRP/混凝土界面的服役性能很大程度上取决于环氧树脂/混凝土界面的粘接性能。而环氧树脂/混凝土界面的粘接性能则是由环氧树脂与水泥混凝土相关产物之间的物理/化学粘接、机械摩擦等多种作用决定的。其中，环氧树脂与水泥水化产物间的粘接作用对环氧树脂/混凝土界面的粘接性能影响显著。因此，深入探讨环氧树脂与水泥水化产物的粘接作用本质，是进一步开展 FRP/混凝土界面粘接性能研究的基础。本研究基于分子动力学理论，建立了具有高固化交联度的网状环氧树脂分子模型。通过“FRP/混凝土界面–环氧树脂/混凝土界面–环氧树脂/C-S-H 界面”的多尺度映射关系（图 5-25），在纳米尺度上创新性地建立了环氧树脂/C-S-H 界面分子模型。利用分子动力学模拟技术，研究了环氧树脂与 C-S-H 基体之间的化学键合作用，揭示了环氧树脂/C-S-H 界面的粘接作用机理。

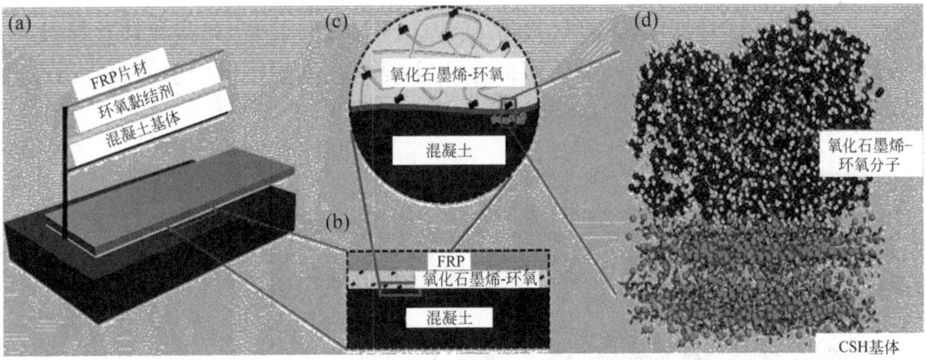

图 5-25　FRP/混凝土界面与环氧树脂/C-S-H 界面的多尺度关联

（a）宏观尺度；（b）亚宏观尺度；（c）介观尺度；（d）纳观尺度

此外，本研究还探讨了侵蚀离子环境下环氧树脂/C-S-H 界面的劣化机理。首先，采用预交联技术建立了具有高交联度的网状环氧树脂分子模型，并搭建了受侵蚀溶液影响的环氧树脂/C-S-H 界面分子体系。其次，全面开展了侵蚀溶液诱导的环氧树脂/C-S-H 界面劣化的分子动力学模拟，并研究了侵蚀溶液对环氧树脂/C-S-H 界面粘接性能和力学性能的影响。最后，深入研究了侵蚀介质对环氧树脂/C-S-H 界面键合性能的影响。

5.4.1 分子模型构建及模拟方法

1. C-S-H 分子模型的建立

C-S-H 具有成分可变性，其在普通硅酸盐水泥中的钙硅比（Ca/Si）变化范围为 1.2～2.3，平均值为 1.7[177]，同时，C-S-H 还具有高度异质性及无定形结构，这为 C-S-H 分子模型的建立带来极大的挑战。目前，对 C-S-H 分子结构的研究仍限于与其晶体类似物的结构进行比较。通常认为，在低 Ca/Si 比时，C-S-H 呈现晶态，其结构与具有高度缺陷的 14-Å Tobermorite 结构类似[178]；在高 Ca/Si 比时，C-S-H 呈现玻璃态，其结构与 Jennite 结构类似[179]。尽管 14-Å Tobermorite 和 Jennite 与 C-S-H 的结构相似，但由于 Ca/Si 比和密度的显著差异，很难将它们与 C-S-H 分子结构进行关联[180]。另一方面，XRD 研究表明[181]，C-S-H 凝胶的分子尺度结构形态与层状结构物 11-Å Tobermorite 类似，两者具有相似的钙硅层状骨架结构，且具有较为接近的 Ca/Si 比，研究普遍认为，基于 11-Å Tobermorite 建立 C-S-H 分子结构更具合理性。

图 5-26 所示为 Hamid[182] 提出的 11-Å Tobermorite 晶体结构（Ca/Si=1.00），它具有完整的硅酸盐链，两条硅酸盐链与层内钙组成钙硅骨架结构，层间钙与水分子夹在层状钙硅骨架结构中间。每条硅酸盐链包含两类硅-氧四面体子结构——桥接硅-氧四面体和配对硅-氧四面体，前者主要与其位置接近的层间钙相互作用，而后者主要与层内钙产生相互作用，并与其共享氧原子。

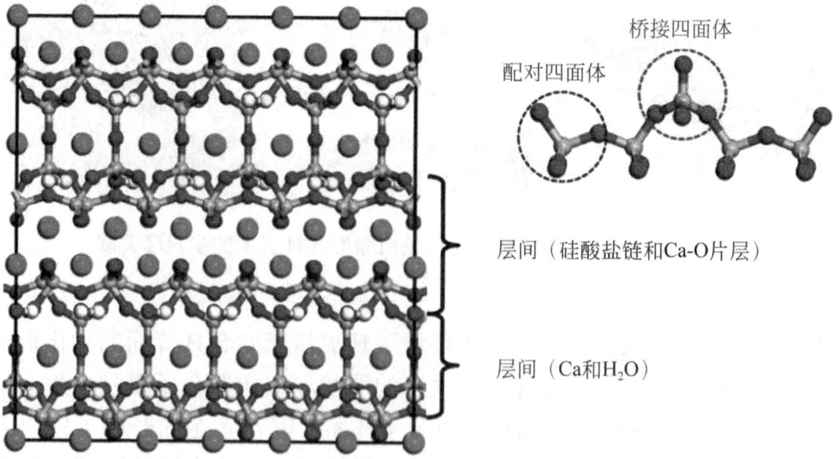

图 5-26　Hamid 提出的 11-Å Tobermorite 原子结构

选用 11-Å Tobermorite 分子模型作为初始结构，对其进行结构变换与重组，以建立 C-S-H 凝胶分子模型。具体建模过程如下：

（1）创造 11-Å Tobermorite 晶体结构中硅酸盐链条的空位缺陷。

在实际的 C-S-H 纳米结构中，硅酸盐链中存在大量的硅–氧四面体空位，导致其呈波纹状片层结构。但是，C-S-H 结构成分繁多，且难以形成一致规律进行缺陷表征，导致目前缺乏有关 C-S-H 中硅–氧四面体空位的明确位置信息。在此之前，Taylor 等[183]学者通过移除硅酸盐链中的部分桥接硅–氧四面体，实现了 Ca/Si 高于 0.85 的 C-S-H 模型的建立。但是，尽管移除了硅酸盐链中所有的桥接硅–氧四面体，11-Å Tobermorite 结构的 Ca/Si 比也不会超过 1.50，而 NMR 测试结果显示，当 Ca/Si 为 1.5 和 2.0 时，合成的 C-S-H 样品中桥接硅–氧四面体结构的含量分别为 10.0%和 5.7%[184]。显然，仅通过移除桥接硅–氧四面体还不能与试验测试结果取得良好一致。为解决这一难题，Pellenq[185]和 Kumar[184]等学者附加移除了硅酸盐链中的部分配对硅–氧四面体，或者在夹层中插入更多的氢氧化钙，以匹配 C-S-H 的 Ca/Si 比，较好地弥补了 Ca/Si 比增大与桥接硅–氧四面体含量不足之间的矛盾，目前该方法已被广泛采纳。

参考 Pellenq 等[185]提出的建模方法，移除 11-Å Tobermorite 中的部分桥接/配对硅–氧四面体结构，打断硅酸盐链的完整性，如图 5-27 所示；充分考虑桥接/配对硅–氧四面体的空位情况对硅酸盐链聚合程度和分子链长的影响，以匹配 NMR 测试中得到的 C-S-H 硅酸盐链的实际分布特征；保持层内钙、层间钙数量恒定，使得具有缺陷的 11-Å Tobermorite 结构的 Ca/Si 比增大至 1.70。

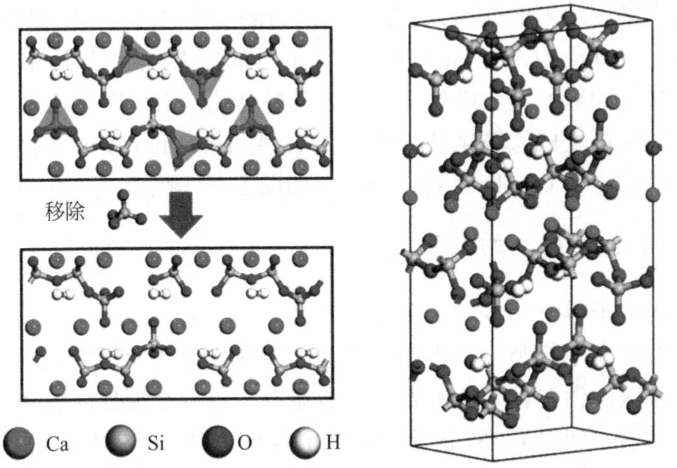

图 5-27　创造 11-Å Tobermorite 原子结构中硅酸盐链条的空位缺陷

（2）将具有高度缺陷的脱水 11-Å Tobermorite 模型吸水饱和。

硅酸盐链上的空位缺陷将会对层间水分子分布产生较大影响，而具有完整硅酸盐链条的 11-Å Tobermorite 晶体结构中的水分子数量恒定且分布有序，这与 C-S-H 实际情况不符。因此，删除 11-Å Tobermorite 晶体结构中分布有序的水分子，并利用巨正则蒙特卡罗（grand canonical Monte Carlo，GCMC）方法将水分子随机分散于具有缺陷的 11-Å Tobermorite 结构的层间区域。在此过程中，实时监控层间水分子数量变化情况，直至饱和，如图 5-28 所示。

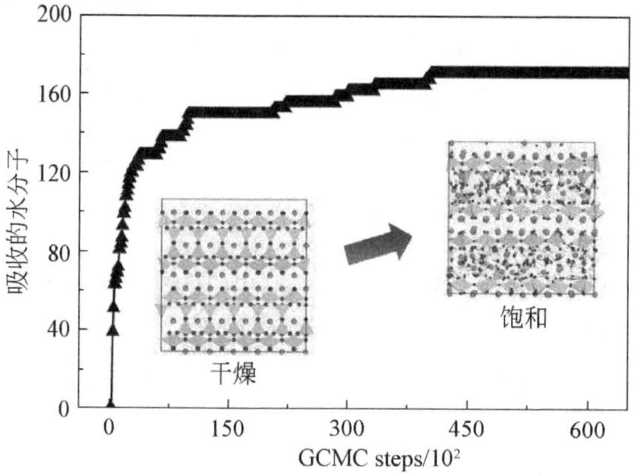

图 5-28　基于 GCMC 模拟方法吸收的水分子数

（3）实现饱和 11-Å Tobermorite 结构向 C-S-H 凝胶结构的转变。

针对具有高度缺陷的饱和 11-Å Tobermorite 晶体结构，开展反应分子动力学模拟。模拟在 300 K 的 *NPT* 系综下进行 3 ns，部分水分子的 H^+与缺陷处的硅-氧四面体上未配位的氧原子生成羟基，形成硅醇基团（Si—OH），而 OH^-与层间钙结合，在层间区域生成氢氧化钙，以实现 11-Å Tobermorite 向实际 C-S-H 凝胶结构的转变，所建立的 C-S-H 凝胶分子模型如图 5-29 所示。

2. C-S-H 分子模型的验证

（1）平均分子链长（MCL）计算方法。

C-S-H 凝胶分子模型主要由钙硅骨架、层间水分子及氢氧化钙等成分组成，其中硅酸盐链赋予钙硅骨架抵抗外载荷的能力，成为 C-S-H 凝胶力学性能的主要来源。研究表明，随着 Ca/Si 比增大，硅酸盐链完整程度降低，相应地 C-S-H 力学强度下降。硅酸盐链条结构的完整程度通常用平均链长（MCL）来表示，计算方法见公式（5-1）：

$$MCL=2\left(1+\frac{Q^2}{Q^1}\right) \tag{5-1}$$

式中，Q^n 是描述硅酸盐链中硅–氧四面体聚合形态的参量，其中 n 定义为与选定硅–氧四面体连接的相邻硅–氧四面体个数，n 的取值为 0～4，Q^0 代表硅–氧四面体的单体结构，Q^1 代表二聚体结构（两个相连的硅–氧四面体），Q^2 代表链状结构（三个相连的硅氧四面体相连），Q^3 代表分支结构（四个硅–氧四面体相连），Q^4 是代表网状结构（五个硅–氧四面体相连）[186]。一般而言，Q^3 与 Q^4 的存在意味 C-S-H 凝胶层内与层间的硅–氧四面体相互连接，反映了干燥状态下 C-S-H 凝胶结构的玻璃态性质；而饱和状态下 C-S-H 凝胶的层间区域厚度较大，水分子可以将相邻的硅酸钙链隔离开来，阻止缺陷硅酸钙结构的进一步聚合，此时硅酸盐链通常在二维空间中生成（不会跨越层内–层间生长），硅链的聚合过程主要由 Q^0、Q^1 向 Q^2 形态演化[187]。

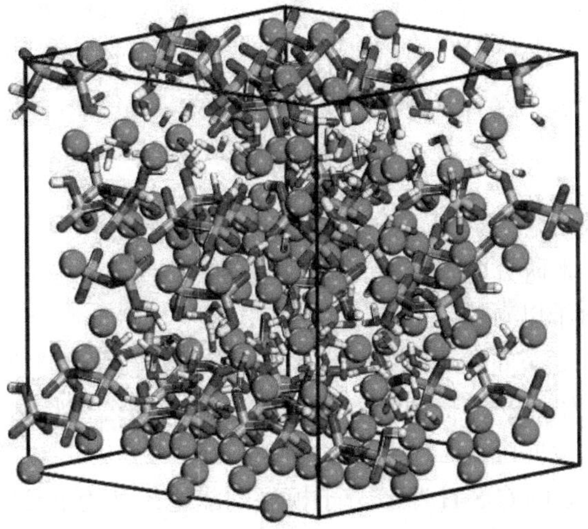

图 5-29　C-S-H 凝胶分子模型

（2）力学性能参数计算方法。

基于分子动力学方法，开展 C-S-H 模型的单轴拉伸模拟，以获得 C-S-H 在 *X*、*Y*、*Z* 方向上的应力应变关系，并分别计算 C-S-H 在三个方向上的杨氏模量。单轴拉伸模拟在 NPT 系综下执行，模拟温度恒为 300 K，具体操作如下：

首先，对 C-S-H 分子模型开展 200 ps 分子动力学模拟，以消除建模过程中可能引起的内部应力，并获得合理分子构型，此时，C-S-H 分子模型在 *X*、*Y* 和 *Z* 三个方向的压力逐渐耦合至零。随后，对 C-S-H 模型执行单轴拉伸模拟，以 *Z* 方向单轴拉伸为例：控制模型沿 Z 方向的应变速率为 0.08/ps，保持分子模型在 X 和 Y 方向上的压力为零，使 C-S-H 变形自由发展，并记录拉伸过程中 C-S-H 分子模型的应力（σ）和应变（ε）。最后，绘制环氧树脂分子体系的σ-ε关系曲线［图 5-30（a）］，并通过计算曲线在线性增长阶段的斜率（σ/ε）来获得 C-S-H 分子模型的杨氏模量［图 5-30（b）］。

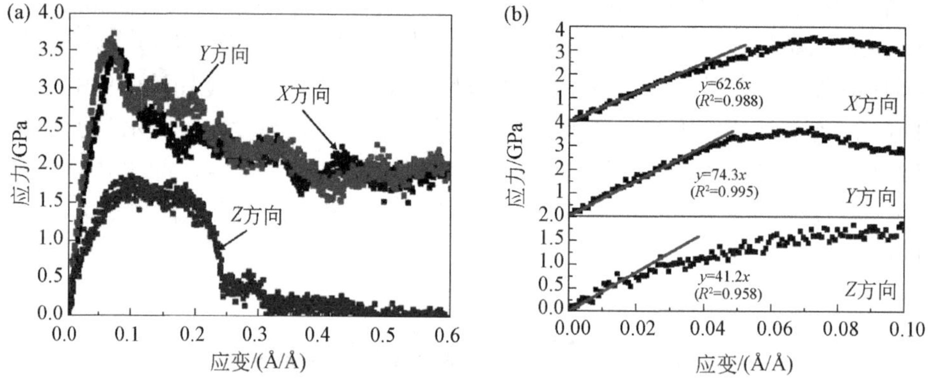

图 5-30　C-S-H 模型沿三个方向上的应力-应变关系曲线（a）和应力-应变曲线在线性增长阶段的拟合曲线（b）

（3）模拟结果汇总及验证。

表 5-5 汇总了本研究中 C-S-H 分子模型的结构及性能参数信息，并与参考文献中的相关参量值予以对比。

化学分子式：建立的饱和 C-S-H 凝胶分子模型的化学式为$(CaO)_{1.69}\cdot(SiO_2)\cdot(H_2O)_{1.92}$，Ca/Si 比为 1.69（～1.70），与 Allen 等[177]通过试验测试得到的$(CaO)_{1.7}\cdot(SiO_2)\cdot(H_2O)_{1.8}$高度匹配。

晶胞尺寸：建立的 C-S-H 凝胶分子模型的晶胞尺寸为 a=21.60 Å，b=22.52 Å，c=23.13 Å，与 Hou 等[188, 189]建立的 C-S-H 晶胞尺寸比较接近。但是，建立的 C-S-H 模型的 Z 方向尺寸（23.13 Å）比 Hou 的研究（21.9 Å）更大，这是因为本模型中层间水分子数量更多（本模型的 H_2O/Si 比为 1.92，而 Hou 的研究中 H_2O/Si 比为 1.66），这导致 C-S-H 晶胞在 Z 方向略有膨胀。

密度：建立的 C-S-H 凝胶分子模型的密度为 2.38 g/cm^3，与先前模拟及试验研究提供测量值[177, 189, 190]较为接近。

平均链长：建立的 C-S-H 硅酸盐链条的平均链长为 3.16，与 Chen[179]和 Dolado[191]等的试验及模拟数据匹配良好。

杨氏模量：单轴拉伸模拟结果显示，C-S-H 分子模型在 X、Y、Z 方向上的杨氏模量分别为 62 GPa、74 GPa、41 GPa，与纳米压痕试验结果[192]（60 GPa）和仿真计算结果[185]（55～68 GPa）吻合良好。

拉伸强度：单轴拉伸模拟结果显示，C-S-H 分子模型在 *X*、*Y*、*Z* 方向上的拉伸强度分别为 3.6 GPa、3.85 GPa、1.9 GPa。C-S-H 在 *Y* 方向上抗拉强度最高，该方向是硅酸盐链条的生长方向，印证了钙硅骨架对模型力学性能的积极影响；C-S-H 在 *X*-*Y* 方向上的抗拉强度远大于 *Z* 方向，表明 C-S-H 沿层间方向的力学性能最弱，模拟结果与先前研究结果[179, 191]相近。

表 5-5　C-S-H 分子模型的结构及性能参数

结构及性能参数	模拟结果	参考结果
化学分子式	$(CaO)_{1.69}\cdot(SiO_2)\cdot(H_2O)_{1.92}$	$(CaO)_{1.7}\cdot(SiO_2)\cdot(H_2O)_{1.8}$[177]
晶胞尺寸/Å	a=21.60，b=22.52，c=23.13， α=90°，β=90°，γ=90°	a=21.3，b=21.2，c=21.9， α=90°，β=90°，γ=90°[189]
H_2O/Si 比	1.92	1.4～2.1[177]； 1.66[188, 189]
密度/（g/cm^3）	2.38	2.45～2.6[189]； 2.604（Ca/Si：1.7）[177, 189]
平均链长	3.16	3.2～3.5[179]（Ca/Si：86～1.58）； 2.5～7.0[191]（Ca/Si：2.0～1.0）； 4.02[192]（Ca/Si：1.62）
杨氏模量/GPa	62（*x*）；74（*y*）；41（*z*）	60[192]； 55～68[185]； 44～61[189]
拉伸强度/GPa	3.6（*x*）；3.85（*y*）；1.9（*z*）	2.2～3.94[191]； 2.0～3.0[193,194]

综上所述，建立的 C-S-H 分子模型的结构及性能参数计算结果与参考文献提供的试验及模拟数据拟合良好，证实本研究提出的 C-S-H 凝胶分子模型结构合理。

3. 环氧树脂分子模型的建立

本研究以 30 个双酚 A 环氧甘油醚（DGEBA）作为环氧树脂分子，15 个间苯二胺（*m*-PDA）作为固化剂分子，构建了固化交联度达 80%的网状环氧树脂分子模型。

一般来说，环氧树脂必须与特定固化剂反应以生成网状立体结构才具有实用价值。固化后的环氧树脂聚合物具有优越的力学与粘接性能，这些优异的性能使其在涂料、胶黏剂、复合材料等方面得到了广泛的应用。因此，为了确保后续模拟研究更加贴合实际情况，在建立环氧树脂分子模型时，考虑了固化剂分子对环氧树脂分子的固化交联效应。

本研究以 30 个双酚 A 环氧甘油醚（DGEBA）作为环氧树脂分子，15 个间苯二胺（*m*-PDA）作为固化剂分子，构建了固化交联度达 80%的网状环氧树脂分子模型。具体交联过程如下：

（1）建立初始的 DGEBA 与 *m*-PDA 的混合分子体系。

图 5-31（a）和（b）所示分别为 DGEBA 与 *m*-PDA 的分子模型，可以看出，DGEBA 分子中包含两个环氧基(—C—O—C—)，*m*-PDA 分子中包含两个氨基(—NH_3)。

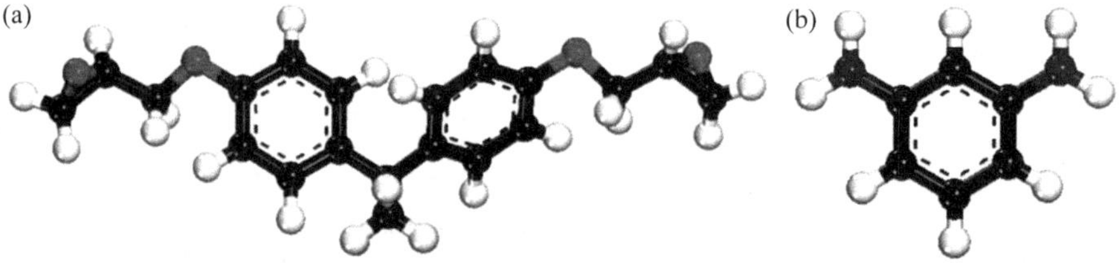

图 5-31　分子结构

（a）DGEBA；（b）*m*-PDA

若要实现固化交联反应，首先需要建立起 DGEBA 与 *m*-PDA 分子的混合体系。考虑到 1 个 *m*-PDA 分子中包含 2 个氨基，而每个氨基均可以与固化交联 DGEBA 分子，故初始体系中两种分子的数量比应满足 DGEBA∶*m*-PDA=2∶1。如图 5-32 所示，在周期性边界条件下建立了初始密度为 1 g/cm^3 的混合分子体系，内部包含 30 个 DGEBA 分子与 15 个 *m*-PDA 分子的团簇结构体，其中 DGEBA 与 *m*-PDA 的分子位置是随机分布的（图 5-32）。随后，执行能量最小化操作，降低混合分子体系能量；在 NPT 系综下执行 2 ns 分子动力学模拟，温度恒为 300 K，压力恒为 1 atm，时间步长为 1 fs，使得混合分子体系达到整体平衡状态。

（2）确定固化交联反应的反应原子，以及初始和最大反应半径。

所谓固化交联反应，即是 DGEBA 分子的活性环氧基团开环，与 *m*-PDA 分子的氨基反应，通过生成不可逆的 C—N 共价键，生成 DGEBA 与 *m*-PDA 固化交联结构的过程。因此，确定 DGEBA 分子中的 C 原子和 *m*-PDA 分子中的 N 原子为反应原子，二者通过形成 C—N 共价键实现环氧树脂的固化交联。为了节约计算时间并获取合理的交联结构，原子间的固化交联需在特定的截止距离内执行。现以参与反应的 C 原子和 N 原子的空间相关性为依据，确定固化交联的初始反应半

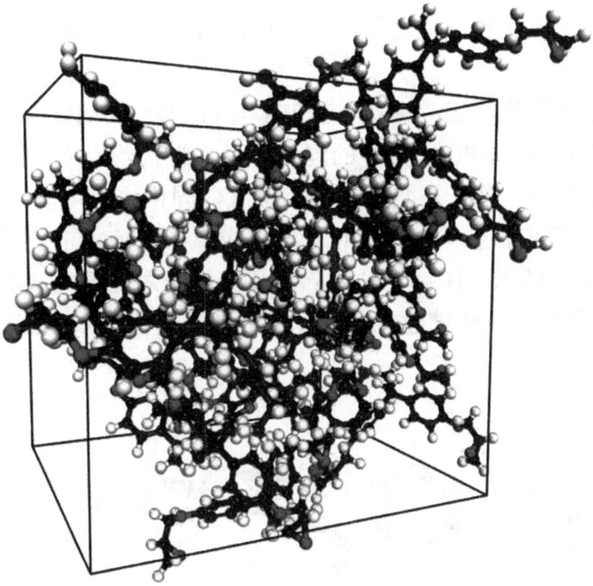

图 5-32　初始的 DGEBA 与 *m*-PDA 混合分子体系

径及最大反应半径。图 5-33 所示为 C—N 原子之间的径向分布函数（RDF）关系曲线。可以发现，当原子距离小于 3 Å 时，C—N 的 RDF 曲线值为 0，这表明在 C 原子周围以 3 Å 为半径的范围内找不到 N 原子；当原子距离大于 10 Å 时，C—N 的 RDF 曲线值为 1，这表明在以 C 原子为中心的 10 Å 外，C 原子与 N 原子没有空间相关性。此外，当反应半径增大时，固化交联反应所引起的模型几何畸变程度增加，为了使模型构型合理，通常会产生一个较长的平衡过程。因此，为了节

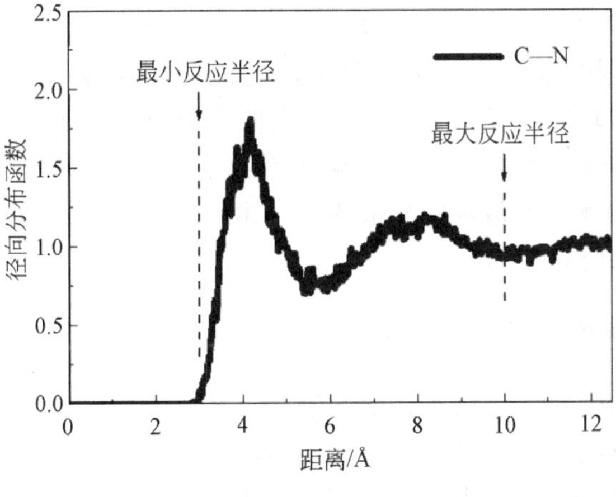

图 5-33　C—N 原子间的径向分布函数关系曲线

省计算成本并降低模型几何畸变的概率，将初始反应半径设置为 3 Å，最大反应半径设置为 10 Å。

（3）执行固化交联反应，建立 DGEBA 与 *m*-PDA 的固化交联结构。

针对 DGEBA 和 *m*-PDA 分子的混合体系，将初始反应半径设置为 3 Å，在 500 K 的温度条件下，分子开始改变初始位置，固化位点可以足够接近。当两个反应原子之间的距离小于反应半径时，与反应原子相连接的化学键（DGEBA 的 C—O 键和 *m*-PDA 的 N—H 键）被删除，反应原子之间形成共价键，即 DGEBA 与 *m*-PDA 分子通过 C—N 键建立起固化交联关系，而未反应的原子则被 H 原子饱和，如图 5-34 所示。

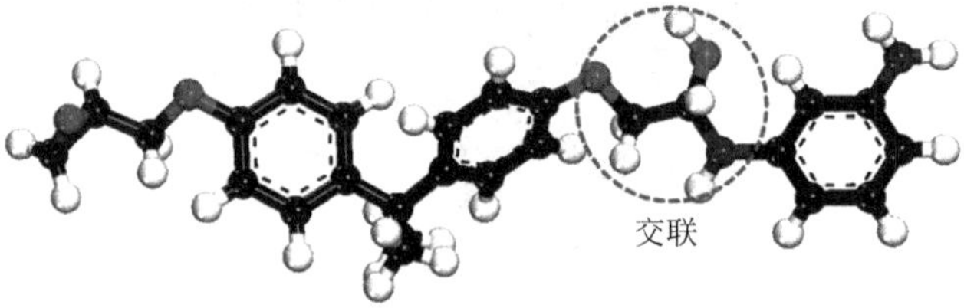

图 5-34　DGEBA 与 *m*-PDA 分子间 C—N 键的固化交联反应

（4）增大反应半径，提高环氧树脂分子的固化交联程度。

反应半径从 3 Å 逐渐增加到 10 Å，每个循环增加 0.5 Å。在当前执行的反应半径内，所有符合反应要求且未执行交联的 C 原子与 N 原子形成共价键，直到当前反应半径内找不到可以继续固化交联的反应原子时，交联进入下一个循环，即增大反应半径，重复执行上述固化交联操作。每次进入下一个循环之前，当前的交联分子模型都执行一次几何优化，以放松结构、降低几何畸变，保证分子体系的能量合理。如果所有可能的 C—N 共价键都形成了，则环氧树脂分子体系会达到 100%的固化交联度，但在自然条件下，交联度达到 100%的概率很低。在实际固化交联反应中，环氧树脂的交联程度通常低于 100%。本研究得到固化交联度为 80%的环氧树脂分子模型。最后，在 NPT 系综下，针对最终的固化交联结构执行 2 ns 分子动力学平衡，参数设置与步骤（1）相同，以得到最终稳定的交联环氧树脂分子模型，如图 5-35 所示。

4. 环氧树脂分子模型的验证

（1）玻璃化转变温度（T_g）计算方法。

玻璃化转变温度（T_g）是环氧树脂聚合物的重要热力学参数，它是指环氧树脂由玻璃态向高弹态转变的某一特定温度。为了计算交联环氧树脂分子的 T_g，本

研究将环氧树脂在 *NPT* 系综下分别开展了 9 次独立的分子动力学模拟，模拟温度区间设置为 200～600 K，间隔为 50 K。每一次模拟都以前一次计算得到的稳定分子构型作为初始结构。不同温度的模拟过程中，逐步提取环氧树脂达稳定状态时的分子密度，最后根据环氧树脂密度-温度曲线斜率的不连续性来确定环氧树脂的 T_g 值。此外，还可以根据分子模型的体积-温度变化曲线的不连续性来计算环氧树脂的 T_g。

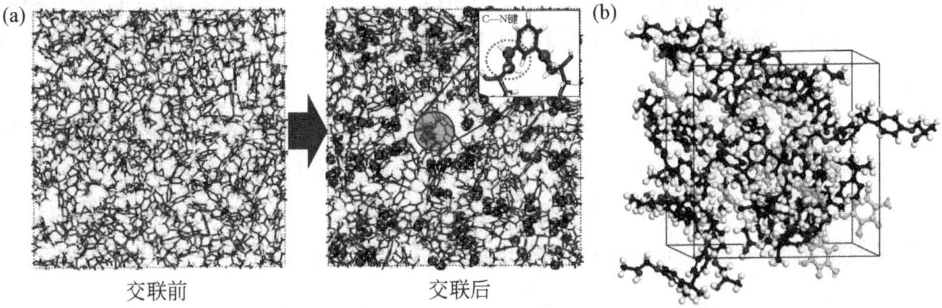

图 5-35　交联反应前后的环氧树脂分子体系（a）和最终稳定的交联环氧树脂分子模型（b）

图 5-36 展示了不同温度条件下交联环氧树脂的分子密度及其拟合关系，这些密度值由交联环氧树脂分子在各个温度条件下达稳定状态后的平均密度计算得到。可以发现，密度-温度曲线的斜率在温度达到约 418 K 时出现突变，即确定交联环氧树脂分子的 T_g 为 418 K。

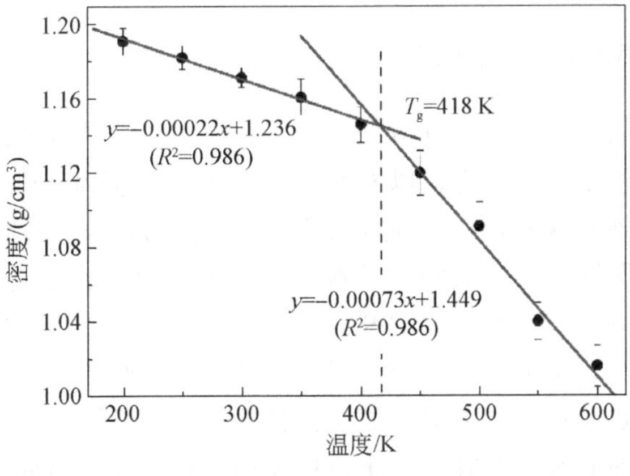

图 5-36　交联环氧树脂分子的密度-温度曲线及其拟合关系

（2）模拟结果汇总及验证。

表 5-6 记录了本研究计算得到的环氧树脂分子体系的固化交联度、玻璃化转

变温度、密度及杨氏模量等参量信息，并与参考文献中的相关参量值予以对比。

固化交联度：试验研究发现，DGEBA/*m*-PDA 分子体系通常具有高固化度[195]，本研究模拟得到的环氧树脂分子体系的固化交联度为 80%，符合试验研究测定的交联度要求（≥80%）[196, 197]。

玻璃化转变温度：本模拟得到的交联环氧树脂分子体系的 T_g 为 418 K，该值处于参考文献提供的 403.15～433.15 K[195, 198, 199]的合理区间。

密度：本研究计算得到室温条件（300 K）下交联环氧树脂体系的分子密度为 1.17 g/cm^3，该值与参考文献提供的环氧树脂密度值 1.07～1.34 g/cm^3[195]十分接近。

杨氏模量：本研究计算得到室温条件（300 K）下交联环氧树脂体系的杨氏模量为 2.83 GPa，该值处于参考文献提供的 2.70～4.02 GPa[200, 201]合理区间。

综上所述，建立的交联环氧树脂分子的参量计算结果与参考文献提供的试验及模拟数据拟合良好，证实本研究提出的交联环氧树脂分子模型是合理有效的。

表 5-6　交联环氧树脂分子模型的有关性能参数

计算参数	模拟结果	参考结果
固化交联度/%	80	≥80[196]
玻璃化转变温度/K	418（固化交联度：80%）	403.15～446.15[199]
密度/(g/cm^3)	1.17（模拟温度：300 K）	1.07～1.34[196]
杨氏模量/GPa	2.83（模拟温度 300 K）	2.70～4.02[201]

5. 环氧树脂/C-S-H 界面模型的建立

若想实现环氧树脂与 C-S-H 界面粘接，必须先建立具有粘接表面的 C-S-H 基体模型。建立过程如下：首先，以 C-S-H 凝胶分子模型为基础，对其执行 2×2×2 的超晶胞操作，使 C-S-H 凝胶晶胞在 *X* 和 *Y* 方向上的尺寸分别扩大到 43.88 Å 和 43.58 Å。随后，保持 C-S-H 凝胶超晶胞在 *X* 和 *Y* 方向上的完整性，在 *Z* 方向上切割 C-S-H 凝胶的超晶胞，暴露出 C-S-H 凝胶的层间区域，该区域包含有缺陷的硅酸盐链、氢氧化钙、水分子等成分。层间区域即是将要建立的 C-S-H 基体表面。最后，合理调整 C-S-H 基体表面的氢氧化钙含量，以确保 C-S-H 基体处于电荷平衡状态。所建立的 C-S-H 基体在 *X-Y* 方向无限延伸，在 *Z* 方向上的基体厚度约为 30 Å，其表面即是 C-S-H 基体与交联环氧树脂分子的粘接反应区域。将交联环氧树脂分子置于 C-S-H 基体表面上方约 5 Å 处，得到初始状态的环氧树脂/C-S-H 界面模型，如图 5-37（a），*Z* 方向设置厚度＞50 Å 的真空区域，以避免环氧树脂穿过周期性边界而与 C-S-H 基体下表面产生相互作用。随后，初始的环氧树脂/C-S-H 界面模型在 *NVT* 系综中模拟 4 ns，时间步长为 1 fs，并使用 Nosé-Hoover 恒温器控制模拟温度为 300 K。范德瓦耳斯（vdW）和短程静电相互作用的截断距离设定为 10 Å，而长程静电相互作用则采用 Particle-Particle-Particle-Mesh（PPPM）方法进行计算。如图 5-37（b）所示，随着模拟的进行，环氧树脂在 C-S-H 基体表面吸附并产生粘接界面，分子构型逐渐趋于稳定。

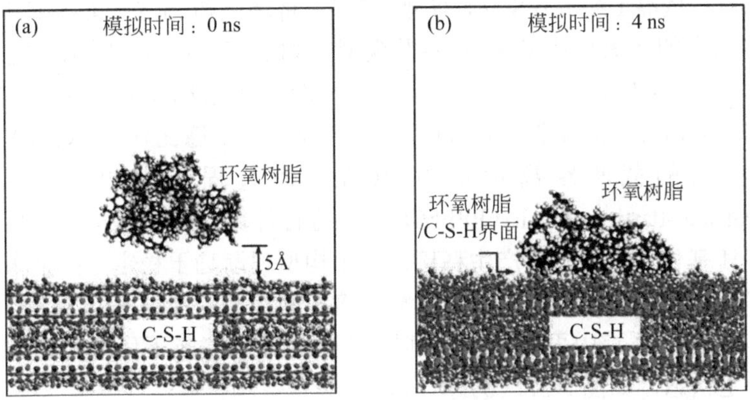

图 5-37　环氧树脂/C-S-H 界面分子模型

（a）初始模型；（b）稳定吸附模型

为了探究侵蚀溶液对环氧树脂/C-S-H 界面粘接性能的影响，建立了 4 种不同类型的侵蚀溶液（Water 溶液、Na_2SO_4 溶液、NaCl 溶液、NaCl+Na_2SO_4 复合溶液）来模拟外界侵蚀环境对环氧树脂/C-S-H 界面粘接性能的影响。表 5-7 记录了 4 种侵蚀溶液的建模参数信息。用于构建侵蚀溶液的模拟盒子的二维尺寸（*X***Y* 方向）约为 64 Å×67 Å，该尺寸足以避免模拟体系的边界效应，即在周期性边界条件下，水分子和侵蚀离子可以自由扩散并跨越模拟单元边界。此外，侵蚀溶液的厚度（*Z* 方向）约为 50 Å，该厚度确保了模拟过程中侵蚀溶液能够影响环氧树脂分子的整个脱粘过程。

表 5-7　侵蚀溶液的具体建模信息

侵蚀溶液	粒子数量			其他信息
	水分子	阳离子	阴离子	
Water	7148	0	0	体积：64 Å×67 Å×50 Å 密度：1.0 g/cm^3
5wt% Na_2SO_4	6792	90	45	
5wt% NaCl	6789	110	110	
5wt%NaCl+5wt%Na_2SO_4	6365	198	110+44	

6. 模拟方法

采用联合力场方法（ClayFF+CVFF）来计算分子体系的原子间相互作用。C-S-H 基体采用 ClayFF 力场，交联环氧树脂分子采用 CVFF 力场，这种 ClayFF&CVFF 力场联合方法的准确性已在有机聚合物与无机水泥基材料的界面特性研究中得到广泛验证[202–204]。

模拟过程依靠 LAMMPS 软件实现。首先，将环氧树脂置于 C-S-H 基体表面，得到初始状态的环氧树脂/C-S-H 界面模型，如图 5-38（a）所示。随后，初始的环氧树脂/C-S-H 界面模型在正则系综（NVT）中模拟 4 ns，时间步长为 1 fs，并使用 Nosé-Hoover 恒温器控制模拟温度为 300 K。范德瓦耳斯（vdW）和短程静电相互作用的截断距离设定为 10 Å，而长程静电相互作用则采用 Particle-Particle-Particle-Mesh（PPPM）方法进行计算。随着模拟的进行，环氧树脂在 C-S-H 基体表面吸附并产生粘接，分子构型逐渐趋于稳定。接下来，提取环氧树脂/C-S-H 界面体系的稳定分子构型，将不同类型的侵蚀溶液加入到该稳定体系中，并在 NVT 系综中再模拟 4 ns，以获得侵蚀溶液影响下环氧树脂/C-S-H 界面体系的稳定状态，如图 5-38（b）所示。

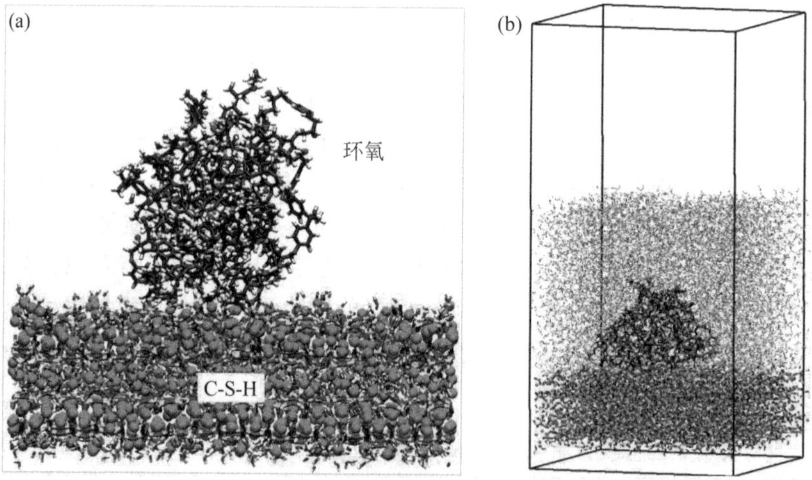

图 5-38　初始状态的环氧树脂/C-S-H 界面模型（a）和侵蚀溶液环境下的环氧树脂/C-S-H 界面模型（b）

模拟过程中实时记录环氧树脂的质心高度值及分子势能值，以判断模拟体系是否达到稳定状态。显然，当模拟超过 3 ns 后，环氧树脂的质心高度值［图 5-39（a)］与势能值［图 5-39（b)］分别在某恒定值附近波动，此时界面体系已达到稳定状态。为保证平衡态分析的可靠性，有关分析数据均取自于模拟的最后 1 ns 轨迹区段的数据平均值。

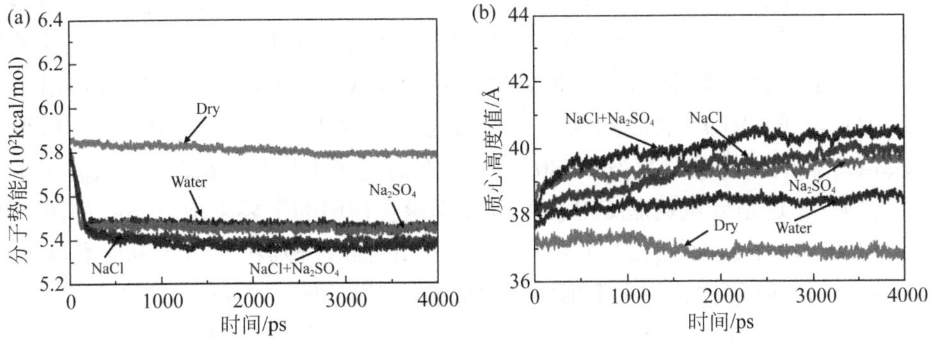

图 5-39　不同环境因素下环氧树脂的质心高度值（a）和分子势能值（b）演变情况

在前面环氧树脂/C-S-H 界面稳定构型的基础上，对各环境下粘接稳定的环氧树脂分子施加拉拔力与剪切力，以模拟环氧树脂在 C-S-H 基体表面的剥离与剪切行为，如图 5-40 所示。模拟采用的拉拔力与剪切力均以弹簧力方式施加于环氧树脂分子的质量中心，外力拉速恒为 2.5 m/s，弹簧常数为 0.005 kcal/（mol·Å^2）。记录力学模拟的全过程，以确保环氧树脂/C-S-H 界面的力学响应能够充分显现。

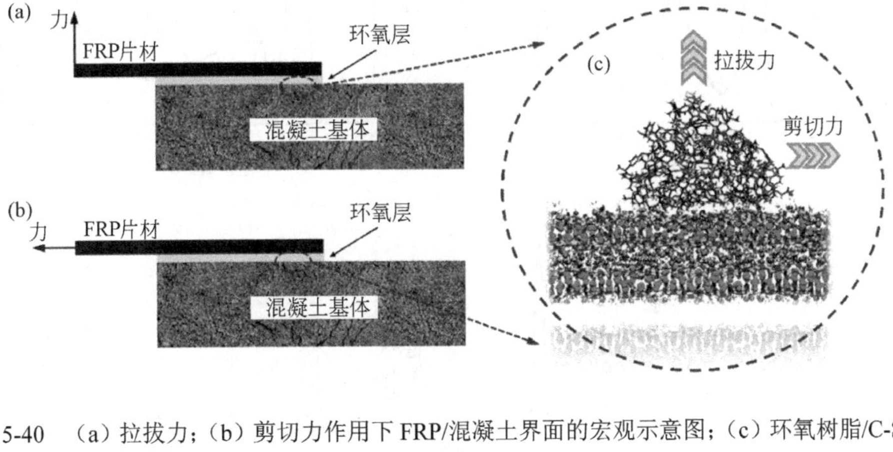

图 5-40　（a）拉拔力；（b）剪切力作用下 FRP/混凝土界面的宏观示意图；（c）环氧树脂/C-S-H 界面的受拉拔力与剪切力作用的纳观示意图

5.4.2　环氧树脂/C-S-H 界面粘接机理

图 5-41 绘制了环氧树脂与 C-S-H 之间相应粒子对的径向分布函数（RDF）关系，并计算了相应离子对的平均配位数目，其中 Ca_{CSH} 表示 C-S-H 基体表面钙离

子，O_{CSH}与 H_{CSH}分别表示 C-S-H 基体的氧原子与氢原子，O_{epoxy}与 H_{epoxy}分别表示环氧树脂的氧原子与氢原子。如图 5-41（a），Ca_{CSH}-O_{epoxy}的 RDF 曲线在 2.65 Å 处出现尖锐峰值，标记 2.65 Å 为 Ca_{CSH}-O_{epoxy}键的最可几距离，表明在静电相互作用的驱动下，C-S-H 表面带正电荷的钙离子吸引环氧树脂分子中带负电荷的氧原子，两者展现出较强的空间相关性，并形成 Ca_{CSH}-O_{epoxy} 离子键合作用。以 Ca_{CSH}-O_{epoxy} 的 RDF 曲线的第一个峰谷位置为截断距离（3.15 Å），计算得到 Ca_{CSH}-O_{epoxy}的平均配位数为 0.680，表明 Ca_{Sur}离子平均与 0.680 个 O_{epoxy}原子形成配位关系，这是环氧树脂/C-S-H 界面化学键合作用的主要来源。此外，如图 5-41（b）和（c），H_{CSH}-O_{epoxy}和 O_{CSH}-H_{epoxy}的 RDF 曲线分别在 1.65 Å 和 1.40 Å 处出现明显峰值，峰值位置均小于形成氢键所需的距离阈值（2.45 Å），这表明 C-S-H 与环氧树脂之间存在氢键相互作用，环氧树脂中的极性基团既可以作为 H 供体（O_{CSH}-H_{epoxy}），也可以作为 H 受体（H_{CSH}-O_{epoxy}），与 C-S-H 基体搭建氢键网络，这是环氧树脂/C-S-H 界面化学键合作用的另一来源。以形成氢键的阈值距离为截

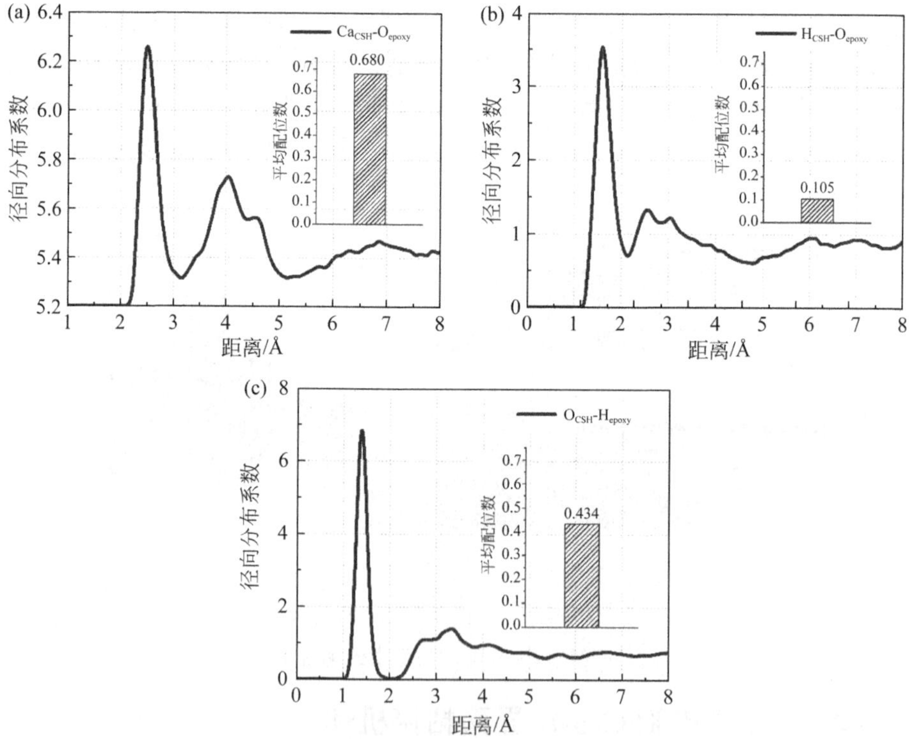

图 5-41　径向分布函数关系曲线

（a）Ca_{CSH}-O_{epoxy}；（b）H_{CSH}-O_{epoxy}；（c）O_{CSH}-H_{epoxy}

断距离（2.45 Å），计算得到 H_{CSH}-O_{epoxy} 和 O_{CSH}-H_{epoxy} 的平均配位数分别为 0.105 和 0.434。O_{CSH}-H_{epoxy} 的平均配位数远高于 H_{CSH}-O_{epoxy} 的平均配位数，这表明环氧树脂分子更倾向于充当 H 供体，与 C-S-H 基体形成氢键相互作用。

图 5-42 直观地展示了环氧树脂分子与 C-S-H 基体之间的界面化学键种类。可以发现，环氧树脂与 C-S-H 之间的界面化学键主要包括 Ca_{CSH}-O_{epoxy} 离子键［图 5-42（a）］、H_{CSH}-O_{epoxy}［图 5-42（b）］和 O_{CSH}-H_{epoxy} 氢键［图 5-42（c）］。结合上述化学键合作用分析，得出结论：环氧树脂与 C-S-H 粘接性能由两者间的离子键及氢键相互作用共同组成，且前者是环氧树脂/C-S-H 界面键合作用的主要来源。

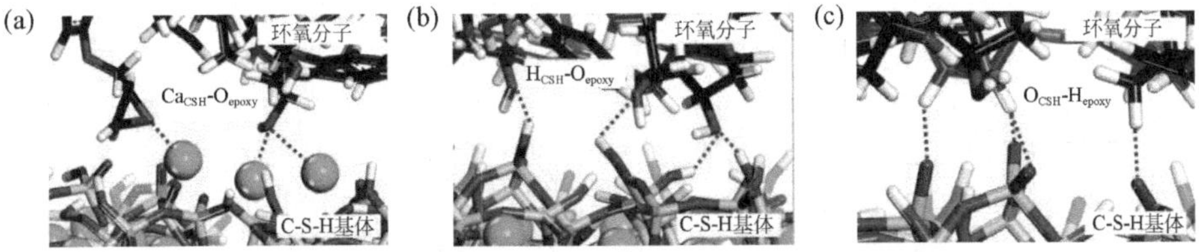

图 5-42　环氧树脂/C-S-H 界面的化学键合关系示意图

（a）Ca_{CSH}-O_{epoxy} 键；（b）H_{CSH}-O_{epoxy} 键；（c）O_{CSH}-H_{epoxy} 键

环氧树脂/水泥界面粘接区域的成分组成与微观形貌可以通过 SEM、EDX 等先进的微观测试技术获得。图 5-43 展示了环氧树脂/水泥基体粘接界面的 SEM 图像，以及不同微观结构的 EDX 结果。样品的 SEM 图像清晰地显示出水泥浆体与环氧树脂之间存在粘接界面。由 EDX 分析发现，光谱 1 对应区域的 C 和 O 元素含量较高，说明该区域的微观结构为环氧树脂；而光谱 2 对应区域的 Ca 和 Si 元素含量较高，说明水泥基体主要由 C-S-H 组成。

图 5-43　环氧树脂/水泥界面的 SEM 图像与不同微观结构的 EDX 分析结果[13]

此外，针对环氧树脂/水泥界面不同元素含量的微观测试发现，随着固化时间的延长，环氧树脂/水泥界面区域的 Ca 元素含量显著增加，而 Si 元素含量几乎不变（图 5-44），说明随着粘接反应的进行，与环氧树脂粘接的水泥基体区域聚集了大量的 Ca 离子。分子模拟研究结论很好地佐证了该微观试验测试结果——环氧树脂分子的极性增强了水泥基体中的阳离子（主要是 Ca 离子）对环氧树脂的吸引力，而迁移到界面区域的 Ca 离子与环氧树脂的羟基官能团之间形成的化学连接（Ca-O）是环氧树脂/水泥界面粘接能力的主要来源。

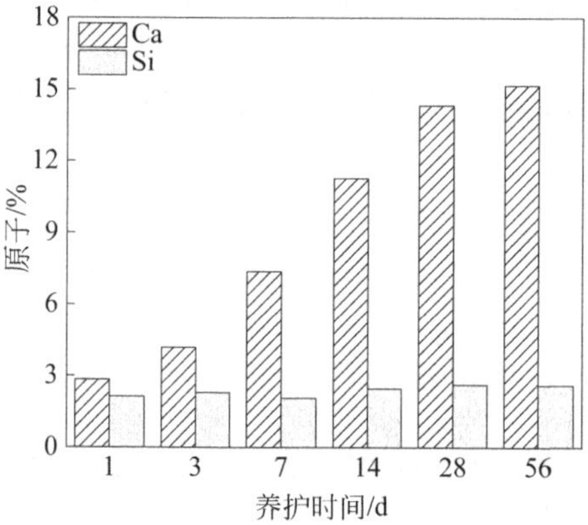

图 5-44　环氧树脂/水泥界面的 Ca 和 Si 元素含量随固化时间的变化情况

5.4.3　侵蚀环境下环氧树脂/C-S-H 界面脱粘机理

1. 侵蚀离子环境对环氧树脂/C-S-H 界面粘接性能的影响

计算不同环境条件下环氧树脂的密度分布，以及侵蚀溶液、环氧树脂、C-S-H 基体三者间的相互作用能，分析侵蚀环境对环氧树脂/C-S-H 界面粘接性能的影响。

图 5-45（a）绘制了不同环境条件下环氧树脂沿垂直于 C-S-H 界面方向的密度分布曲线。可以看出，随着与 C-S-H 表面距离的增加，环氧树脂的分子密度逐渐降低。根据密度曲线的不同分布特征，将粘接在 C-S-H 表面的环氧树脂划分为三个区域：有明显尖锐密度峰的界面区域、有连续几个密度峰的中间区域、密度较低的自由区域。从图 5-45（a）可以看出，无论暴露在何种环境下，环氧树脂在界面区域都有明显的密度峰，这说明 C-S-H 基体与环氧树脂之间存在强烈的吸引作用，使得环氧树脂紧密吸附在 C-S-H 表面。然而，当体系暴露于侵蚀环境时，环氧树脂在界面区域的密度峰减弱，这意味着环氧树脂/C-S-H 界面粘接性能下降。尤其在 $NaCl+Na_2SO_4$ 溶液环境中，环氧树脂在界面区域的密度峰降至最低，此时环氧树脂与 C-S-H 基体之间的有效接触面积最小、粘接力最弱。

图 5-45（b）记录了环氧树脂在界面区域和整个区域的最大密度值。在干燥环境中，环氧树脂在界面区域的密度峰值达到 0.32 g/cm^3，该值也是环氧树脂在整个区域中的最大密度，这表明环氧树脂中的绝大多数原子聚集在界面区域，与 C-S-H 基体紧密粘接。然而，在侵蚀环境中，环氧树脂在界面区域及整个区域的最大密度值均出现下降，且最大密度不再出现在界面区域。在 Water、NaCl、Na_2SO_4 和 NaCl+Na_2SO_4 环境下，环氧树脂在界面区域的最大密度与整个区域相比分别降低了 13.8%、17.5%、18.9%和 26.4%，这意味着在侵蚀溶液影响下，环氧树脂中的多数原子不再广泛集中于界面区域，而是逐渐向中间区域汇集，界面粘接结构劣化。

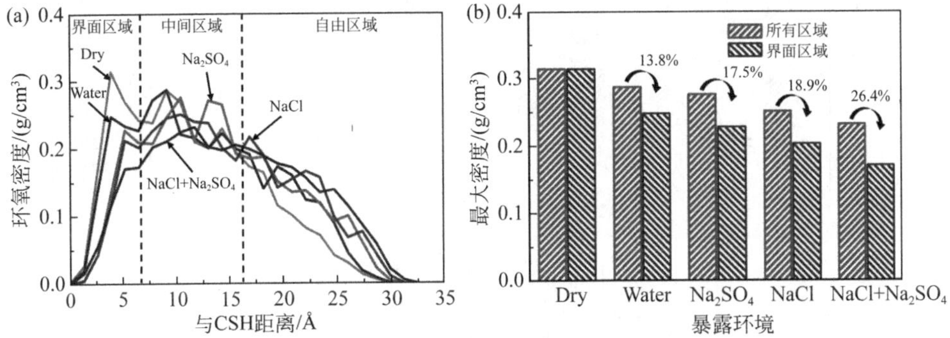

图 5-45　交联环氧树脂的密度分布（a）和交联环氧树脂的最大密度值（b）

图 5-46 计算了体系达稳定状态时侵蚀溶液、环氧树脂、C-S-H 基体之间单位接触面积上的相互作用能。如图 5-46（a）所示，干燥环境下环氧树脂与 C-S-H 之间的单位相互作用能达到 0.205 kcal/(mol·Å^2)（绝对值），该值是所有研究环境中的最大值，这表明干燥环境下环氧树脂与 C-S-H 之间的吸附能最高，界面粘接性能最好。然而，在 Water 环境下，环氧树脂与 C-S-H 之间的单位相互作用能下降至 0.183 kcal/(mol·Å^2)，该值与干燥环境相比降低了 10.7%；而在 NaCl+Na_2SO_4 环境下，该值（0.163 kcal/(mol·Å^2)）则降低了 20.5%。这说明侵蚀环境严重削弱了环氧树脂与 C-S-H 基体之间的相互作用，致使界面吸附能下降。

如图 5-46（b）和（c）所示，在侵蚀环境下，环氧树脂与侵蚀溶液以及 C-S-H 与侵蚀溶液之间的单位相互作用能均有所增加，且相互作用能增幅排序为：NaCl+Na_2SO_4＞NaCl＞Na_2SO_4＞Water，这与分析环氧树脂分子密度得到的结论一致，说明各组分间的相互作用能量变化是导致环氧树脂/C-S-H 界面粘接性能改变的潜在因素。从数值上看，侵蚀溶液与 C-S-H 之间的强相互作用是导致环氧树脂/C-S-H 界面粘接性能劣化的主要原因。以 NaCl+Na_2SO_4 溶液环境为例，侵蚀溶液与 C-S-H 之间单位相互作用能达到 1.723 kcal/(mol·Å^2)，远远高于环氧树脂与

C-S-H 之间的相互作用能（0.163 kcal/(mol·Å^2)）以及环氧树脂与侵蚀溶液之间的相互作用能(0.247 kcal/(mol·Å^2))。高额相互作用促使侵蚀溶液侵入界面空隙区域，并在环氧树脂与 C-S-H 基体之间形成能量屏障，阻碍两者粘接。模拟结果很好地解释了试验中观察到的环氧树脂/混凝土界面劣化现象，在工程实践中，当复合结构服役于含水环境时，FRP/混凝土界面粘接力显著降低[205]，而在含有侵蚀介质的恶劣环境中，环氧树脂/混凝土界面粘接性能往往率先发生劣化[202]。

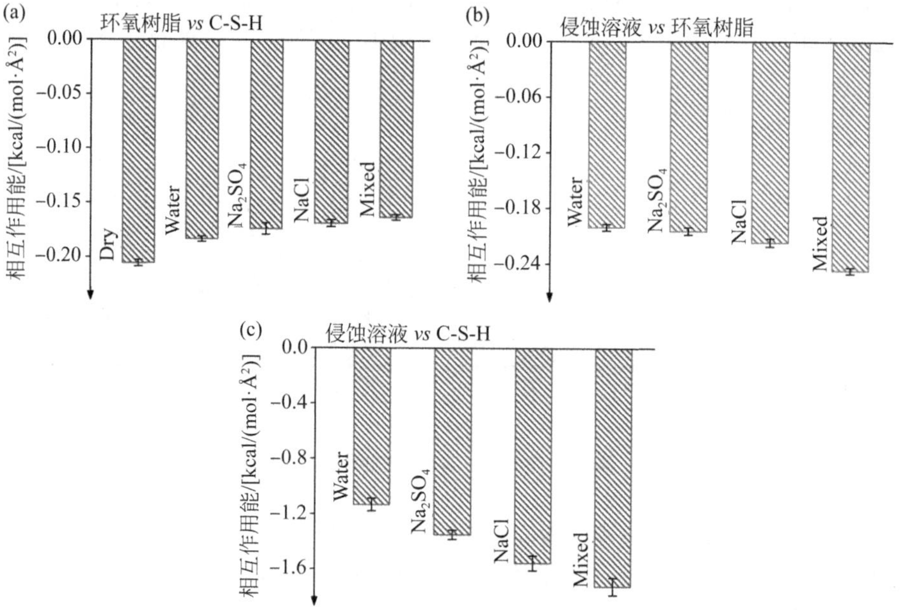

图 5-46　单位接触面积上的相互作用能

（a）环氧树脂 *vs* C-S-H；（b）侵蚀溶液 *vs* 环氧树脂；（c）侵蚀溶液 *vs* C-S-H

模拟结果表明，环氧树脂/C-S-H 界面粘接性能易受侵蚀环境影响，体现为环氧树脂粘接密度降低，环氧树脂与 C-S-H 基体间的相互作用能下降。导致粘接性能劣化的侵蚀环境因素排序为：NaCl+Na_2SO_4＞NaCl＞Na_2SO_4＞Water。

2. 侵蚀离子环境对环氧树脂/C-S-H 界面力学性能的影响

展示力学模拟过程中环氧树脂在 C-S-H 基体表面的分子构型差异，计算环氧树脂在拉拔及剪切力作用下的力-位移关系曲线，分析侵蚀环境对环氧树脂/C-S-H 界面粘接性能的影响。

为了直观地展现环氧树脂/C-S-H 界面的力学行为，分别提取了剥离及剪切模拟过程中环氧树脂在 C-S-H 基体表面的分子构型图。图 5-47 分别展示了 Dry、

Water 和 NaCl+Na_2SO_4 环境中环氧树脂在拉拔力作用下的界面剥离行为。可以发现，在干燥环境中，环氧树脂在受拉过程中持续变形，当界面发生剥离破坏时，环氧树脂已经展现出明显的“发丝”状。然而，在溶液环境中并未捕捉到环氧树脂分子内部的明显形变。观察界面接触线可知，在 Water 环境中，界面剥离破坏约发生在力学模拟的 0.75 ns，而在 Na_2SO_4+NaCl 环境中，剥离破坏约发生在 0.5 ns，这表明侵蚀环境下环氧树脂/C-S-H 界面抵抗外荷载的能力减弱，外部拉拔力一旦超过界面粘接力，环氧树脂便出现整体剥离，表现为脆性破坏。

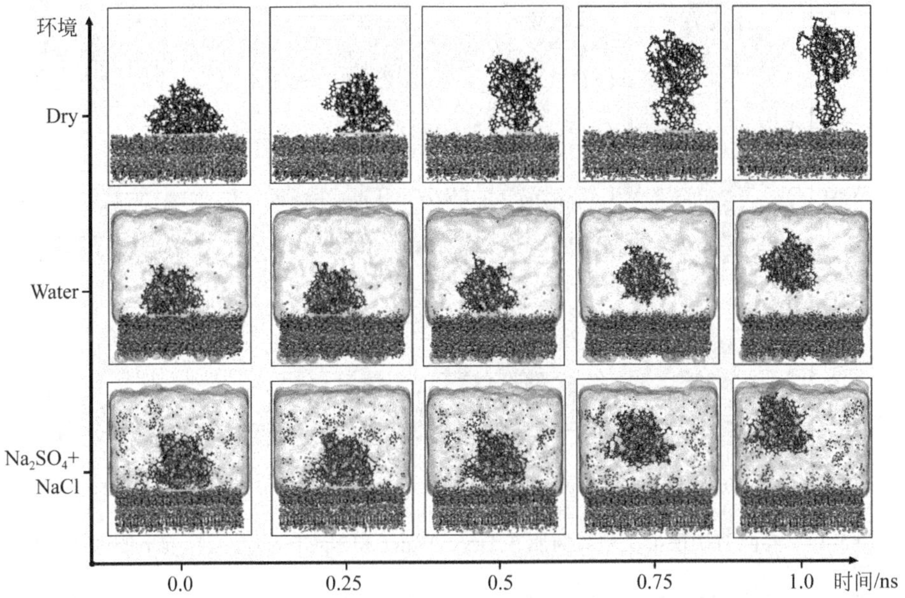

图 5-47　界面剥离模拟：环氧树脂在 Dry、Water 和 NaCl+Na_2SO_4 环境下的脱粘过程

图 5-48 分别展示了 Dry、Water 和 NaCl+Na_2SO_4 环境中环氧树脂在剪切力作用下的界面剪切行为。在干燥环境中，环氧树脂在剪切力作用下沿着 C-S-H 基体表面发生滑移，且在整个剪切模拟中环氧树脂持续与 C-S-H 基体保持接触，展现出较好的粘接行为。然而，在侵蚀溶液环境中，环氧树脂与 C-S-H 之间的粘接接触线逐渐消失，界面粘接逐渐减弱。最终在剪切力作用下，环氧树脂与 C-S-H 基体之间发生剪切破坏。

为了进一步研究侵蚀环境对环氧树脂/C-S-H 界面力学性能的影响，本节计算了环氧树脂分子在模拟过程中的受力情况。图 5-49（a）展示了不同环境中环氧树脂在拉拔力作用下的力-位移关系曲线。可以发现，干燥环境下环氧树脂的力-位移曲线与侵蚀环境下存在明显差异。首先，从曲线峰值来看，干燥环境下环氧树脂所能承受的最大力值达到 0.032 kcal/(mol·Å)，而侵蚀环境下该值均出现不同程度降低，这表明侵蚀环境下环氧树脂/C-S-H 界面抵抗拉拔力的能力下降。其次，从环氧树脂的相对位移来看，当界面体系完全剥离破坏时，干燥环境下环氧树脂的相对位移约为 26 Å，而侵蚀环境下该值仅约为 15 Å，这表明侵蚀环境下环氧树脂/C-S-H 界面体系的力学性能降低。

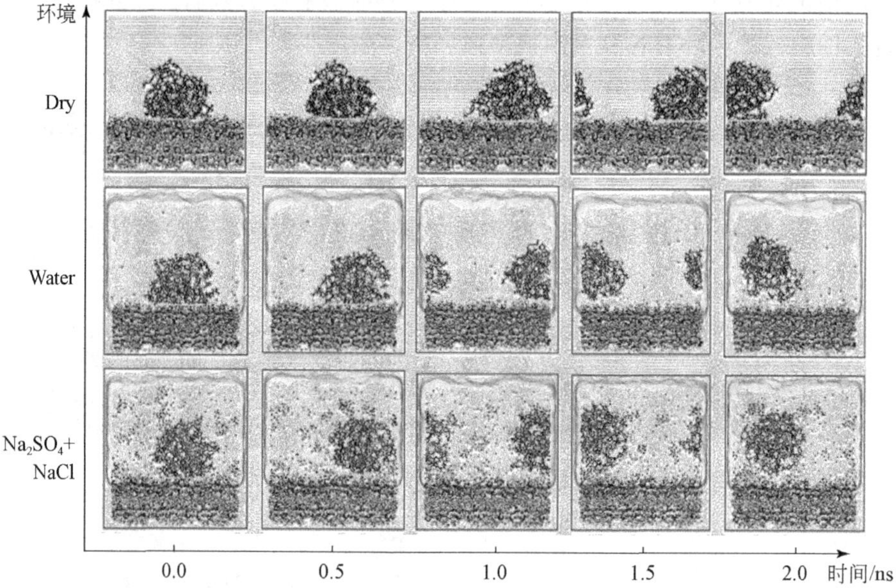

图 5-48　界面剪切模拟：环氧树脂在 Dry、Water 和 NaCl+Na_2SO_4 环境下的剪切过程

图 5-49（b）展示了不同环境中环氧树脂在剪切力作用下的力-位移关系曲线。与拉拔力作用下的剥离模拟相似，干燥环境下环氧树脂的剪切性能与侵蚀环境下也存在显著差异。在干燥环境下，剪切力-位移曲线在初始加载阶段线性增加，在达到剪切力峰值后略微下降，此时环氧树脂开始沿 C-S-H 基体表面出现剪切滑动行为；随后，力-位移曲线趋于稳定，剪切力维持在一个相对固定值附近持续波动，这表明干燥环境下环氧树脂在 C-S-H 基体表面的剪切行为相对稳定，环氧树脂与 C-S-H 之间的相互作用持续存在。然而，在侵蚀环境中，环氧树脂所能承受的剪切力峰值降低，随着模拟的进行，剪切力最终下降至零，这表明在水分子和侵蚀离子的影响下，界面力学性能出现劣化。

此外，图 5-49 记录了力-位移曲线中环氧树脂的剥离力与剪切力峰值。可以发现，不论何种外界环境，环氧树脂的抗剥离能力均高于抗剪切能力，这与试验观测到的 FRP/混凝土界面的剥离与剪切破坏规律一致[204]。受侵蚀溶液影响，环氧树脂的承力峰值均有所降低，其最大力值对应的环境因素遵循规律：Dry＞Water＞Na_2SO_4＞NaCl＞NaCl+Na_2SO_4 环境，这更加充分地说明在侵蚀环境的影响下，环氧树脂/C-S-H 界面力学性能出现劣化。

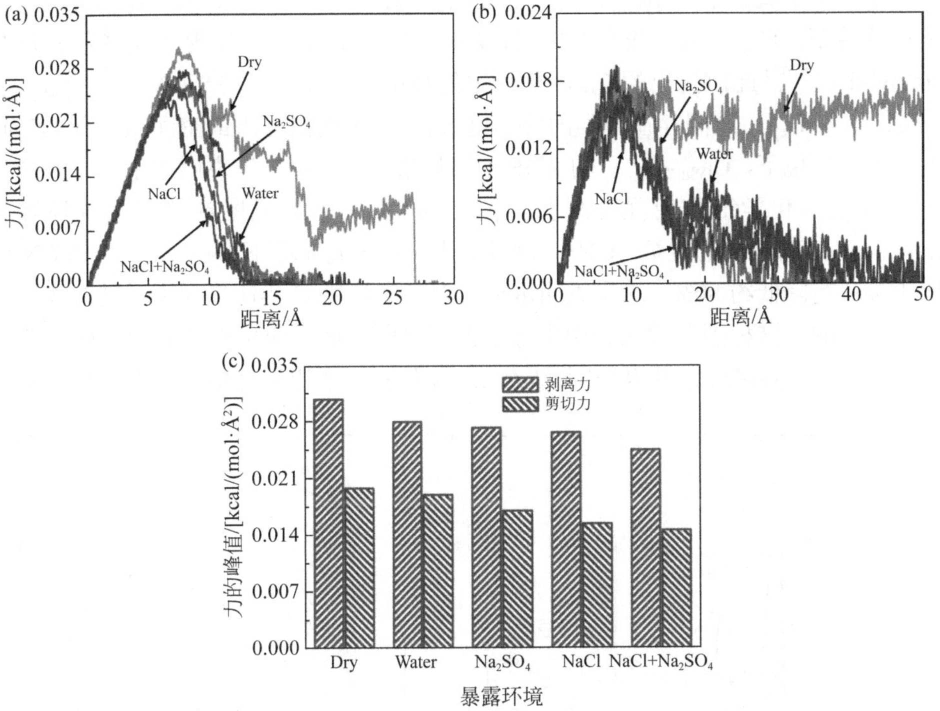

图 5-49　力-位移关系曲线

（a）剥离模拟；（b）剪切模拟；（c）环氧树脂所能承受的剥离力与剪切力峰值

3. 侵蚀介质诱导环氧树脂/C-S-H 界面劣化的机理分析

上述模拟结果表明，不同环境因素影响下环氧树脂/C-S-H 界面性能存在很大差异。当环境中存在大量水分子时，环氧树脂/C-S-H 界面粘接性能与力学性能均出现明显劣化；当水分子与侵蚀离子耦合存在时，界面粘接性能与力学性能劣化则更为严重。本节分别研究了水分子与侵蚀离子对环氧树脂/C-S-H 界面化学键合性能的影响，讨论了水分子与侵蚀离子在诱导界面劣化过程中的作用机制差异，从分子尺度上揭示了侵蚀介质诱导环氧树脂/C-S-H 界面劣化的纳观机理。

（1）水分子对环氧树脂/C-S-H 界面劣化的影响机理。

以干燥环境与水溶液环境下的分子体系为研究对象，分析计算环氧树脂与 C-S-H 基体之间的化学键相互作用，并统计模拟期间环氧树脂与 C-S-H 基体之间氢键数量的动态变化情况，揭示水分子对环氧树脂/C-S-H 界面劣化的影响机理。

首先，研究水分子对环氧树脂与 C-S-H 基体之间离子键及氢键相互作用的影响。图 5-50（a）分别计算了 C-S-H 表面钙离子（Ca_{CSH}）、环氧树脂中氧原子（O_{epoxy}）以及水分子中氧原子（O_{Water}）之间的径向分布函数（RDF）关系。可以发现，在干燥环境下，Ca_{Sur}-O_{epoxy} 的 RDF 曲线在 2.35～2.55 Å 处出现尖锐峰值，这与 Hosseini 等[204]此前提出的 Ca-O 化学键的最可几距离（～2.35 Å）十分接近，表明 Ca_{CSH} 与 O_{epoxy} 之间存在较强的化学键合作用，展现出显著的空间相关性。然而，在水溶液环境下，Ca_{Sur}-O_{epoxy} 的 RDF 曲线峰值明显降低，这表明在水分子影响下 Ca_{CSH}-O_{epoxy} 化学键作用强度减弱。图 5-50（a）中的插图计算了两种环境下 Ca_{CSH}-O_{epoxy} 的平均配位数（CN）。可以看出，水溶液环境下 Ca_{CSH}-O_{epoxy} 的 CN 值比干燥环境降低约 80%，这也表明水分子对环氧树脂/C-S-H 界面离子键合作用存在削弱影响。这种削弱效应是由水分子占据界面区域反应位点造成的，如图 5-50（a）所示，Ca_{CSH}-O_{Water} 的 RDF 曲线在 2.5 Å 处有一个明显峰值，表明 C-S-H 基体

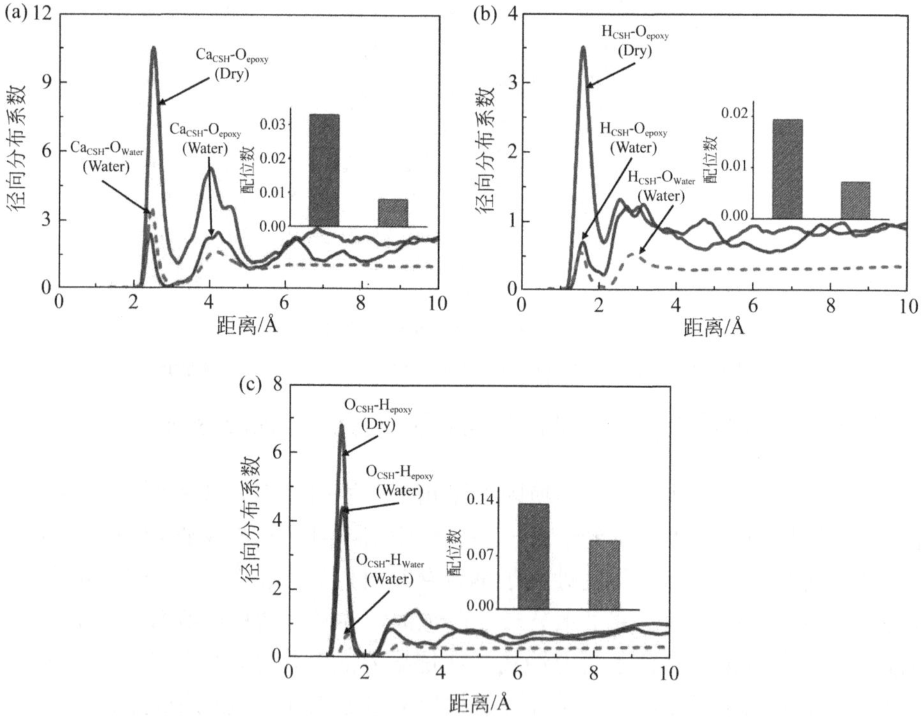

图 5-50　（干燥环境&水溶液环境）径向分布函数关系曲线

（a）Ca_{CSH}-O_{epoxy} 及 Ca_{CSH}-O_{Water}；（b）H_{CSH}-O_{epoxy} 及 H_{CSH}-O_{Water}；（c）O_{CSH}-H_{epoxy} 及 O_{CSH}-H_{Water}；插图（a）～（c）分别为 Ca_{CSH}-O_{epoxy}、H_{CSH}-O_{epoxy}、O_{CSH}-H_{epoxy} 的平均配位数

对水分子具有较强的吸引作用。在强静电相互作用的驱动下，水分子吸附在 C-S-H 表面并占据 Ca_{CSH} 离子的化学键合位点，导致一部分 Ca_{CSH}-O_{epoxy} 键被 Ca_{CSH}-O_{Water} 键取代，进而环氧树脂与 C-S-H 基体之间的离子键合强度及数量显著下降。

除了离子键合作用以外，环氧树脂与 C-S-H 基体之间的氢键相互作用也是维持界面粘接的重要因素。图 5-50（b）和（c）分别计算了环氧树脂中氧原子（O_{epoxy}）及氢原子（H_{epoxy}）与 C-S-H 基体中氢原子（H_{CSH}）与氧原子（H_{CSH}）之间的 RDF 关系，插图分别计算了两种环境影响下 H_{CSH}-O_{epoxy}、O_{CSH}-H_{epoxy} 的 CN 值。可以发现，在干燥环境下，H_{CSH}-O_{epoxy} 和 O_{CSH}-H_{epoxy} 的 RDF 曲线分别在 1.85 Å 和 1.65 Å 处存在明显峰值，该距离均小于 O-H 之间形成氢键所需的距离阈值（2.45 Å），表明环氧树脂既可以作为氢键受体，亦可以作为氢键供体，与 C-S-H 基体形成氢键相互作用。然而，在水溶液环境下，H_{CSH}-O_{epoxy} 和 O_{CSH}-H_{epoxy} 的 RDF 曲线峰值均出现明显降低，H_{CSH}-O_{epoxy} 与 O_{CSH}-H_{epoxy} 的 CN 值分别较干燥环境下降了 63%与 35%，这意味着在水分子的影响下，环氧树脂与 C-S-H 基体之间的氢键作用强度及数量明显下降。同时，从图 5-50（b）和（c）中还观察到，H_{CSH}-O_{Water} 与 O_{CSH}-H_{Water} 的 RDF 曲线分别在 1.75 Å 和 1.85 Å 处出现明显峰值，这表明聚集在界面区域的水分子可以与 C-S-H 基体形成氢键网络，从而导致环氧树脂与 C-S-H 基体之间的氢键相互作用降低。

图 5-51 直观地展示了水分子侵入前后环氧分子/C-S-H 界面化学键合作用的变化情况。从图 5-51（a）可以看出，在干燥环境下，环氧树脂/C-S-H 界面粘接良好，界面键合作用主要由钙离子键合作用（O_{CSH}-Ca_{CSH}-O_{epoxy}）以及氢键作用（H_{CSH}-O_{epoxy}、O_{CSH}-H_{epoxy}）共同组成。在水溶液环境下［图 5-51（b）］，水分子侵入界面空隙区域，环氧树脂/C-S-H 界面粘接劣化。从键合关系来看，水分子聚集在界面区域，一部分 O_{CSH}-Ca_{CSH}-O_{Water} 化学连接代替了有利于界面粘接的 O_{CSH}-Ca_{CSH}-O_{epoxy} 连接，钙离子键合作用降低；水分子与 C-S-H 基体之间建立的氢键作用（H_{CSH}-O_{Water}、O_{CSH}-H_{Water}）阻碍了有利于界面粘接的 H_{CSH}-O_{epoxy}、O_{CSH}-H_{epoxy} 的形成，氢键相互作用降低。

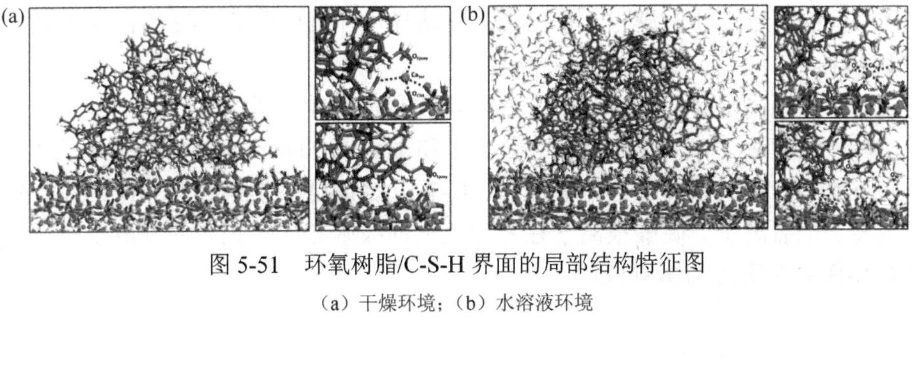

图 5-51　环氧树脂/C-S-H 界面的局部结构特征图

（a）干燥环境；（b）水溶液环境

接下来，统计环氧树脂与 C-S-H 基体之间氢键数量的动态变化情况，进一步探明水分子对环氧树脂/C-S-H 界面劣化的影响机理。图 5-52 分别记录了剥离模拟与剪切模拟过程中环氧树脂分子与 C-S-H 基体间的动态氢键数量。如图 5-52（a）所示，在剥离模拟过程中，环氧树脂与 C-S-H 基体间的氢键数量持续减少。当水分子存在时，氢键总数较少，且氢键衰减更早。如图 5-52（b），在剪切模拟过程中，干燥环境下环氧树脂与 C-S-H 基体间的氢键数量基本维持恒定，而在侵蚀环境下，两者间的氢键数量在环氧树脂开始剪切滑移后呈现逐渐下降趋势，这说明受水分子的影响，环氧树脂与 C-S-H 基体间的氢键相互作用逐渐减弱，这也是侵蚀环境下环氧树脂/C-S-H 力学性能降低的主要原因之一。此外，值得注意的是，在水分子影响下，诱导环氧树脂与 C-S-H 基体间氢键衰减的环境因素排序为 Na_2SO_4+NaCl＞NaCl＞Na_2SO_4＞Water，这与分析环氧树脂/C-S-H 界面粘接性能及力学性能劣化的演变规律一致，说明分子间化学键合作用降低导致了环氧树脂在 C-S-H 基体表面的吸附能力下降。

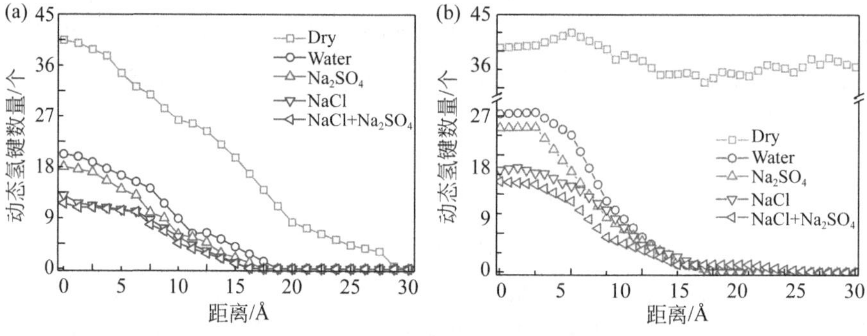

图 5-52 环氧树脂与 C-S-H 基体间的动态氢键数量

（a）剥离模拟；（b）剪切模拟

综上所述，在强静电相互作用的驱动下，水分子吸附并聚集于 C-S-H 基体表面，并在环氧树脂与 C-S-H 之间建立起物理和能量屏障，降低了环氧树脂与 C-S-H 基体之间的离子键和氢键相互作用，最终诱导了环氧树脂/C-S-H 界面粘接及力学性能劣化。

（2）侵蚀离子对环氧树脂/C-S-H 界面劣化的影响机理。

以侵蚀溶液（Water、Na_2SO_4、NaCl 和 Na_2SO_4+NaCl）环境下的分子体系为研究对象，计算侵蚀离子与环氧树脂、C-S-H 之间的化学键相互作用，并分别讨论钠离子、氯离子、硫酸根离子在界面区域的吸附差异，揭示侵蚀离子对环氧树脂/C-S-H 界面劣化的影响机理。

首先，研究钠离子对环氧树脂/C-S-H 界面劣化的影响机理。图 5-53（a）绘制了不同侵蚀环境下分子体系中的钠离子在垂直于 C-S-H 基体表面方向上的密度分布曲线。可以发现，钠离子在界面区域出现了明显的密度峰，这表明模拟过程中大量钠离子聚集在 C-S-H 基体表面附近区域，这是因为 C-S-H 表面钙离子溶出而使 C-S-H 基体呈现电负性，从而有利于钠离子吸附。同时观察到，Na_2SO_4+NaCl 溶液环境中钠离子在界面区域的密度最高，NaCl 溶液环境次之，而 Na_2SO_4 溶液环境则最低，这与导致环氧树脂/C-S-H 界面粘接性能与力学性能劣化的环境因素排序相同。可以推测：环氧树脂/C-S-H 界面劣化与钠离子在界面区域的聚集行为存在关联。

为了验证上述推测，继续分析钠离子聚集行为对界面区域水分子分布的影响。图 5-53（a）中的插图计算了不同侵蚀环境下 Na-O_{Water} 的 RDF 关系。可以发现，Na-O_{Water} 的 RDF 曲线在 2.5 Å 处出现明显峰值，这表明钠离子与水分子之间存在显著的空间相关性，带正电的钠离子通过静电相互作用吸引水分子中带负电的氧原子，使得钠离子周围 2.5 Å 附近包裹了一层水分子层，进而形成水化离子团簇结构[206]。因此，钠离子在界面区域的密度越高，由于团簇效应而吸附至界面区域的水分子就越多，这些水分子参与了化学键竞争，削弱了环氧树脂与 C-S-H 基体之间的化学键合作用，从而导致环氧树脂/C-S-H 界面劣化。

图 5-53（b）绘制了不同侵蚀环境下体系中的水分子在垂直于 C-S-H 基体表面方向上的密度分布曲线，以进一步验证上述结论的正确性。可以发现，不同侵蚀环境下，水分子在界面区域均出现一个明显的密度峰，且峰值排序与钠离子在界面区域的密度峰值排序相同。图 5-53（b）插图计算了界面区域的水分子数量，受到钠离子团簇作用以及 C-S-H 表面吸引作用的影响，吸附至界面区域的水分子总数遵循 Na_2SO_4+NaCl(677)＞NaCl(663)＞Na_2SO_4(652)＞Water(638)。

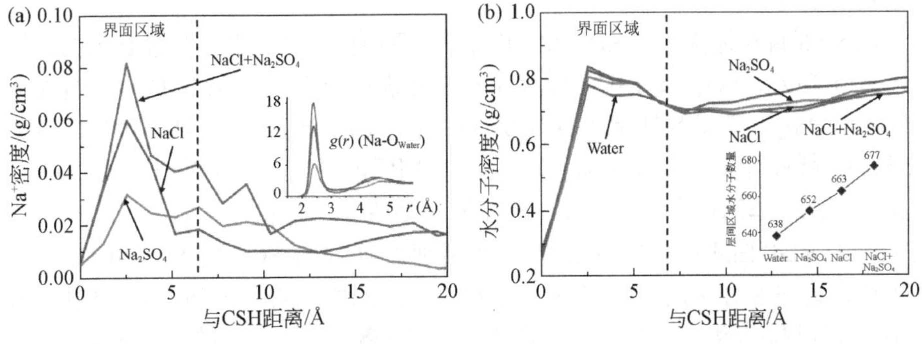

图 5-53　钠离子的密度分布曲线（a）和水分子的密度分布曲线（b）

此外，图 5-54 展示了侵蚀环境下钠离子在界面区域形成化学键合作用的分子结构图。可以发现，界面区域存在明显的离子聚集现象。吸附至 C-S-H 基体表面的钠离子通过 O_{CSH}-Na-O_{Water} 化学连接将水分子团簇至界面区域，并通过 O_{CSH}-Na-SO_4 或 O_{CSH}-Na-Cl 化学连接将阴离子吸引到界面区域，水分子及侵蚀离子聚集对环氧树脂/C-S-H 界面粘接的分子结构造成影响。结合模拟结果，我们得出结论：钠离子在界面区域的聚集行为加速了环氧树脂/C-S-H 界面粘接及力学性能的劣化。

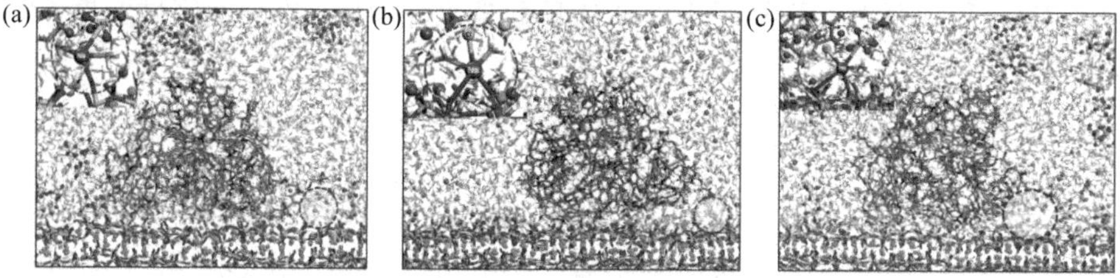

图 5-54　不同环境因素下环氧树脂/C-S-H 界面的分子构型

（a）Na_2SO_4 溶液；（b）NaCl 溶液；（c）Na_2SO_4+NaCl 溶液

接下来，研究硫酸根离子（SO_4^{2-}）与氯离子（Cl^-）对环氧树脂/C-S-H 界面劣化的影响机理。图 5-55（a）～（c）分别展示了 Na_2SO_4、NaCl、NaCl+Na_2SO_4 环境下 SO_4^{2-} 和 Cl^-沿垂直于 C-S-H 基体表面方向上的密度分布曲线。可以发现，不论何种侵蚀环境，Ca^{2+}和 Na^+离子分别在～1.35 Å 和～2.60 Å 处存在一个明显的密度峰，且 Na^+离子的密度峰值随界面 Ca^{2+}离子数量的减少而增加，这证实了 Na^+离子因 C-S-H 表面电负性而在界面区域出现的积聚行为。此外，SO_4^{2-} 离子在界面区域前侧有一个明显的密度峰，其位置与 Na^+离子的密度峰几乎重合，而 Cl^-离子则在界面区域后侧有一个密度峰，这种差异意味着 SO_4^{2-} 与 Cl^-离子在界面区域的吸附机理不同。

图 5-56 直观地描绘了 SO_4^{2-} 和 Cl^-离子在界面区域的典型化学键合结构。如图 5-56（a）所示，SO_4^{2-} 离子主要聚集在 C-S-H 表面上方 2～4 Å 区域，并通过 4 个氧原子（O_{SO_4}）与 C-S-H 表面氢原子（H_{CSH}）形成 H_{CSH}-O_{SO_4}氢键相互作用。图 5-56（a）插图计算了 H_{CSH}-O_{SO_4}、H_{CSH}-S 的 RDF 关系。可以发现，H_{CSH}-O_{SO_4}的 RDF 曲线在 1.25 Å 处出现峰值，故标记 1.25 Å 为 H_{CSH}-O_{SO_4}的最可几距离；而 H_{CSH}-S 的 RDF 曲线在 2.3 Å 处的峰值也展现出 H_{CSH}与 SO_4^{2-} 离子之间明显的空间相关性，这与 SO_4^{2-} 离子密度峰的位置相吻合。此外，从图 5-56（b）可以看出，Cl^-离子可以与吸附在 C-S-H 表面的 Ca^{2+}和 Na^+离子形成离子键，从而进入界面空隙区域。如图 5-56（b）的插图所示，Ca-Cl 和 Na-Cl 的 RDF 曲线峰值分别位于 2.75 Å 和 3.55 Å 处，说明 Cl^-离子更倾向于与 Ca^{2+}离子键合形成离子团簇结构。

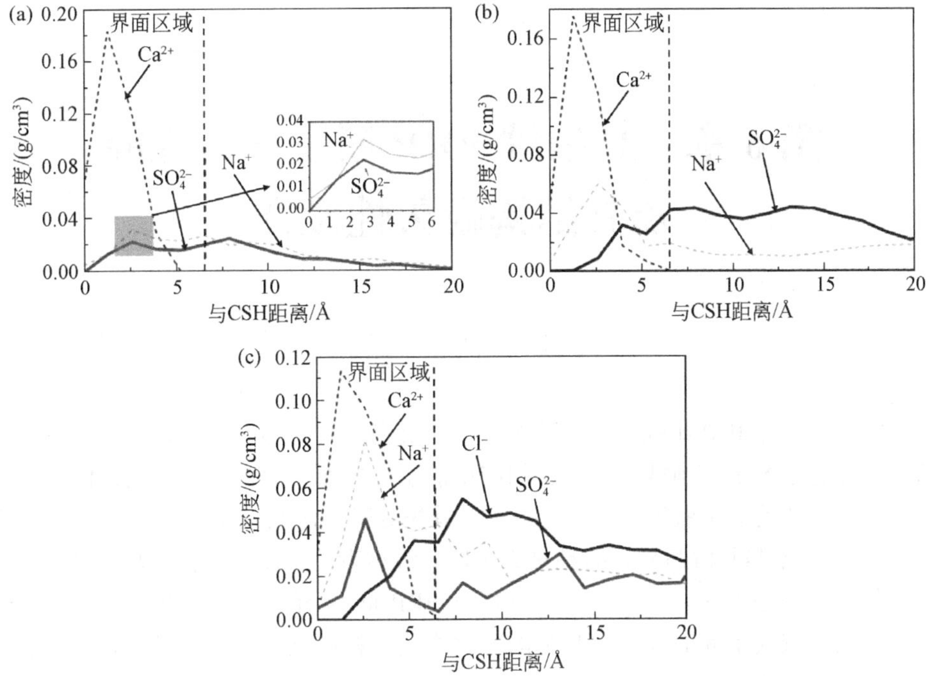

图 5-55　不同侵蚀环境下硫酸根离子与氯离子的密度分布曲线

（a）Na_2SO_4 溶液环境；（b）NaCl 溶液环境；（c）Na_2SO_4+NaCl 溶液环境

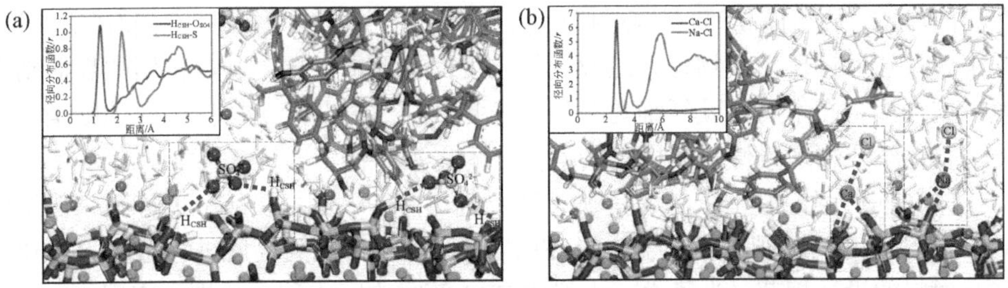

图 5-56　吸附于界面区域的硫酸根离子（a）与氯离子（b）的局部分子结构图

上述 SO_4^{2-} 和 Cl^- 离子在 C-S-H 基体表面的吸附差异表明 SO_4^{2-} 和 Cl^- 离子对环氧树脂/C-S-H 界面的影响机理不同。一方面，SO_4^{2-} 离子提供 4 个氧位，使其易于占据 C-S-H 表面的氢键位点，形成的 H_{CSH}-SO_4 键削弱了环氧树脂与 C-S-H 基体之间的 H_{CSH}-O_{epoxy} 氢键相互作用。另一方面，界面 Ca^{2+} 和 Na^+ 离子对 Cl^- 离子具有吸引作用并形成 Ca(Na)-Cl 键，取代了 O_{CSH}-Ca-O_{epoxy} 化学连接，削弱了环氧树脂与 C-S-H 基体之间的钙离子键合作用。

第 6 章　高耐蚀 FRP 筋设计、性能及其结构耐久性设计

6.1　引　　言

FRP 筋由于其高比强度、高比模量、抗疲劳、耐腐蚀等优点，在桥梁工程、海洋工程等土木工程领域具有广泛的应用前景。然而，前文研究表明，FRP 筋在混凝土碱性孔溶液中服役时，其树脂基体首先会吸收溶胀，造成塑化和化学降解。这一过程导致纤维/树脂界面的粘接力下降，纤维直接暴露于碱性环境，从而导致 FRP 筋性能快速退化。此外，腐蚀环境下 FRP 筋/混凝土以及纤维/树脂界面的粘接性能主要取决于界面处树脂基体的劣化程度，树脂基体降解体积分数在筋材劣化中占主导地位。

因此，提升 FRP 筋的耐蚀性能主要通过筋材表面处理和材料改性等方式来实现。FRP 筋的表面处理包括涂层、镀膜或表面硬处理，以形成保护层，阻止腐蚀介质的渗透，从而提高筋材的耐蚀性能。材料改性主要分为纤维改性和树脂改性：纤维改性是通过化学或物理方法改变纤维表面性质，以提高其与树脂的界面结合力，或通过将高耐腐蚀碳纤维与其他纤维复合形成混杂纤维；树脂改性则是对基体进行化学或物理改性，以提高其耐热、耐水和耐化学腐蚀等性能。

FRP 筋增强混凝土应考虑其缺乏延性这一特点。日本和加拿大等国家已经建立了专门应用于加强混凝土结构的 FRP 设计规范，北美也通过大量实验构建了 FRP 材料的设计规范。为了进一步促进 FRP 筋在实际工程中的推广应用，本章还对 FRP 筋增强混凝土的相关规范、标准以及示范应用进行了分析和介绍。

6.2　高耐蚀 FRP 筋设计及其性能

意识到环氧树脂基体对玻璃纤维增强复合材料性能至关重要，许多学者从提高疏水性能、韧性等角度对环氧树脂进行改性。目前常用的树脂改性方式主要有：弹性体改性[207]、热塑性树脂改性[208]、互穿网络聚合物（IPN）[209]合成改性；或者通过改性固化剂的方式，例如二氨基二苯甲烷（DDM）、间苯二胺等固化剂，

以提高环氧树脂的耐热性[210]；还可以利用不同纳米材料的特殊性能对环氧树脂进行改性[211, 212]，例如纳米二氧化硅、碳纳米管和石墨烯等。本课题组采用纳米材料和有机硅提高树脂基体的致密度，以增强其防腐性能。通过引入疏水链段，提高基体的防水性，同时引入环氧基团以保证树脂基体与混凝土的界面粘接性能不降低。随后，将优选的高耐蚀环氧树脂基体与玻璃纤维复合，制备高耐蚀 GFRP 筋，并系统研究其在海水海砂混凝土中的性能演变。

6.2.1　试验材料

GFRP 筋的树脂基体类型为双酚 A 型环氧树脂，牌号 E51，简称 EP。有机硅为缩水甘油醚氧基丙基二甲基聚苯基硅氧烷，简称 PE。固化剂采用高温固化剂甲基四氢邻苯二甲酸酐（MeTHPA），与环氧树脂交联固化形成三维网络。在固化过程中，可加入微量的 DMP30 以加快反应速率。改性纳米材料为碳纳米管（CNT）和可膨胀石墨（EG）。

将 5wt%的有机硅混合至环氧树脂中，将总固体含量为 0.03wt%的 CNT 和 EG 表面改性纳米填料混合至液体固化剂 MeTHPA 中，并低速搅拌直至均匀，以制备出高耐蚀树脂基体。

6.2.2　高耐蚀树脂基体的基本性能

高耐蚀环氧树脂基体的表面接触角为 140.58°，比纯环氧树脂基体增加了 98.84%。通过观察水滴在改性前后环氧树脂基体表面的湿润行为可知，Si-O-Si 疏水链段的引入和 SiO_2 疏水颗粒的形成，增加了环氧树脂基体表面的粗糙度，这有利于水滴在改性环氧树脂基体表面捕获纳米颗粒气垫，形成新的支撑点，从而使水滴与树脂基体表面之间的接触面积显著减少，疏水性能得到提升。

高耐蚀环氧树脂基体初始拉伸强度为 81.14 MPa，在海水海砂混凝土模拟孔溶液中腐蚀 100 天后，其拉伸强度下降至 78.17 MPa；而普通环氧树脂基体的拉伸强度下降了 40.24%。这表明 CNT 与 EG 表面硅膜的接枝可有效改善环氧树脂基体的耐蚀性能，增强纳米材料与环氧树脂基体间的界面结合力，并在环氧树脂中更加均匀分布，从而提高其对环氧树脂基体的增强效果。

高耐蚀环氧树脂基体初始层间剪切强度为 122.40 MPa，相比于纯环氧树脂增加了 63.63%。在海水海砂混凝土模拟孔溶液中暴露 100 天后，其层间剪切强度下降了 6.86%，而普通环氧树脂基体下降了 36.89%。该现象表明，表面改性纳米材料/有机硅混合改性环氧树脂基体的力学性能和耐蚀性能得到了提升。Si-O 链段的引入使整个聚合物链具有良好的柔性，并有利于固化后分子链的旋转。因此，在外荷载作用下，所引入的链段可以起到耗能与消除部分应力的作用，从而提升材料的力学性能。此外，纳米材料硅膜的接枝使环氧树脂基体表面具有优异的疏水性能，能够延缓或降低树脂基体的吸水率，并起到阻碍或减缓树脂基体溶胀和塑化的作用，从而减缓环氧树脂基体的腐蚀速率。

6.2.3 高耐蚀 GFRP 筋的生产

前文研究表明，采用改性纳米材料与有机硅混合改性环氧树脂基体具有良好效果。综合考虑性能与成本等因素，确定高耐蚀改性环氧树脂的配比为 0.03wt%的改性 CNT/EG 与 5wt%的 PE 混合改性环氧树脂，并将其作为树脂基体。采用玻璃纤维作为增强材料，在郑州大学纤维复合建筑材料与结构教育部工程研究中心制备了高耐蚀 GFRP 筋。

图 6-1 为改性环氧树脂现场制备流程。首先，按照表 6-1 中的比例精准称量改性环氧树脂各自组分备用，其中改性纳米材料的制备需在实验室内提前完成。接着，用机械搅拌器将各组分初步混合后，将环氧混合物移至真空高速搅拌器中搅拌 24 小时。在搅拌过程中，可以有效实现混合物脱泡，使各组分混合均匀。最后，将搅拌均匀的混合树脂倒入浸胶槽中，同时开启浸胶槽的预热功能，确保筋材在生产加工过程中浸胶槽中的混合液体始终处于流动状态，以便于纤维的浸润成型。

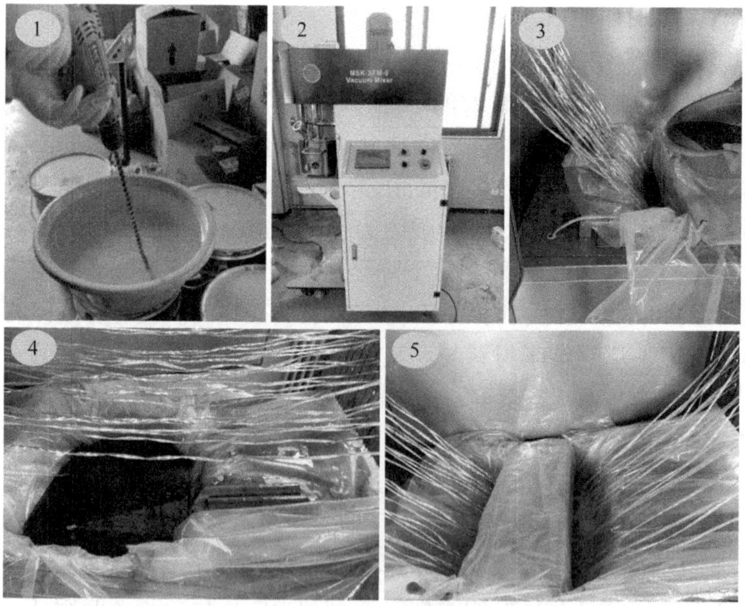

图 6-1 混合改性环氧树脂的制备流程

表 6-1　改性环氧树脂配比

成分	E51	PE	MeTHPA	改性 CNT/EG
含量/g	95	5	85	0.03

待浸胶槽中的改性环氧树脂混合液静置消泡后，即可开展筋材的生产加工工作。筋材的生产工艺主要分为以下几个阶段：送纱、浸渍、拉挤、绕肋成型、固化和切割，如图 6-2 所示。具体阐述如下：

（1）将玻璃纤维按照生产所需的筋材直径，在送纱架上排列，纤维体积分数约为 80%。随后，借助牵引力，将纤维送至浸胶阶段，浸样速率大约在 0.9～1.1 m/min 之间。

（2）启动胶槽内配备的温控系统，温度设定为 50℃对胶体进行预热，以提高胶体的流动性。当纤维束受到牵引力作用，表面裹上胶液后，通过刮胶板将纤维表面多余的树脂刮掉。

（3）浸胶筋通过成型孔定直径后，采用碳纤维绕肋成型，通过绕肋装置设定筋材的肋间距为 12 mm。

图 6-2　筋材生产加工流程图

（4）筋材初步成型后进入固化阶段。固化阶段设置三个烘道：第一个烘道为筋材拉挤出模的温度，该温度过高或过低均会影响树脂在纤维中分布的均匀性。第二个烘道和第三个烘道用于筋材的固化及后固化阶段。三个烘道总长约 10 m，每个烘道之间的距离为约 3 m。烘道温度分别设定为 120℃、100℃和 100℃。纤维全程的拉挤速率控制在 0.8 m/min 左右。

（5）固化完成的筋材进入冷风控制系统，将其表面温度逐渐降至室温。

（6）借助牵引机内的压力系统，对成型筋材进行轻压后移至切割系统。

（7）根据计算机系统中设定的切割长度，自动对筋材进行分段切割。切割全程配备除尘装置，用于清除筋材表面的碎屑。

（8）切割完成后的筋材移至自动收集系统中，筋材加工完毕。

6.2.4　混凝土模拟孔溶液中高耐蚀 GFRP 筋性能退化

图 6-3 显示了两类筋材（M-GFRP 为高耐蚀 GFRP 筋，S-GFRP 为传统 GFRP 筋）在不同腐蚀龄期下的破坏形貌。在未腐蚀的情况下，筋材的破坏模式为炸裂与劈裂相结合。筋材内部的纤维表现为炸裂破坏，而外围的纤维则属于劈裂破坏。两类筋材之间并没有显著差异，但 M-GFRP 的内部纤维炸裂较为均匀且面积较大，而 S-GFRP 多数区域为劈裂破坏。随着腐蚀龄期的增加，S-GFRP 的破坏模式演变为拔断破坏，而 M-GFRP 仍表现为炸裂破坏。在拉伸过程中，M-GFRP 的裂缝逐

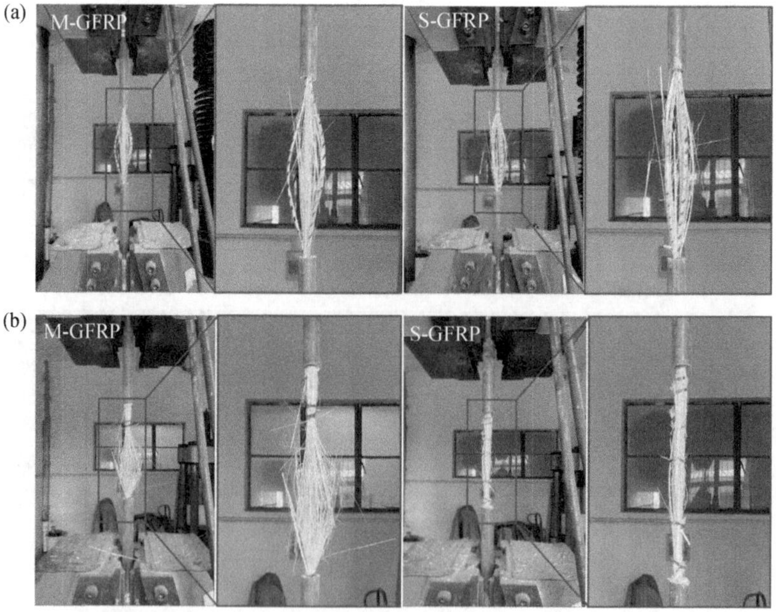

(c)
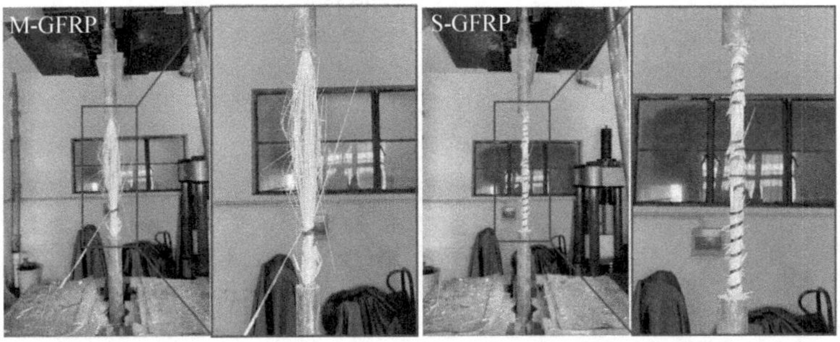

图 6-3　不同腐蚀龄期 M/S-GFRP 筋的破坏形貌

（a）腐蚀 0 d；（b）腐蚀 60 d；（c）磨蚀 120 d

渐发展，并伴随劈裂声。随着外荷载的增大，劈裂声的频率逐渐加快，最终伴随巨响导致试件断裂。而在 S-GFRP 的破坏过程中，劈裂声持续时间较短，最终的断裂声音由清脆变为低沉。这表明在腐蚀离子的侵蚀作用下，改性树脂/纤维界面具有良好的结合力，能够有效传递荷载，使整个筋材受力均匀，最终破坏完全。

图 6-4 展示了两类 GFRP 筋在不同龄期下腐蚀后的拉伸荷载-位移曲线。在未腐蚀时，两类 GFRP 筋的荷载-位移曲线主要经历弹性阶段，随后是在达到峰值点后的下降开裂段，表现出典型的脆性断裂特征。其中，M-GFRP 筋的荷载-位移曲线在达到极限荷载后，呈现波动式下降，直至筋材断裂。而 S-GFRP 筋的荷载-位移曲线在达到极限荷载后几乎呈直线下降。这表明 S-GFRP 筋的脆性断裂现象显著，而 M-GFRP 筋在受荷过程中展现出较好的韧性和塑性变形能力，从而延缓其断裂过程。腐蚀 120 天后，比较两者的荷载-位移曲线可知，M-GFRP 筋的极限荷载峰值高于 S-GFRP 筋。这表明 M-GFRP 筋具备较优异的耐蚀性能，使其在外荷载作用下表现出更均匀的断裂特性，从而保持较高的力学性能。

腐蚀龄期与拉伸性能之间的关系见图 6-5。未腐蚀时，M/S-GFRP 筋的拉伸强度分别为 1210.95 MPa 和 1036.79 MPa。相比于 S-GFRP，M-GFRP 的极限荷载提升幅值为 16.79%。腐蚀 30 天后，M/S-GFRP 的保留率分别为 94.28%和 92.37%。两类筋材的强度损失率差距并不大。随着腐蚀时间增至 120 天，M/S-GFRP 的拉伸强度分别降至 968.78 MPa 和 621.09 MPa。相较于 S-GFRP，M-GFRP 的荷载值提升了 55.98%。此时，M、S-GFRP 筋材的保留率分别为 80.00%和 59.90%。这表明环氧树脂基体的耐蚀改性有效缓解了筋材的降解速率。此外，图 6-4（b）显示，拉伸强度保留率与暴露龄期呈线性关系，S-GFRP 筋的斜率（113.45）大于 M-GFRP 筋的斜率（102.54）。这表明 S-GFRP 筋的拉伸强度损失速率较快，其受腐蚀影响的程度更为显著。

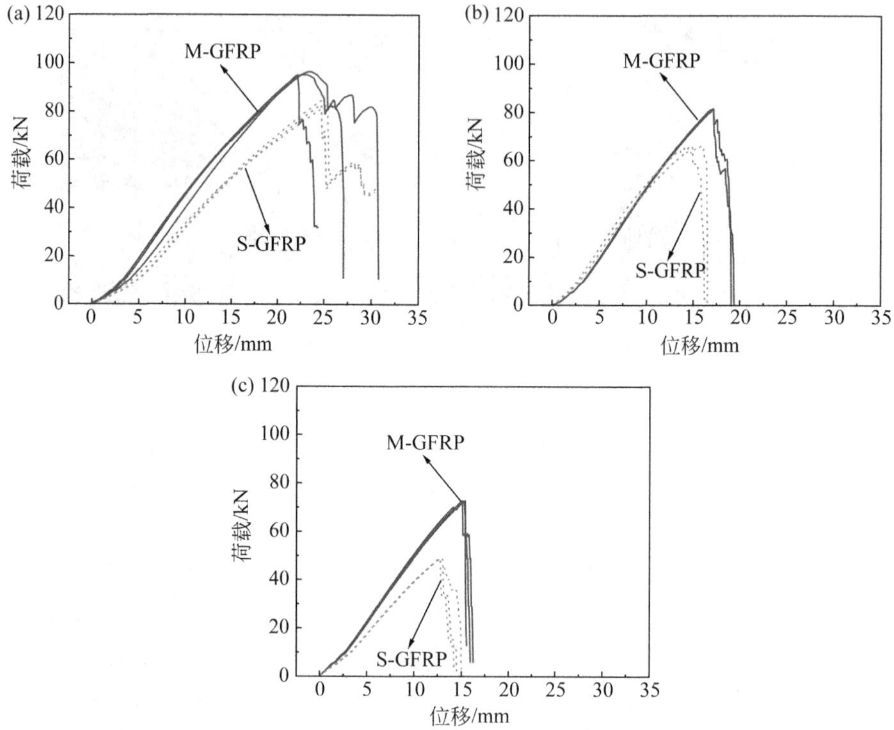

图 6-4　不同腐蚀龄期时 GFRP 筋的拉伸荷载-位移曲线

（a）0 d；（b）60 d；（c）120 d

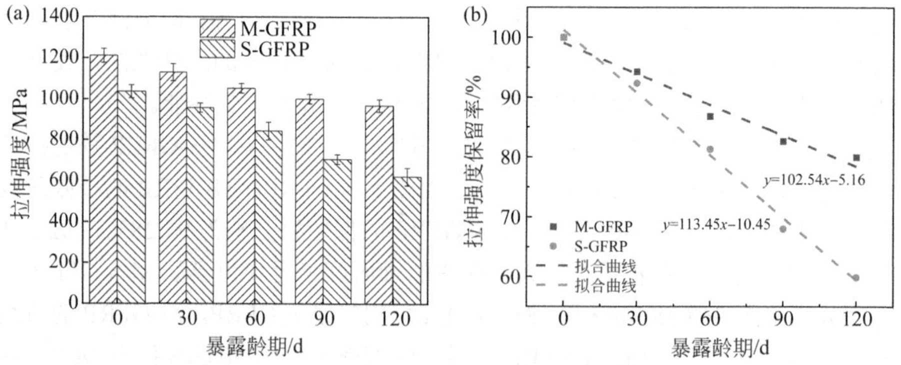

图 6-5　不同腐蚀龄期时 GFRP 筋的拉伸性能

（a）拉伸强度；（b）拟合曲线

图 6-6 展示了 M/S-GFRP 筋层间剪切试验的失效模式。当试样未遭腐蚀时，外部剪切力作用下，各层之间的粘接力不足以抵抗剪切力，纤维/树脂界面成为筋

材破坏的起点，并在层间产生微裂缝。随着剪切力的持续作用，微裂纹逐渐扩大，最终形成沿中性轴的贯穿裂缝。在剪切试验中，平面水平裂缝的出现说明纤维/树脂界面粘接性能良好[213]。当腐蚀时间达到 30 天时，S-GFRP 筋的横断面出现较多的径向微裂纹，横向贯穿裂纹的位置也不再固定。这表明腐蚀后筋材内部的应力分布变得不均匀，在受到剪切力时，筋材内部会产生复杂的应力状态。这种应力状态可能导致裂纹在不同方向上扩展，从而形成不规则的径向裂纹。随着腐蚀龄期增至 120 天，S-GFRP 筋断面的裂纹加深，筋材被完全压碎，并呈现松散状。而 M-GFRP 筋的破坏模式仍为贯穿裂纹式破坏，表明环氧树脂的改性增强了纤维/树脂的界面粘接力，使得 GFRP 筋在外荷载下，纤维与树脂之间不易滑移，从而减少不规则径向裂纹的形成。

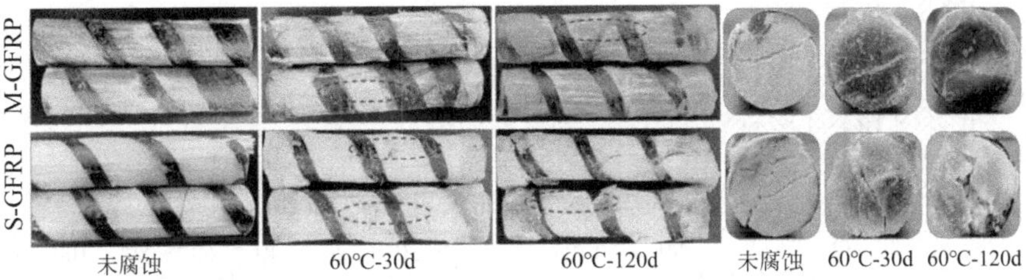

图 6-6　GFRP 筋层间剪切试验的失效模式

图 6-7 为不同腐蚀龄期时 M/S-GFRP 筋的剪切荷载-挠度曲线。在加载初期，加载头正下方的剪切试样会发生微量变形，导致荷载-挠度曲线初始阶段的斜率较低。在初始阶段过后，试样的刚度逐渐增加。在荷载达到峰值点之前，曲线中出现凹陷区域，如图 6-7（a）所示，这表明试样发生了局部损伤。剪切破坏由试样的中面开始，一旦裂缝达到试样的末端，剪切破坏即发生。然而，剪切破坏后，试样的抗弯承载力仍能承受一部分荷载。因此，当荷载达到极限值后，并没有直接降低，而是以曲折前进的方式下降。对比不同腐蚀龄期的荷载-位移曲线可知，S-GFRP 筋的极限荷载峰值及线性段斜率的下降幅度均大于 M-GFRP 筋。

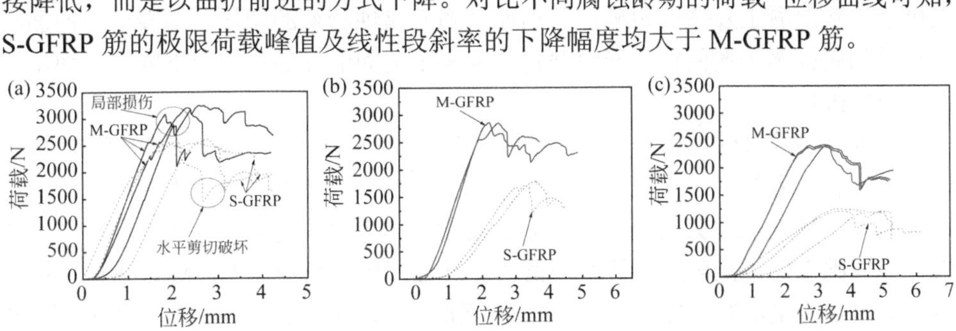

图 6-7　不同腐蚀龄期时 GFRP 筋的剪切荷载-位移曲线

（a）0 d；（b）60 d；（c）120 d

图 6-8 为不同腐蚀龄期时 M/S-GFRP 筋的层间剪切强度及保留率。未腐蚀时，M-GFRP 筋相比 S-GFRP 筋的剪切强度提高了 24.91%。随着暴露时间的增加，筋材的层间剪切强度逐渐减小。腐蚀至 30 天时，M/S-GFRP 筋的层间剪切强度分别下降了 6.55%和 24.91%。随着腐蚀龄期增至 120 天，M/S-GFRP 筋层间剪切强度的下降幅值增大，二者保留率分别为 76.32%和 46.69%，M-GFRP 筋的层间剪切强度相较 S-GFRP 筋增加了 104.21%。由此可知，M-GFRP 筋的层间剪切强度损失速率明显低于 S-GFRP 筋。

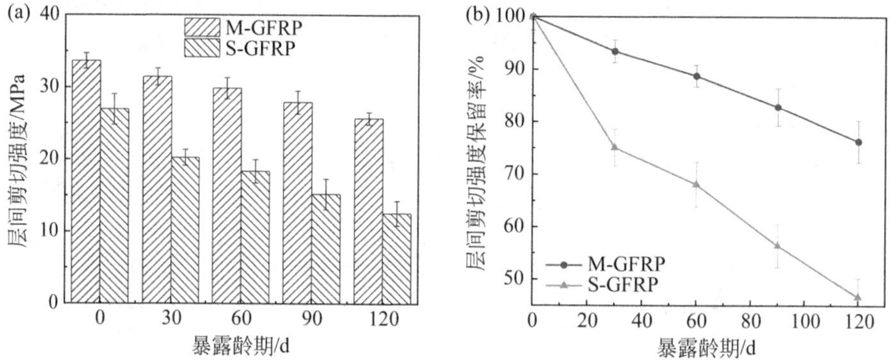

图 6-8　不同腐蚀龄期时 GFRP 筋的层间剪切性能

（a）层间剪切强度；（b）层间剪切强度保留率

图 6-9 显示了 M/S-GFRP 筋-海水海砂混凝土拉拔后试件的破坏形态。从图中可以看出，主要的破坏形态为拔出破坏。唯一的区别是，在暴露 30 天时，M-GFRP 筋脱粘后混凝土发生了劈裂破坏。这是因为环氧树脂耐蚀性能的改善增强了其与混凝土之间的机械锚固作用，二者之间的界面结合较为紧密，因此在拔出过程中出现了混凝土的劈裂现象。此外，当混凝土内部应力分布不均或存在局部缺陷时，也可能导致混凝土发生劈裂破坏。然而，随着腐蚀龄期的增加，混凝土中的筋材逐渐受到腐蚀离子的侵蚀，导致筋材与混凝土之间的界面粘接力下降，从而出现直接拔出破坏。

图 6-10 为筋材拔出后的表面腐蚀形貌及混凝土粘接段形貌。S-GFRP 筋拔出后表面仅有微量的磨损，随着试件暴露时间的增加，其表面碳纤维肋的脱落面积逐渐增大。暴露 120 天后，筋材表面的树脂基体大面积劣化，导致大量碳纤维肋破损，纤维暴露，混凝土粘接段残留大量纤维碎屑。相较之下，M-GFRP 筋拔出后表面仅有少量混凝土粘连。腐蚀至 60 天时，筋材表面仅出现少量纤维撕裂，并无明显腐蚀现象。腐蚀 120 天后，局部碳纤维肋被混凝土剪坏，并伴随树脂基体的局部塑化现象，其腐蚀程度明显低于 S-GFRP 筋。

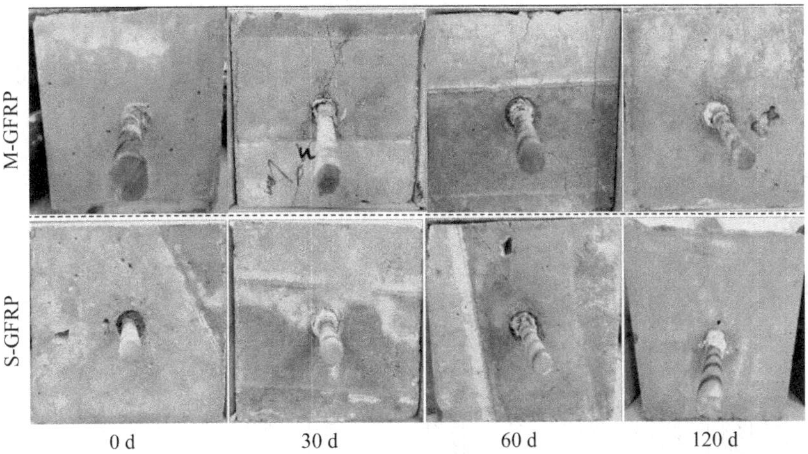

图 6-9　轴心拉拔构件的破坏形态

图 6-10　GFRP 筋拔出后的表面形貌和混凝土粘接段形貌

图 6-11 为不同腐蚀龄期时 M/S-GFRP 筋-混凝土轴心拉拔强度的变化规律。随着腐蚀龄期的增加，GFRP 筋与混凝土界面的粘接强度呈现先增加后减小的趋势。对比两类筋材可知，未腐蚀时，M-GFRP 筋-混凝土界面的粘接强度比 S-GFRP 筋高出 25.94%。腐蚀 120 天后，M/S-GFRP 筋-混凝土界面的粘接强度保留率分别为 103.72%和 85.02%，M-GFRP 筋-混凝土界面的粘接强度高于 S-GFRP 筋约 53.63%。随着腐蚀龄期的增加，相较于 S-GFRP 筋，M-GFRP 筋-混凝土界面粘

接强度的增加幅值逐渐增大，由 60 天时的 32.21%增至 120 天时的 53.63%。这表明，环氧树脂改性后可以有效延缓 GFRP 筋与混凝土间粘接强度的退化幅度及速率。

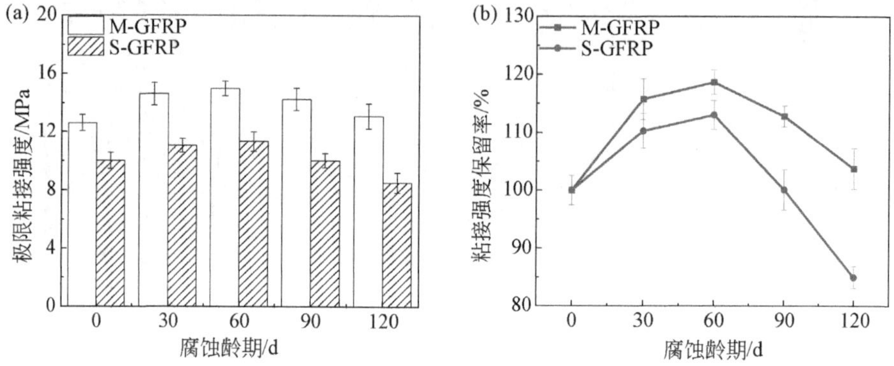

图 6-11　不同腐蚀龄期 GFRP 筋的轴心拉拔强度变化规律

（a）极限粘接强度；（b）粘接强度保留率

6.2.5　高耐蚀 FRP 筋界面区微观形貌演变

采用 SEM 对不同腐蚀龄期 FRP 筋-混凝土缩尺试样的界面区进行原位观测，如图 6-12 所示。未腐蚀时，M/S-GFRP 筋-混凝土界面平整光滑。M/S-GFRP 筋与混凝土的界面间距分别为 41.58 μm 和 81.44 μm。有机硅与纳米增强材料的加入提高了树脂基体与混凝土间的亲和力，降低了界面间距。腐蚀 30 天后，M/S-GFRP 筋与混凝土的界面间距增加幅度较低，S-GFRP 筋的树脂基体表面出现微孔。而腐蚀 60 天后，S-GFRP 筋-混凝土界面间距增大，约为 120.76 μm，相较于未腐蚀时，界面间距增加了 48.28%。而 M-GFRP 筋-混凝土界面间距仅增加了约 40.90%，树脂基体表面仅有轻微龟裂。持续腐蚀至 120 天，两类筋材与混凝土的界面间距分别达到 67.91 μm 和 155.85 μm，与未腐蚀时相比，各增加了 63.32%和 91.36%。此时，S-GFRP 筋-混凝土界面处的表层树脂基体已完全脱落，暴露出新的一层。而 M-GFRP 筋-混凝土界面处局部树脂基体剥落，其腐蚀程度低于 S-GFRP 筋。因此，GFRP 筋与混凝土界面的脱粘主要取决于界面处树脂基体的劣化程度。通过树脂改性提高了树脂基体与混凝土的亲和力，疏水网络的引入使得筋材的防水性能有所提升，有效缓解了筋材树脂基体的降解，进而改善了其粘接性能。

图 6-13 为不同腐蚀龄期时纤维/树脂界面的微结构演变。腐蚀 30 天后，S-GFRP 筋的树脂基体表面形成了大量环状裂纹，纤维/树脂界面出现轻微脱粘现象；而 M-GFRP 筋的树脂表面仅有少量微裂纹。腐蚀 60 天后，S-GFRP 筋界面处的树脂

在膨胀应力及应力集中作用下发生凸起，并伴随着大量环状微裂纹及腐蚀坑的形成。M-GFRP 筋的树脂基体表面由微裂纹发展至龟裂，局部树脂基体脱落，但纤维/树脂界面并没有显著脱粘现象。随着腐蚀龄期增至 120 天，纤维/树脂界面的降解程度加重。S-GFRP 筋的纤维/树脂界面因树脂基体降解形成空隙，导致纤维松散，损伤程度加重，同时伴随纤维刻蚀现象。M-GFRP 筋表面大量腐蚀离子吸附

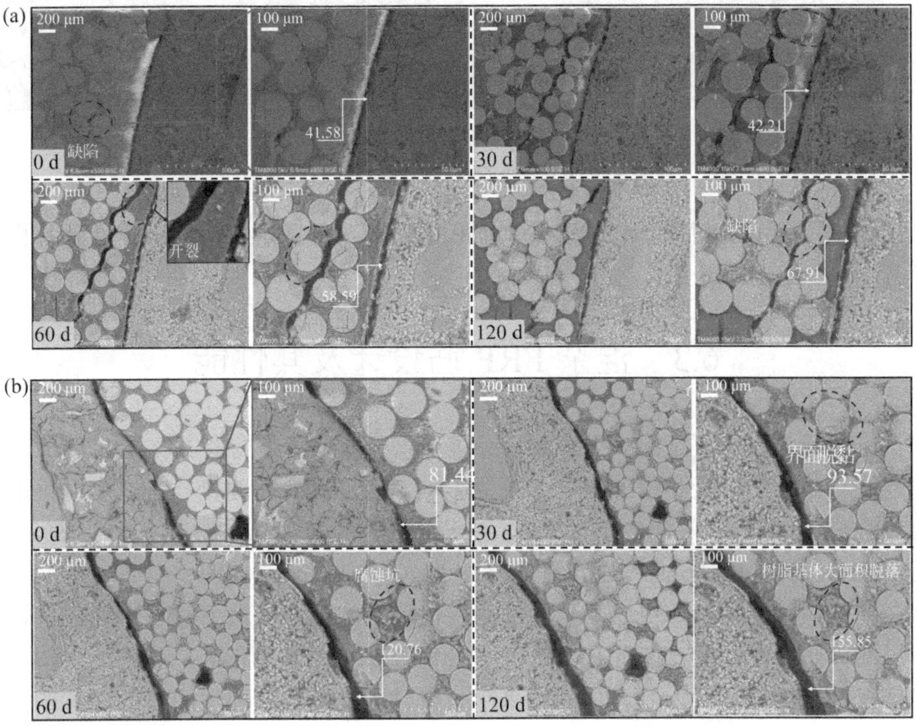

图 6-12　GFRP 筋-混凝土界面微结构演变

（a）M-GFRP 筋；（b）S-GFRP 筋

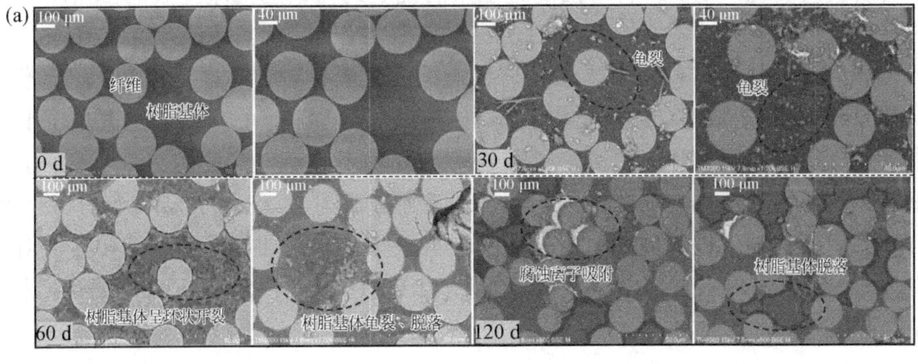

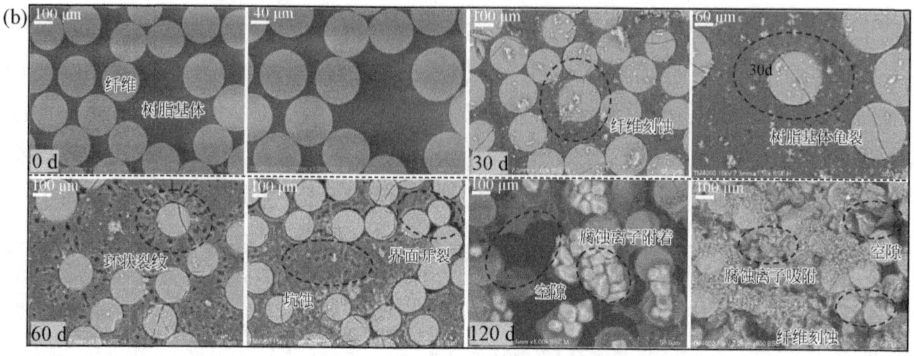

图 6-13　纤维/树脂界面微结构演变

（a）M-GFRP 筋；（b）S-GFRP 筋

至纤维/树脂界面，树脂基体出现较大面积的脱落与凹陷现象，但纤维/树脂界面的黏合力优于 S-GFRP 筋。

6.3　混杂 FRP 筋设计及其性能

FRP 筋是一个复杂的多元体系，纤维体积分数、树脂类型以及纤维/树脂界面性能均对其力学性能和耐久性具有重要影响。以 BFRP 筋为例，玄武岩纤维的主要化学成分包括 SiO_2（46%～52%）、Al_2O_3（10%～18%）、Fe_xO_y（8%～16%）以及 CaO（6%～13%），此外还含有少量的 MgO（4%～7%）。Fe、Al 和 Mg 元素的存在使其在碱性环境中更易受到腐蚀。碱性混凝土孔溶液对 BFRP 箍筋的侵蚀导致层间界面性能降低，使得 BFRP 筋增强 SWSC 梁的破坏形式从最初的混凝土压碎转变为剪切破坏[214]。此外，线弹性的玄武岩纤维与黏弹性的树脂基体的线性失效模式使得 BFRP 筋在受拉伸应力时表现出脆性失效的行为。因此，FRP 筋增强混凝土不能像适筋梁结构在失效之前表现出直接的、视觉的危险信号。一些学者通过试验发现，BFRP 筋增强混凝土梁的挠度约为钢筋混凝土梁的 5 倍，原因在于 BFRP 筋的弹性模量约为 40～65 GPa，远低于钢筋。

FRP 筋虽然是一种新型高强度材料，但其组成材料的脆性特点和固有属性导致 FRP 筋及其与 SWSC 组成的结构本身存在固有缺陷。另一方面，CFRP 筋的弹性模量与普通钢筋相当或更高，并且在碱性环境下具有较高的耐久性。然而，碳纤维是一种能源密集型的高性能材料，其在经济和环境方面的成本极高，这无疑阻碍了其在土木工程领域的广泛应用。因此，采用碳纤维替代部分玄武岩纤维或玻璃纤维，以形成玄武岩/玻璃-碳基混杂 FRP（Hybrid-FRP，HFRP）筋是一种可行的替代方案。

6.3.1　玻璃-碳基 HFRP 筋优化设计

1. 组分选择

本研究中采用的树脂均为双酚 A 类 E51 型环氧树脂，固化剂为甲基四氢苯酐（MeTHPa），属于酐类固化剂。促进剂则使用叔胺类促进剂（DMP-30）。固化树脂体系的质量比例为：环氧树脂：固化剂：促进剂=50：40：1。其化学结构和实物制备图如图 6-14、图 6-15 所示。需要说明的是，为了提高 HFRP 筋在其他方面的性能，通常在基体材料中固化填充材料，如黏土和云母粉（以减少费用）、碳黑颗粒（用于紫外线防护）和氢氧化铝（用于抑制烟雾），以增加复合材料的设计灵活性。然而，由于填充材料的质量分数在 HFRP 筋基体材料中所占比例较小，本研究的固化树脂体系并未考虑其组成。

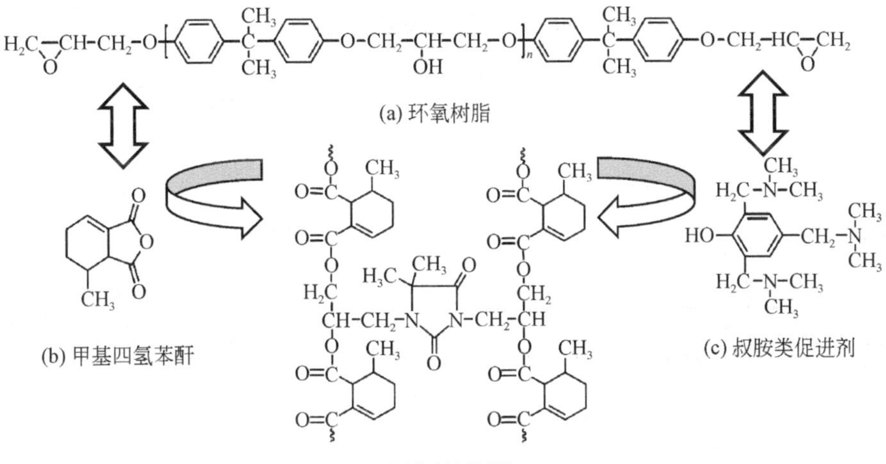

图 6-14　环氧树脂体系的化学结构

图 6-15　环氧树脂制备实物图

用于设计和制备 HFRP 筋的玻璃纤维由浙江金石玻璃纤维有限公司提供，如

图 6-16 所示。从图 6-16 可以看出，玻璃纤维的主要元素是氧（O）和硅（Si），其次是铁（Fe）、铝（Al）和钙（Ca），此外还含有少量的钠（Na）、镁（Mg）和钛（Ti）。碳纤维由日本东丽工业株式会社提供，其元素比例如图 6-17 所示。此外，玄武岩纤维、碳纤维和固化环氧树脂的详细性能参数见表 6-2。

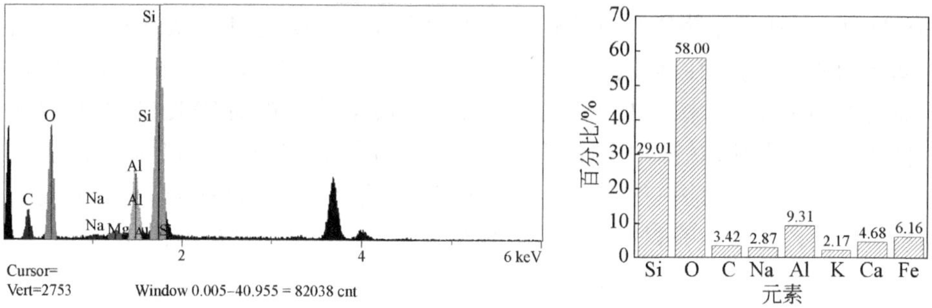

图 6-16　玻璃纤维微观结构以及元素

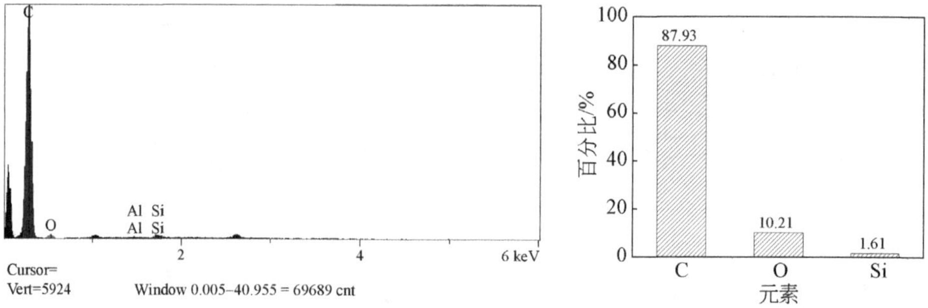

图 6-17　碳纤维微观结构以及元素

表 6-2　纤维和固化环氧树脂的性能

性能	环氧树脂	玻璃纤维	碳纤维
杨氏弹性模量/GPa	3.62	81.6～106.0[a]	295.0
剪切弹性模量/GPa	1.39	24.85	29.14～32.0
密度/(g/cm^3)	1.13	2.48	1.8
泊松比	0.34	0.25	0.32
拉伸强度/MPa	55.2	2025～3800[b]	5610
直径/μm	—	24.0	8.0
断裂伸长应变/%	—	2.7	1.9

注：a 和 b 计算时取平均值

2. 基于细观力学的 HFRP 筋设计

HFRP 筋是一个复杂的多元体系，其具有两种纤维/树脂结构。为了理解碳纤维混杂含量对 HFRP 筋性能的影响，必须全面了解单一纤维组成的 FRP 材料的细观性能。在此基础上，进一步采用细观力学建立 V_{CF} 与 HFRP 筋宏观力学性能的联系。

为了简化计算，选取 FRP 筋中具有代表性的体积单元，基于等效均质材料的（有效纵向）弹性模量，将体积平均应力与体积平均应变关联起来。其中，简化后的体积单元如图 6-18 所示。

$$E_1=\frac{\overline{\sigma_1}}{\overline{\varepsilon_1}}=\frac{\int\sigma_1 \mathrm{d}A}{\overline{\varepsilon_1}\mathrm{d}A}=\frac{\sigma_f A_f+\sigma_m A_m}{\overline{\varepsilon_1}(A_f+A_m)} \tag{6-1}$$

式中，σ 和 A 分别为体积单元的应力和横截面面积，其中纤维和树脂基体的下标分别为 f 和 m；$\overline{\sigma_1}$ 和 $\overline{\varepsilon_1}$ 为体积单元的平均应力和应变。

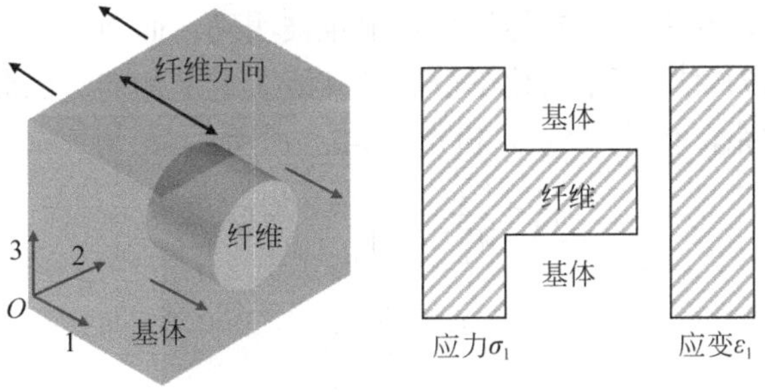

图 6-18　体积单元应力和应变分布

由式（6-1）可以看出，体积单元仅仅是将 E_1 与平均应力-应变建立联系。然而，FRP 材料是一个复杂的多元体系，纤维与树脂组分的性能、相对体积含量及纤维之间的几何排列方式均会对 E_1 产生影响。Feng 等[119]指出，纤维和树脂组分分布的不均匀性增加了 FRP 构件的初始截面偏心距，从而降低了受压构件的临界屈服荷载。Koutsawa 等[215]也证实 FRP 材料在纳米级尺度上具有独特的特性。

对于 HFRP 筋，其所有组分体积分数满足：

$$\sum_{i=1}^{n} v_i = v_f + v_m + v_v = 1 \tag{6-2}$$

式中，$v_i=V_i/V_H$，为第 i 种材料组分的体积分数，V_i 为第 i 种材料组分的体积，V_H 为 HFRP 筋的体积；v_f、v_m 和 v_v 分别表示 HFRP 筋中纤维、基体和空隙的体积分数（%）。

类似地，基于质量分数对应的等式为：

$$\sum_{i=1}^{n} w_i = w_f + w_m = 1 \tag{6-3}$$

式中，$w_i = W_i / W_C$，为第 i 种材料组分的质量分数，W_i 为第 i 种材料组分的质量，W_C 为 HFRP 筋的质量，w_f 和 w_m 分别表示 HFRP 筋中纤维和树脂基体的质量分数（%）（忽略了空隙的质量）。

实际上，HFRP 筋的空隙体积分数可由其质量和密度计算所得：

$$v_v = 1 - \frac{(W_f / \rho_f) + (W_H - W_f) / \rho_m}{W_C / \rho_m} \tag{6-4}$$

式中，ρ_f 和 ρ_m 分别为纤维和密度。

Wang 等[124]采用 X 射线 CT 测得直径为 6 mm 的 FRP 筋的 v_v 值约为 0.6%。Koller 等[216]指出，由于较大直径的 FRP 筋更易出现缺陷，故 v_v 值可能与直径成正比。实际上，由于 FRP 材料并没有在真空条件下生产，尤其是在高温固化时，内部物质的挥发会导致产生的空隙体积分数约为 0.5%～5%。

在实验室中，材料组分的体积分数很难被明确，而质量分数，如基体含量，根据 ASTM D3171[217]可采用化学分解法和烧失量法测得。因此，有必要建立两个参数之间的联系，如式（6-5）和式（6-6）所示：

$$w_f = \frac{W_f}{W_H} = \frac{\rho_f V_f}{\rho_H V_H} = \frac{\rho_f}{\rho_H} v_f \tag{6-5}$$

$$v_f = \frac{\rho_H}{\rho_f} w_f \tag{6-6}$$

其中，ρ_H 可由式（6-7）计算：

$$\rho_H = \frac{1}{\sum_{i=1}^{n} (w_i / \rho_i)} \tag{6-7}$$

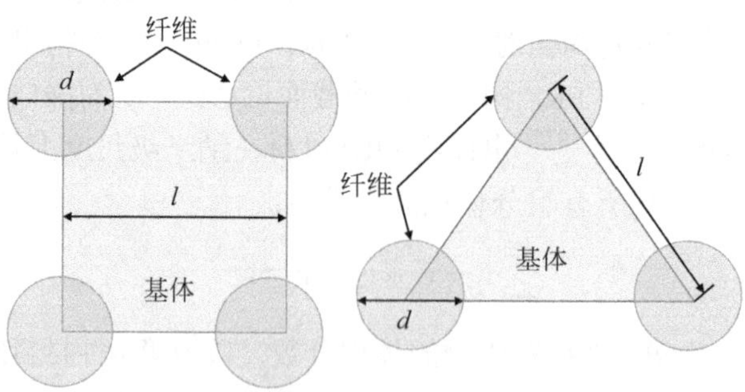

图 6-19　理想化纤维在正方形和三角形填充几何形状面积单元

图 6-19 显示了理想化单丝纤维以正方形和三角形填充几何形状的面积单元，其中纤维的间距为 l，纤维直径为 d。假设纤维沿长度方向不发生变化，且纤维的面体积分数等于体积分数，则 V_f 可通过面积法得到，其中纤维呈正方形和三角形排列时其体积分数分别为：

$$v_{f正}=\frac{\pi}{4}\left(\frac{d}{l}\right)^2 \tag{6-8}$$

$$v_{f角}=\frac{\pi}{2\sqrt{3}}\left(\frac{d}{l}\right)^2 \tag{6-9}$$

显然，当 $d=l$，v_f 取得最大值，可得 $v_{f正}$ 和 $v_{f角}$ 的理论最大值分别为 78.5%和 90.7%。

进一步，图 6-20 为 HFRP 筋中由纤维和树脂组成的代表体积单元。为通过细观力学建立组分性能与 HFRP 筋宏观力学之间的联系，需基于以下假定：

（1）体积单元中纤维和基体的体积分数与实际 HFRP 筋中的相同，其中纤维平行且沿体积单元的长度方向不发生变化，因此单元的体积分数等于面分数。

（2）纤维与基体的界面为理想黏合。

（3）纤维和树脂基体材料均为线弹性和均质的，树脂基体是各向同性的，而纤维则可能是各向同性或各向异性。

（4）每种 FRP 材料均为宏观均质，线弹性且正交各向异性的。

（5）体积单元的尺寸与应力、应变和位移在长度方向上保持不变。

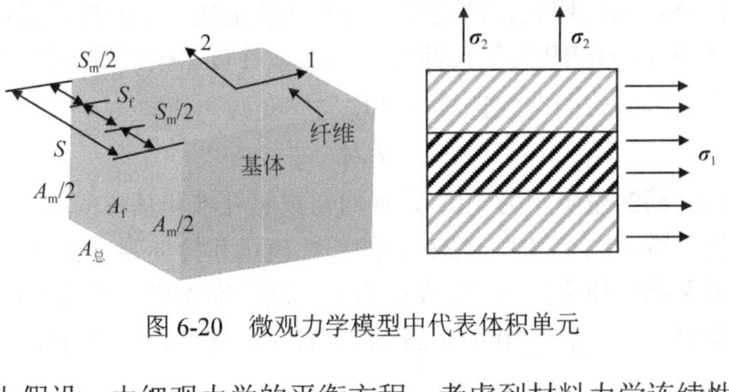

图 6-20　微观力学模型中代表体积单元

基于以上假设，由细观力学的平衡方程，考虑到材料力学连续性和均匀性假设，则由面积平均化的方法可得：

$$\bar{\sigma}=\int\frac{1}{V}\sigma\mathrm{d}V=\frac{1}{A}\int\sigma\mathrm{d}A \tag{6-10}$$

$$\bar{\varepsilon}=\int\frac{1}{V}\varepsilon\mathrm{d}V=\frac{1}{A}\int\varepsilon\mathrm{d}A \tag{6-11}$$

$$\overline{\delta}=\int\frac{1}{V}\delta \mathrm{d}V=\frac{1}{A}\int\delta \mathrm{d}A \tag{6-12}$$

式中，σ、ε 和 δ 分别表示应力、应变和位移；$\overline{\sigma}$、$\overline{\varepsilon}$ 和 $\overline{\delta}$ 代表其平均值；V 为单元体体积；A 为体积单元的受荷面积。

如图 6-19，在体积单元施加一个沿纤维方向的正应力 $\overline{\sigma_{f_1}}$，必然地，单元体受 E_1 控制。由材料力学中静力平衡方程可知：

$$\overline{\sigma_{f_1}}A_1=\overline{\sigma_{f_1}}A_f+\overline{\sigma_{m_1}}A_m \tag{6-13}$$

式中，下标 f_1、f 和 m 分别代表 FRP 材料、纤维和树脂基体。

由以上假设，基于复合材料基本原理，结合胡克定律（忽略泊松比），可得 FRP 筋的近似（杨氏）弹性模量的计算公式：

$$E_1=E_{f_1}v_f+E_{m_1}v_m \tag{6-14}$$

由式（6-14）可知，FRP 筋的弹性模量与纤维和树脂基体的体积分数（包括空隙体积）有关。需要说明的是，上式很显然忽略纤维/树脂界面区域由于泊松比应变不匹配产生的应变能。Whitney 和 Riley[218] 指出该忽略项可以证明纤维和树脂泊松比差异的二阶项，因此这种近似的计算是合理。

进一步，可得玻璃-碳基 HFRP 筋的弹性模量：

$$E_1=E_{cf}v_{cf}+E_{bf}v_{cf}+E_m v_m \tag{6-15}$$

式中，E 和 v 分别为弹性模量和体积分数，下标 cf、bf 和 m 分别代表碳纤维、玻璃纤维和树脂基体。

对于 HFRP 材料，假定拉伸过程中低弹性模量低强度的玻璃纤维先断裂，而碳纤维最后断裂，故 HFRP 筋的拉伸强度（σ_1）最终可由碳纤维的极限应变近（ε_f^{ult}）似计算（假设沿纤维方向荷载诱导的是均匀应变）：

$$\sigma_1=E_1\varepsilon_f^{ult} \tag{6-16}$$

假设 HFRP 筋的空隙率为 1.0%，且均匀按照纤维和基体的比例分布。则基于细观力学分析所得不同 V_{cf} 时 HFRP 筋的弹性模量和拉伸强度如图 6-21 所示。可知，拉伸强度和弹性模量均与 V_{cf} 成正相关。以纤维体积分数为 60%时 HFRP 筋的弹性模量为例，当 V_{cf} 为 10%和 25%时，HFRP 筋的相应值分别为 68.5 GPa 和 86.4 GPa。

3. 基于延性改善的 HFRP 筋优化设计

由一种纤维制成的单型纤维 FRP 筋在拉伸过程中容易出现脆性破坏，限制了在工程中的应用。通过碳纤维部分替代其他单型纤维方式制备成的 HFRP 筋，通过不同模量纤维在拉伸过程中的分阶段断裂，有效改善了 FRP 筋的脆性破坏。由

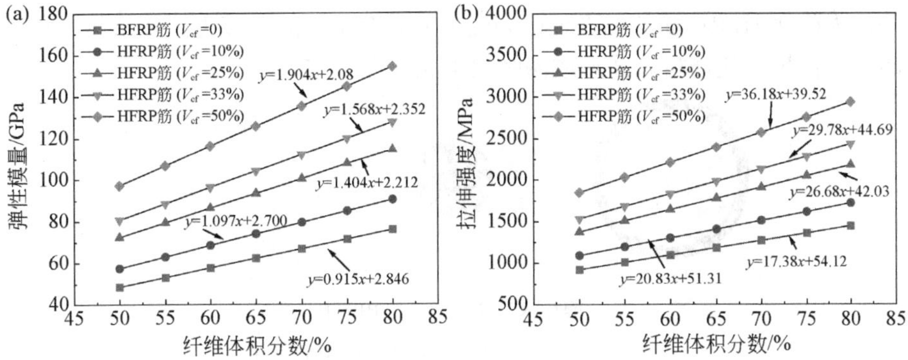

图 6-21　基于细观力学分析所得 HFRP 筋的弹性模量（a）和拉伸强度（b）

上文分析可知，随着纤维体积分数的增加，FRP 筋的拉伸强度会成正比例上升，但考虑到环氧树脂与纤维的协同工作以及生产成本问题，取纤维的总体积分数为 65%。然而，想要实现混杂纤维对延性提升的正面影响，需要严格控制碳纤维的掺量。当高模量的碳纤维首先发生破坏后，低模量的纤维能够承担其卸载的荷载。因此，高模量和低模量的两种纤维的体积比需要满足以下公式：

$$\begin{cases} \dfrac{V_H}{V_L} \geqslant \dfrac{E_L \varepsilon_L}{E_H(\varepsilon_H - \varepsilon_L)} \\ V_H + V_L = 1 \end{cases} \tag{6-17}$$

式中，V_L 和 V_H 分别表示低伸长率和高伸长率纤维在延展性 HFRP 筋内的体积分数；E_L 和 E_H 分别代表相应的拉伸弹性模量 GPa；ε_L 和 ε_H 分别表示相应的极限拉伸应变。

将高低伸长率纤维的弹性模量和极限拉伸应变代入，联立方程后就可以得到碳纤维体积分数不能超过 16.67%。

为了对比不同纤维分布方式对 HFRP 筋力学性能的影响，设计了碳纤维外缘分布和碳纤维集中分布两种 HFRP 筋，并设置单型 GFRP 筋作为空白对照组（见图 6-22）。在实际生产中，需要足够的碳纤维产量以实现碳纤维的外缘分布。基于上述考虑，碳纤维的体积分数确定为 15%。

6.3.2　玻璃-碳基 HFRP 筋拉伸性能

根据 6.2 节的结果，M-GFRP 的耐久性能优于 S-GFRP。因此，本节在 M-GFRP 筋的基础上进行了混杂纤维的设计，使 FRP 筋同时具备优异的耐久性能和延性。树脂种类及纤维的排布见表 6-3，其中碳纤维混杂含量（V_{cf}，%）确定为 15%，HFRP 筋的纤维体积分数设置为 65%。详细的实际图和示意图见图 6-23 和图 6-24。

此外，为确保 HFRP 筋与混凝土协同受力并具有足够的粘接力，在挤拉过程中采用碳纤维挤拉，使筋材表面形成深螺纹形状（图 6-25）。

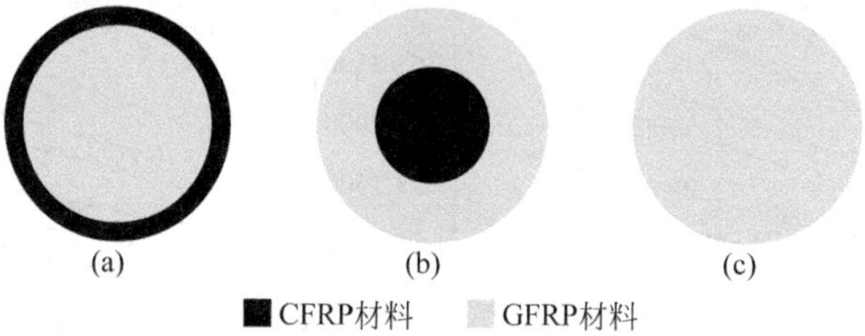

图 6-22　CFRP 材料在 HFRP 筋中的排布

（a）碳纤维外缘分布；（b）碳纤维集中分布；（c）单型玻璃纤维

表 6-3　HFRP 筋中碳纤维排布和树脂类型

HFRP 筋类型	玻璃纤维体积分数/%	碳纤维体积分数/%	树脂类型	碳纤维排布
GFRP	100	0	改性树脂	—
H1FRP	85	15	普通树脂	环向分布
H2FRP			普通树脂	集中内核
H3FRP			改性树脂	环向分布
H4FRP			改性树脂	集中内核

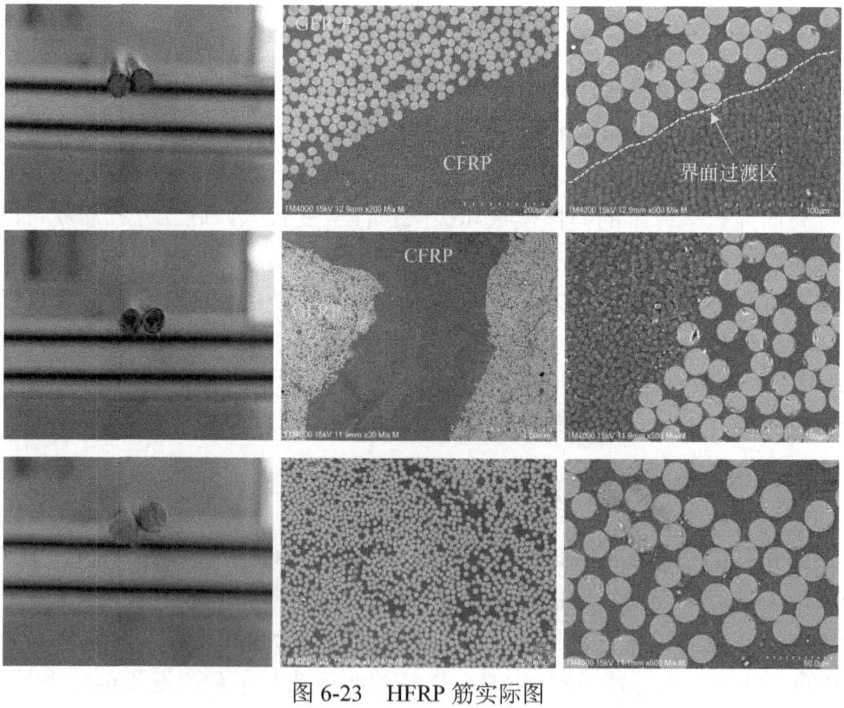

图 6-23　HFRP 筋实际图

图 6-24　HFRP 筋示意图

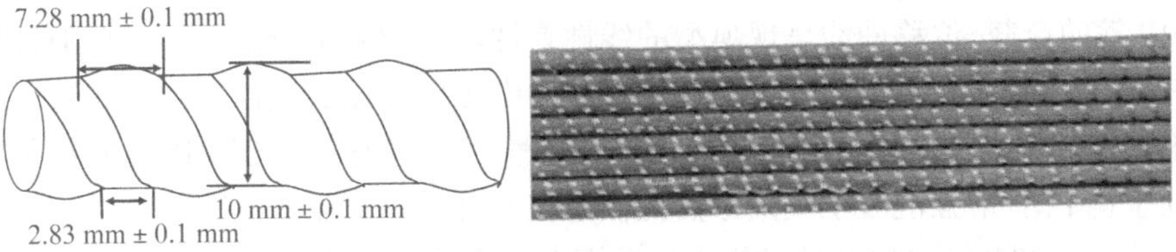

图 6-25　HFRP 筋详细尺寸和形貌

为验证细观力学设计、延性优化 HFRP 筋理念的可行性，对所制备的 HFRP 筋进行拉伸试验。拉伸试验测试参考 ACI 440.3R-12 [116]，每种筋材采用 5 个平行样品。如图 6-26 所示，拉伸试件的长度为 1000 mm，为了避免筋材端部直接受到夹头施加的剪切力破坏，两端均采用内径和外径分别为 18 mm 和 24 mm、长度分别为 300 mm 的空心钢管进行锚固。采用水泥灌注浆填充于钢管内，使钢管与 HFRP 试样形成统一的受力体。因此，测试区长度为 400 mm。

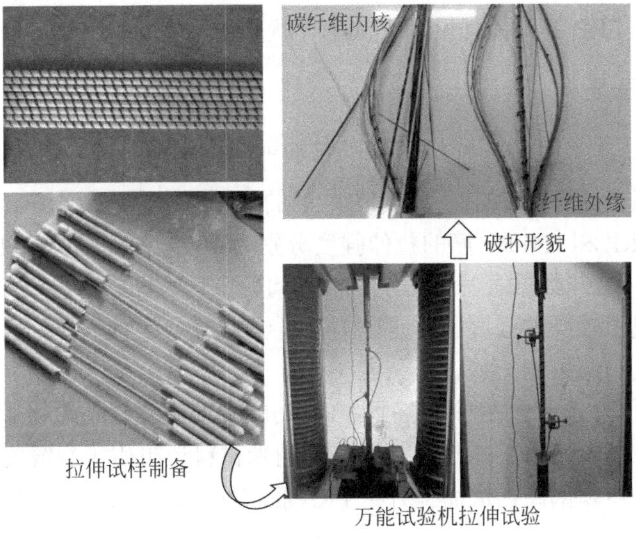

图 6-26　HFRP 筋的拉伸试验

在位移控制模式下，采用万能试验机（MST）以 2 mm/min 的速率沿纵向纤维方向施加载荷。同时，采用标距长度为 100 mm 的引伸计测量拉伸过程中筋材的变形。MST 能够以每秒两次的速度连续读取载荷、应变和位移，其中载荷、应变和位移的分辨率分别为 10 N、10^{-5} 和 10^{-4} mm。

1. 失效模式

图 6-27 展示了 HFRP 筋在拉伸试验过程中的典型荷载-位移曲线。可以看出，GFRP 筋的荷载-位移曲线呈现典型的线性弹性，并表现出脆性失效模式。H1FRP、H2FRP、H3FRP 和 H4FRP 的荷载-位移曲线中出现了屈服塑性变形的屈服平台，清晰地区分了屈服阶段和强化阶段。这一特性对脆性失效的 GFRP 筋尤为重要，有助于在 FRP 增强混凝土失效之前提供潜在的视觉和直觉的危险信号。

分析 HFRP 筋出现延性破坏的正向混杂效应的主要原因是：在纤维束受拉时，纤维束的断裂是一个陆续发生的过程。对于单一纤维 FRP 筋，纤维中的缺陷使得那些受力较大的薄弱纤维首先断裂（在复合材料极限强度 4%以下），随着纤维受力情况的重新分配，又有一些受力较大而薄弱的纤维陆续断裂，直至纤维束全部断裂。因此，在相同弹性模量的 GFRP 筋中，观察到 FRP 筋呈现出连续的脆性破坏。当将两种纤维材料混合使用时，延伸率较低的碳纤维首先断裂，形成分层裂纹。根据抑制裂纹增长的理论，高延伸率的玻璃纤维可以抑制裂纹的传播，并承受因低延伸率碳纤维断裂而产生的额外荷载。此外，碳纤维断裂成短纤维后，仍然能在刚度和强度上发挥不小的作用。因此，HFRP 筋的拉伸强度明显提高，使得玻璃纤维在 FRP 筋中的强度高于其单一状态。

2. 拉伸强度

图 6-28 总结了不同类型 FRP 筋的拉伸性能。由图 6-28（a）可见，HFRP 筋的拉伸强度明显高于 GFRP 筋。GFRP 筋的拉伸强度为 950 MPa，而 H1FRP、H2FRP、H3FRP 和 H4FRP 筋的拉伸强度分别为 1099 MPa、1210 MPa、1187 MPa 和 1266 MPa。这些数据表明了两个方面的问题。一方面，碳纤维集中在内核时，HFRP 筋展现了较高的强度。这是因为碳纤维在这一状态下得到了充分利用，并与其失效模式的结果相一致。

另一方面，利用改性树脂制备的 FRP 筋的拉伸强度较普通树脂更高。这验证了改性树脂除具备疏水功能外，其引入的纳米材料还阻碍了裂缝的扩展，导致裂缝尖端发生扭转和偏离，进而提升了 FRP 筋整体的拉伸强度。

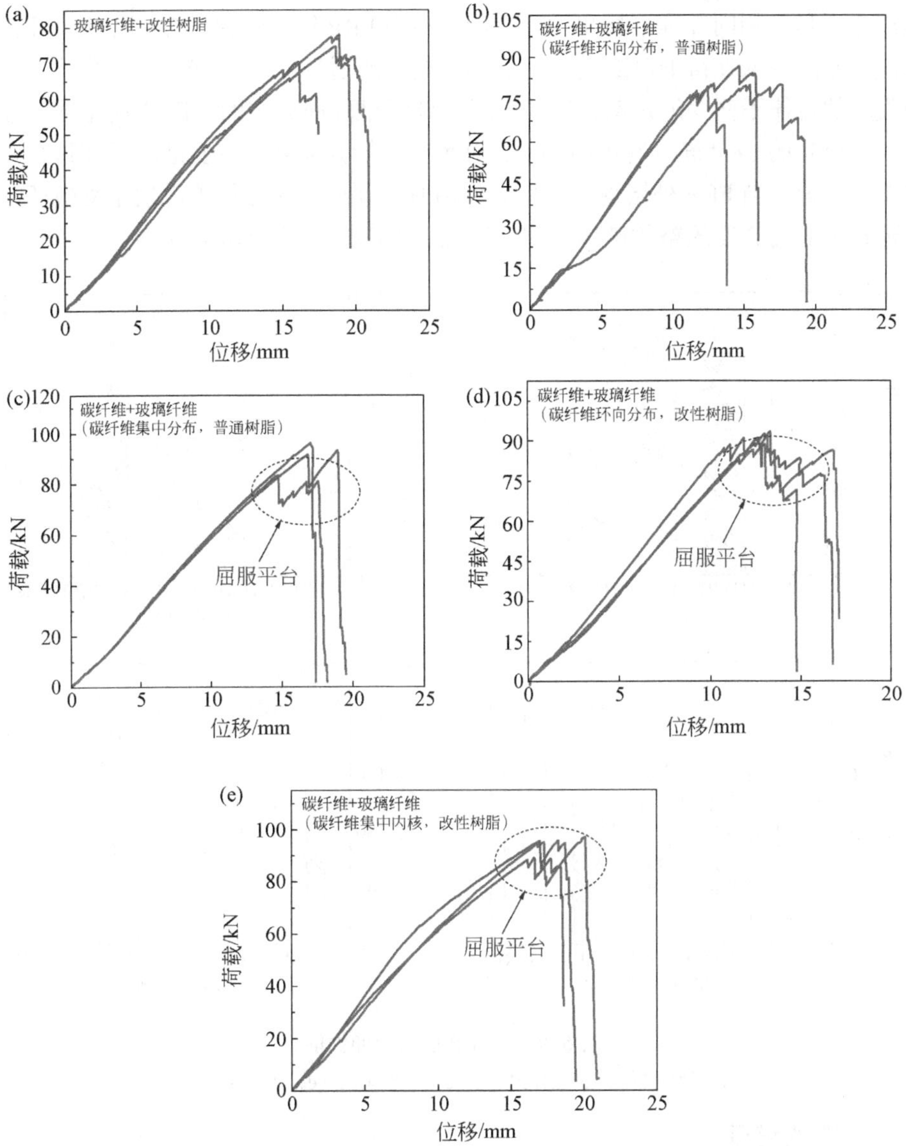

图 6-27　FRP 筋的荷载-位移曲线

（a）GFRP 筋；（b）H1FRP 筋；（c）H2FRP 筋；（d）H3FRP 筋；（e）H4FRP 筋

3. 剪切强度

HFRP 筋的剪切强度如图 6-28（b）所示。可以看出，纤维的混杂方式对 FRP 筋剪切强度的提高不明显。这主要是因为剪切强度主要由纤维和树脂之间的粘接力决定，具有相同纤维掺量和树脂含量的不同 FRP 筋的粘接力差别不大。不过，改性树脂的掺入使得 HFRP 筋的剪切强度高于普通树脂的 HFRP 筋。此外，与拉伸强度的规律不同，通过剪切试验发现，碳纤维环向分布的 HFRP 筋比碳纤维集中内核分布的 FRP 筋具有更高的剪切强度。分析其原因，主要是碳纤维具有更高的弹性模量。当 FRP 外层受到剪切力作用时，碳纤维能够保护内层不受破坏，从而延长了 HFRP 筋的整体破坏时间，增强了 HFRP 筋的剪切强度。

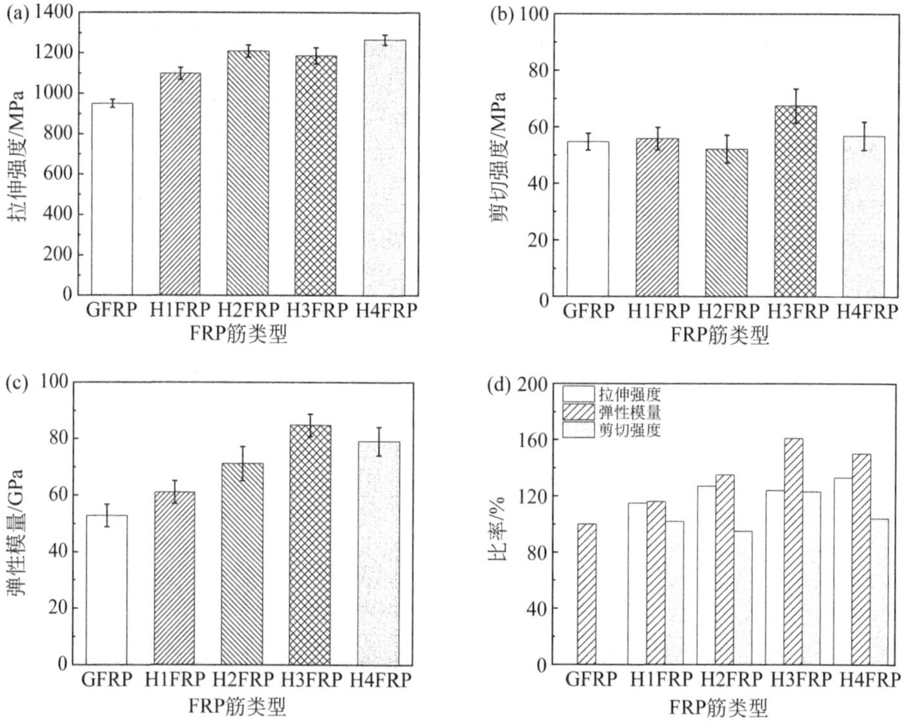

图 6-28　HFRP 筋的拉伸性能

（a）拉伸强度；（b）剪切强度；（c）弹性模量；（d）性能参数比率

4. 弹性模量

图 6-28（c）为 FRP 筋的弹性模量。与拉伸强度相似，弹性模量也受到纤维排布的影响。以 GFRP 筋的弹性模量为基准（61.17 GPa），H1FRP、H2FRP、H3FRP 和 H4FRP 筋的弹性模量分别增长了 15.7%、34.8%、60.6%和 49.8%[图 6-28（d）]。这一现象是由于碳纤维较高的弹性模量代替了部分玻璃纤维，从而提高了 HFRP 筋的弹性模量。另一方面，由于碳纤维集中内核的排布，HFRP 筋具备更高的弹性模量。这主要归因于集中内核设计有助于减少纤维分布不均和空隙等缺陷，而

这些缺陷会降低 FRP 筋的整体性能。因此，碳纤维集中内核设计提高了复合材料的均质性和弹性模量。

6.4　海水海砂混凝土中 FRP 筋性能预测

6.4.1　基于 Arrhenius 理论模型的 FRP 筋性能预测

1. 理论模型

根据 Arrhenius 加速理论，FRP 材料的劣化速率与温度之间的关系如式（6-18）所示。

$$k = A\exp(-E_{\mathrm{am}} / R_0 T) \tag{6-18}$$

式中，k 为劣化速率，$1/t$；A 为材料相关的常数；E_{am} 为材料的活化能，J/mol；R_0 为摩尔气体常数，8.3144 J/(mol·K)；T 为开尔文温度，K。

式（6-18）进一步可以转化为 $\ln(1/k)$与$(1/T)$且斜率为 E_{am}/R_0 的线性直线，如式（6-19）所示：

$$\ln(1/k) = E_{\mathrm{am}} / R_0 (1/T) - \ln A \tag{6-19}$$

基于此，研究人员发展了许多耐久性预测模型，下面着重讨论最广泛使用的四种预测模型。模型 1 由 Bank 等[219]于 2003 年提出，其假设 FRP 材料性能的劣化与暴露时间的对数呈线性关系。

$$Y = a\lg t + b \tag{6-20}$$

式中，t 为暴露时间，d；Y 为 FRP 筋力学性能的强度保留率，%；a 和 b 为回归方程的系数。

虽然模型 1 成功应用于混凝土包裹环境中 FRP 筋的寿命预测，但该模型仅是试验结果的线性回归，并未给出明确的劣化机制。此外，在未腐蚀时（t=0），Y 值为无限大，这明显与实际情况不符。

模型 2 和模型 3 由 Phani 和 Bose[220]提出，假设 FRP 材料性能的劣化主要发生在早期，后期相对缓慢并趋于平衡。目前，模型 2 和模型 3 已成功应用于预测直接溶液浸泡和嵌入混凝土中 FRP 筋的长期性能。同时，这两个预测模型解释了筋材劣化的主要机制为纤维/树脂界面的脱粘。此外，模型 2 和模型 3 的主要区别在于随着暴露时间的延长，劣化后 FRP 材料的 Y 值是趋于零还是无穷大。相比之下，模型 2 对于直接溶液浸泡环境下筋材的预测更为合适且结果更为保守，而嵌入混凝土中 FRP 筋则采用模型 3 进行预测，具有更高的精度。

$$Y = 100\exp(-t/\tau) \tag{6-21}$$

$$Y = (100 - Y_{\infty})\exp(-t/\tau) + Y_{\infty} \tag{6-22}$$

式中，τ 为拟合系数；Y_{∞}为在无限长的暴露时间所对应的强度保留率，%。

此外，根据式（6-18）和式（6-19），基于以上三种模型并结合实际试验数据可得回归系数（斜率）E_{am}/R_0，可得 FRP 筋在任意暴露温度下（T_0和 T_1）达到相同的强度保留率时其时变迁因子（time shift factor，TSF）。

$$\mathrm{TSF} = \frac{t_0}{t_1} = \frac{Y/k_0}{Y/k_1} = \frac{k_1}{k_0} = \frac{A\exp(-E_{am}/R_0T_1)}{A\exp(-E_{am}/R_0T_0)} = \exp\left[\frac{E_{am}}{R_0}(1/T_0 - 1/T_1)\right] \tag{6-23}$$

2. 预测结果与分析

对于 SWSC 模拟孔隙溶液中的 BFRP 筋，经过初步拟合，发现模型 2 较为合适，且其 R^2 均大于 0.8［图 6-29（a）和图 6-30（a）］。此外，Arrhenius 图中相互平行的拟合直线暗示，室内加速腐蚀试验期间筋材的劣化机理未受到影响[图 6-29（b）和图 6-30（b）]。基于此，采用当前获得的加速腐蚀试验数据，并结合 Arrhenius

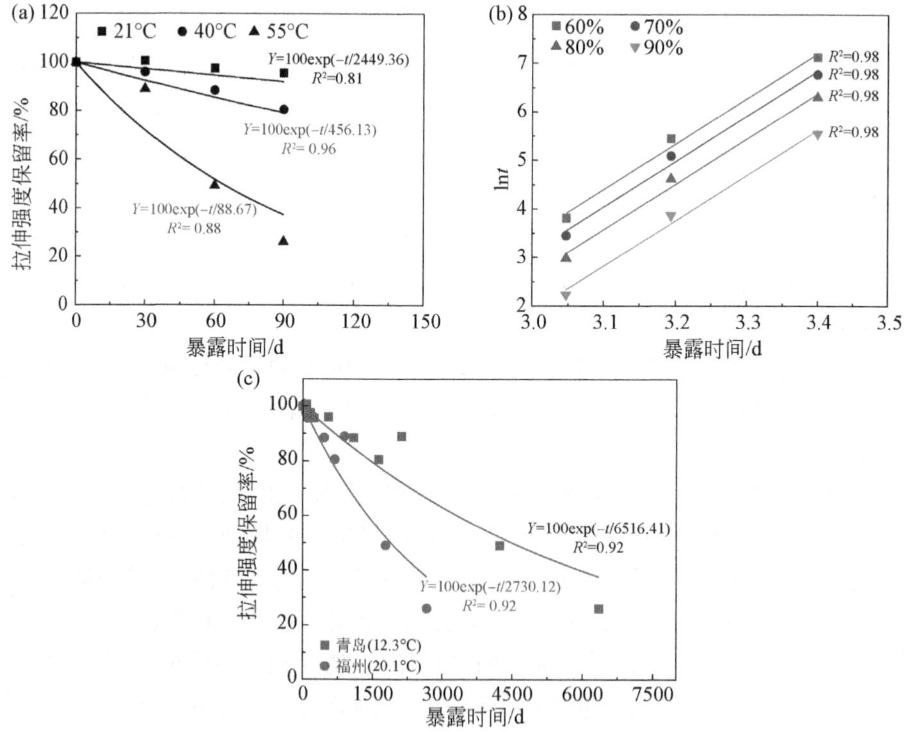

图 6-29　BFRP 筋在 SWSC 模拟孔溶液中拉伸强度寿命

（a）拟合曲线；（b）Arrhenius 图；（c）拉伸强度寿命主曲线

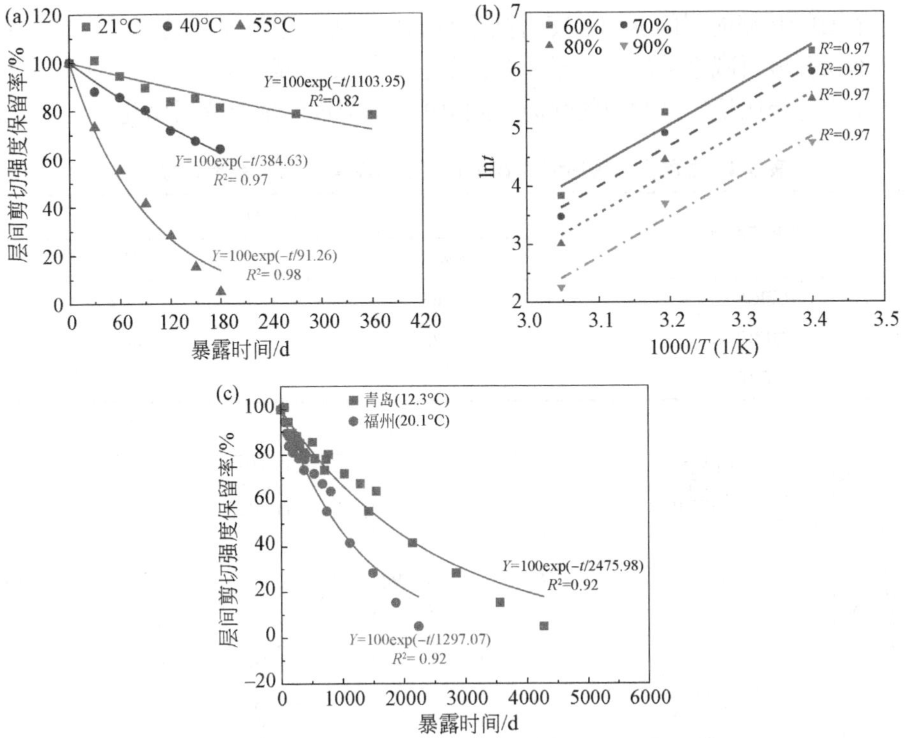

图 6-30　BFRP 筋在 SWSC 模拟孔溶液中层间剪切强度寿命

（a）拟合曲线；（b）Arrhenius 图；（c）层间剪切强度寿命主曲线

理论开发预测曲线，以预测年平均温度分别为 12.3℃（青岛）和 20.1℃（福州）地区使用 HFRP 筋的力学性能衰减。

图 6-29（c）和图 6-30（c）为 SWSC 模拟孔隙溶液中 BFRP 筋的长期寿命主曲线。根据预测结果，当强度保留率降低到 ACI 440.1R-06 [19] 推荐的环境折减系数（CE=70%）时，BFRP 筋的拉伸强度在年平均温度为 12.3℃（青岛）和 20.1℃（福州）所需的时间分别为 2324 d 和 974 d；而层间剪切强度分别约为 974 d 和 463 d。这一结果与 BFRP 筋在模拟孔隙溶液中强度劣化趋势相一致。

考虑到混凝土中 FRP 筋前期劣化快而后期相对稳定变化的趋势，故采用模型 3 预测。图 6-31 为暴露于 55℃海水中混凝土中 BFRP 和 HFRP 筋拉伸强度寿命主曲线。根据预测结果，可以 SWSC 和 NC 中 BFRP 和 HFRP 筋拉伸强度存在一个明显的强度折减系数，如表 6-4 所示。从表 6-4 可知，相比于 BFRP 筋的 0.65，海洋环境中嵌入 SWSC 中混杂 FRP 筋的拉伸强度减系数分别提高了 16.7%（H1FRP 筋，0.75）和 27.7%（H2FRP 筋，0.83），说明采用碳纤维代替部分的玄武岩纤维延长了 HFRP 筋在海水混凝土环境中的长期服役寿命。类似地，海洋混凝土中 HFRP 筋的层间剪切强度折减系数也呈现出相似的变化趋势。相比之下，层间剪切强度折减系数略微低于同时期的拉伸强度折减系数，这说明在海洋混凝土环境中，相比于纤维主导的性能，HFRP 筋的界面性能更容易劣化。

表 6-4　混凝土包裹环境中 BFRP 和 HFRP 筋的拉伸强度折减系数

HFRP 筋类型	折减系数	
	SWSC	NC
BFRP	0.65	0.73
H3FRP	0.75	0.78
H4FRP	0.83	0.85

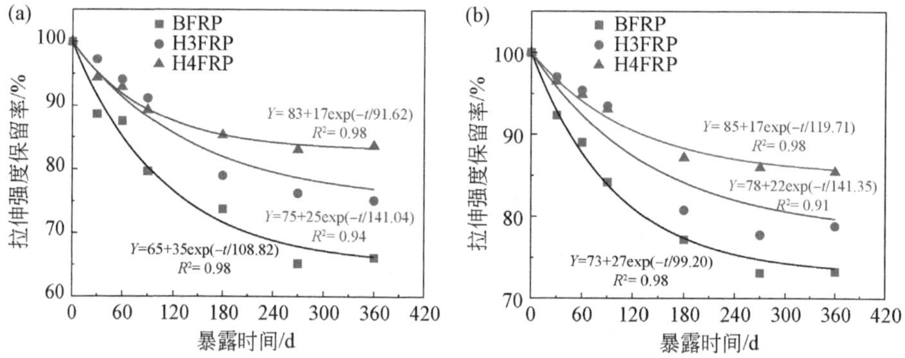

图 6-31　暴露于 55℃海水中混凝土中 FRP 筋拉伸强度寿命主曲线

（a）SWSC；（b）NC

6.4.2　基于 Fick 定律的 FRP 筋性能预测

1. 理论模型

Fick 扩散定律常用描述腐蚀性离子在复合材料中的扩散过程，其将暴露时间和扩散系数关联起来，可直观从扩散的角度量化复合材料性能劣化，具体可以表示为：

$$\frac{\partial C}{\partial t}=D\frac{\partial^2 C}{\partial x^2} \tag{6-24}$$

式中，D 为扩散系数，mm^2/s；C 为溶液离子溶度；t 为暴露时间，d；x 为渗透腐蚀深度，mm。

基于此，Tannous 等[221]提出了“水分吸收”劣化模型。他们认为，FRP 筋的劣化是腐蚀性离子的不断渗透和吸湿性的增加所导致的，并基于此建立了筋材残余力学性能与吸湿率之间的关系。此外，该模型假设渗透区的纤维完全失效，且不再承受力；而未渗透区的纤维力学性能则不受影响。因此，FRP 筋渗透区的深度 X 和残余力学强度可以分别通过式（6-25）和式（6-26）进行计算。

$$X = \sqrt{2DCt} \tag{6-25}$$

$$P_P = P_0\left(1-\frac{x}{r_0}\right) = P_0\frac{r_r}{r_0} \tag{6-26}$$

式中，P_P 和 P_0 分别为未腐蚀和腐蚀后 FRP 筋的强度，MPa；r_r 和 r_0 分别为筋材的直径和未渗透的深度，mm。

需要说明的是，假设 Fick 定律退化模型可以量化在相同暴露条件（相同温度和腐蚀条件）下 FRP 筋的残余强度，此时其试验条件应限制在筋材在混凝土环境中的吸湿性达到饱和吸湿率之前。

由式（6-27）和式（6-28）进一步可得，腐蚀后 FRP 筋的强度保留率是自变量的二次函数，因此可得：

$$Y = \left(1-\frac{x}{r_0}\right)^2 = \left(1-\frac{\sqrt{2DCt}}{r_0}\right)^2 \tag{6-27}$$

进一步地，上式可转化为：

$$Y = A\,(\sqrt{t})^2 + B\,\sqrt{t} + 1 \tag{6-28}$$

式中，$A{=}2DC/r_0^2$；$B = 2\sqrt{2\,DC}/r_0$。

2. 预测结果与分析

基于前期试验数据，利用 Fick 定律退化模型对不同条件下不同龄期的 BFRP 和 HFRP 筋的拉强度保持率进行拟合，结果如图 6-32 和图 6-33 所示。

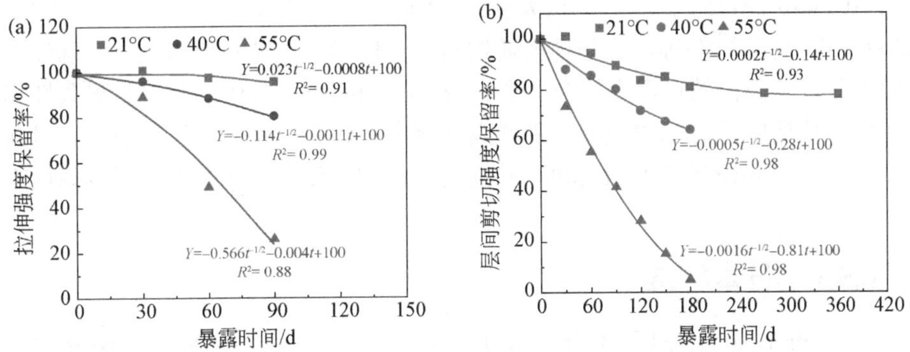

图 6-32　SWSC 模拟孔溶液中 BFRP 筋的拉伸强度保留率（a）和层间剪切强度保留率（b）

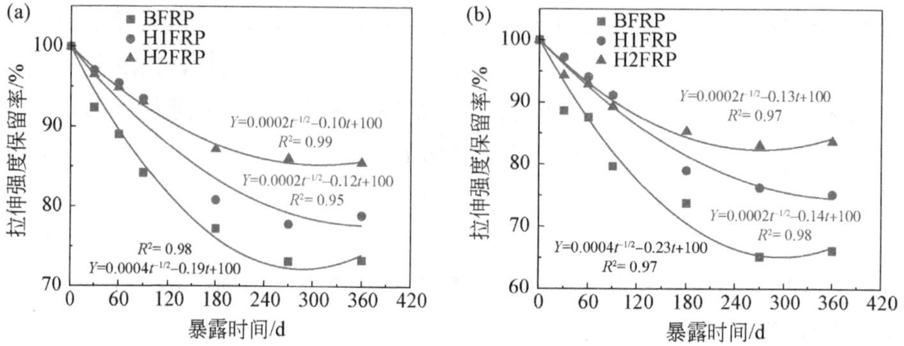

图 6-33　暴露于 55℃海水中 SWSC（a）和 NC（b）中 FRP 筋的拉伸强度保留率

Fick 扩散模型的形式相对简单，可以通过简单的测试数据拟合获得，以确定未测试时间点 BFRP 和 HFRP 筋的强度保持率。此外，该模型可用于计算筋材在长周期内的退化。拟合结果表明，试验值和拟合值表现出很强的一致性。但由于缺乏 FRP 筋增强海水海砂混凝土的长期数据，目前预测模型的准确性仍不可靠。且当前模型主要以回归为主，在机理上仍未能反映出 FRP 筋的劣化机制，寿命预测模型仍需进一步研究。

6.5　FRP 筋增强混凝土设计规范

目前，针对 FRP 筋增强混凝土结构短期力学性能的研究成果相对丰富，对其性能演变的把握也较为充分。由于 FRP 筋在混凝土内部环境下长期性能会出现退化，各国根据自身 FRP 筋生产工艺水平和设计规范体系制定了相关的耐久性设计方法。如我国的 GB 50608—2020 规范[222]、加拿大的 ISIS Canada 规范[223]、美国的 ACI 440.1R-15 规范[224]、意大利的 CNR-DT 203/2006 规范[225]及欧洲的 Fib Bulletin 40 规范[226]等。这些规范通过引入环境影响折减系数的方法，确保结构在整个服役年限内的可靠度符合要求。表 6-5 中列出了各国规范中与耐久性相关的环境和长期应力对 FRP 筋抗拉强度降低系数的取值。从表中可以看出，目前各国已建立不同 FRP 筋的相关标准，并规定了在不同环境和应力下的强度降低系数等经验方法。

6.5.1　日本标准

从 20 世纪 80 年代起，日本投入大量的人力、物力和财力制定 FRP 增强混凝土结构设计和施工标准。这些标准既包括 FRP 筋（索）增强混凝土结构设计与施工指南，也包括外贴 FRP 布补强混凝土结构设计与施工指南。到 90 年代中期，前者主要包括：利用连续纤维增强材料进行混凝土结构设计与施工的建议（以下简称 DCCSCFRM 建议[227]）、FRP 筋（索）增强混凝土结构设计指南（以下简称 GSDFRPCB）、预应力 FRP 筋（索）增强混凝土结构设计方法（以下简称 DPFRPCBS）等。

表 6-5　各国环境和长期应力影响的 FRP 筋拉伸强度降低系数取值

拉伸强度降低系数	筋材类型	美国 ACI 440.1R-15	日本 JSCE 1997	加拿大 CHBDC 1996	挪威 NS 3473	英国 BISE
环境	GFRP	0.7～0.8	0.77	0.75	0.5	0.3
	AFRP	0.8～0.9	0.87	0.85	0.9	0.5
	CFRP	0.9～1.0	0.87	0.85	1.0	0.6
应力	GFRP	—	—	0.8～1.0	0.8～1.0	0.3
	AFRP	—	—	0.5～1.0	0.7～1.0	0.5
	CFRP	—	—	0.9～1.0	0.9～1.0	0.6
环境+应力	GFRP	0.7～0.8	0.77	0.6～0.75	0.4～0.5	0.3
	AFRP	0.8～0.9	0.87	0.42～0.85	0.63～0.9	0.5
	CFRP	0.9～1.0	0.87	0.76～0.85	0.9～1.0	0.6
最大拉应力	GFRP	0.14～0.16	0.7	0.6～0.75	无规定	无规定
	AFRP	0.16～0.18	0.7	0.42～0.85		
	CFRP	0.44～0.5	0.7	0.76～0.85		

其中，DCCSCFRM 建议稿由日本土木工程师协会于 1997 年出版，旨在指导混凝土结构设计与施工。该建议稿既包括 FRP 筋（索）的质量规格和实验方法，也包括 FRP 筋（索）的设计与施工说明。材料质量条款规定了工程实验所需的 FRP 筋（索）的特征与性能等。FRP 筋（索）的特征包括纤维类型及其配置方式。FRP 筋（索）的性能包括轴向纤维的体积配筋率、FRP 筋的横截面面积、抗拉强度、弹性模量、延伸率、徐变断裂强度、松弛比和耐久性等。

根据 DCCSCFRM 建议稿，进行纤维筋增强混凝土结构设计时，混凝土设计强度应至少满足以下要求：

（1）普通纤维筋增强混凝土结构的混凝土设计强度不应低于 21 MPa；

（2）预应力纤维筋增强混凝土结构的混凝土设计强度不应低于 30 MPa。

此外，DCCSCFRM 建议稿还对混凝土质量、水泥类型、水胶比、粗细骨料和外加剂等方面做出了具体限制。由于纤维筋增强混凝土结构中不涉及钢筋锈蚀问题，因此未对混凝土中的氯离子含量提出明确要求，但对混凝土的碱含量则有明确规定。特别是建议稿中对碱骨料反应的防治提出了明确要求。

6.5.2　美国标准

美国对 FRP 筋混凝土结构进行了长期的持续研究。自 20 世纪 80 年代以来，得益于美国国家科学基金和联邦公路管理委员会的资助，该领域的研究与开发得以加速。1991 年，美国混凝土协会成立了 440 委员会，即纤维增强树脂补强和加固委员会（ACI440 委员会）。该委员会推出了纤维筋增强混凝土结构的设计与施工指南（ACI.440.1R-03），并于 2001 年获得了技术活动委员会的批准，涉及 CFRP、AFRP 和 GFRP 等三类筋材。

FRP 筋长期与不同环境接触可能导致材料的抗拉强度、蠕变和疲劳耐久性降低。因此，在设计方程中，材料的性质应根据 FRP 类型和环境因素进行折减。在 FRP 筋增强混凝土的抗拉强度方面，主要参考式（6-29）至式（6-30）进行设计，如下所示：

$$f_{\mathrm{fu}} = C_{\mathrm{E}} f_{\mathrm{fu}}^{*} \tag{6-29}$$

式中，f_{fu} 为 FRP 筋的抗拉强度设计值，考虑环境因素进行适当的折减，MPa；C_{E} 为环境因素引起的折减系数，如表 6-6 所示，根据纤维类型和环境有所不同；f_{fu}^{*} 为 FRP 筋的抗拉强度标准值，相当于极限抗拉强度减去 3 倍标准方差，（$f_{\mathrm{fu}}^{*} = f_{\mathrm{u,ave}} - 3s$），MPa。

表 6-6　环境因素引起的折减系数

环境情况	纤维类型	C_{E}
混凝土不与空气和土壤接触	碳纤维	1.0
	玻璃纤维	0.8
	芳纶纤维	0.9
混凝土与空气和土壤接触	碳纤维	0.9
	玻璃纤维	0.7
	芳纶纤维	0.8

破坏应变设计值规定如下：

$$\varepsilon_{\mathrm{fu}} = C_{\mathrm{E}} \varepsilon_{\mathrm{fu}}^{*} \tag{6-30}$$

式中，$\varepsilon_{\mathrm{fu}}$ 为 FRP 筋破坏应变设计值；$\varepsilon^{*}_{\mathrm{fu}}$ 为 FRP 筋破坏应变标准值，相当于极限应变减去 3 倍标准方差（$\varepsilon^{*}_{\mathrm{fu}}=\varepsilon_{\mathrm{u,ave}}-3s$）；弹性模量设计值与生产厂商提供的材料弹性模量一致（$E_{\mathrm{f}}=E_{\mathrm{u,ave}}$）。

材料参数由生产商直接提供，例如标准的抗拉强度，应该是不考虑长期环境效应的最初始的数据。

对于受弯构件，FRP 筋抗拉强度的设计由下式决定：

$$f_{\mathrm{fb}}=\left(0.05\times\frac{r_{\mathrm{b}}}{d_{\mathrm{b}}}+0.3\right)\times f_{\mathrm{fu}} \tag{6-31}$$

式中，f_{fb} 为 FRP 筋弯曲部位抗拉强度设计值；r_{b} 为弯曲部分的半径，mm；d_{b} 为 FRP 筋的直径，mm；f_{fu} 为 FRP 筋的抗拉强度设计值，考虑环境因素进行适当的折减，MPa；

关于 FRP 筋弯曲部位抗拉强度的设计取值，可以参考生产厂商利用规范推荐的试验方法获得的试验数据。

关于受弯构件的设计，由于 FRP 筋加强混凝土构件的受弯设计与钢筋混凝土构件设计类似，FRP 筋增强混凝土的使用经验数据表明，受弯计算的假定与钢筋混凝土构件相似，设计时应根据 FRP 筋的力学性能进行。

钢筋混凝土构件的设计准则通常是确保混凝土在压碎前发生钢筋屈服，钢筋屈服可产生延性，从而判定构件受力失效。然而，由于 FRP 筋本身缺乏延性，FRP 增强混凝土构件在破坏前没有明显的变形，具有突发性和危险性。此外，FRP 增强混凝土构件的破坏模式主要为混凝土压碎。因此，在 FRP 筋的强度和耐久性满足要求的前提下，FRP 的拉断和混凝土的压碎均可作为 FRP 筋加强混凝土弯曲构件设计的控制因素。由于 FRP 筋缺少延性，设计构件时 FRP 筋必须具备足够的强度储备，以确保结构设计的安全性。

6.5.3　欧洲规范

欧洲应用 FRP 筋的历史较早，目前主要有国际混凝土联合会（FIB）发布的 FIB Bulletin 40[226]和 FIB-MC 2010[228]两本规范，用于指导 FRP 筋的设计与应用。在此，对 FIB Bulletin 40 中的规定进行详细介绍。

2007 年 9 月，FIB 所属 9.3 任务小组发布了 FIB Bulletin 40 规范。该规范指出，在设计 FRP 筋增强混凝土结构时，应考虑环境因素对 FRP 筋强度的影响。规范通过对环境类型进行更精细的划分，提出了相比其他规范更为细致的 FRP 筋环境影响折减系数的计算方法，计算公式如下所示：

$$\eta_{\mathrm{env,t}}=\frac{1}{\left(\dfrac{100-R_{10}}{100}\right)^{n+2}} \tag{6-32}$$

$$n=n_{\mathrm{mo}}+n_{\mathrm{T}}+n_{\mathrm{SL}}+n_{\mathrm{d}} \tag{6-33}$$

式中，$\eta_{env,t}$ 为环境影响折减系数；R_{10} 为基于试验数据获得的双对数坐标系下的斜率值（%）；n 为各环境因素的权重总和；n_{mo} 为湿度修正因子；n_T 为温度修正因子；n_{SL} 为服役年限修正因子；n_d 为筋材直径修正因子。上述修正因子的取值见表 6-7 至表 6-10 所示。规范规定 FRP 筋的抗拉强度取值需在原设计强度值的基础上除以计算得出的 $\eta_{env,t}$。

表 6-7　混凝土环境下的湿度修正因子

环境相对湿度（RH）情况	n_{mo}
干燥（RH＜50%）	−1
相对湿润（不持续与水接触，RH≈80%）	0
水汽充足（持续与水接触，RH=100%）	1

表 6-8　年平均温度修正因子

环境年平均温度（MAT）大小	n_T
MAT＜5℃	−0.5
5℃＜MAT＜15℃	0
15℃＜MAT＜25℃	0.5
25℃＜MAT＜35℃	1

表 6-9　设计服役年限修正因子

服役年限	n_{SL}
1 年	1
10 年	2
50 年	2.7
100 年	3

表 6-10　直径修正因子

直径大小	n_d
大于试验筋材	0
等于试验筋材	0
试验筋材的 75%	0.5
试验筋材的 50%	1

6.5.4　中国标准

从 20 世纪 90 年代中期起，我国开始着手进行 FRP 补强和加固技术的研究。

国内许多实力较强的科研院所和大学纷纷开展碳纤维布补强和加固混凝土结构、砌体结构的研究，并取得了多项成果。在短短几年内，制定并颁布了外贴碳纤维布补强和加固混凝土结构的技术标准。

2018 年，住房和城乡建设部发布了《纤维增强复合材料筋混凝土桥梁技术标准》[229]，两年后又发布了《纤维增强复合材料工程应用技术标准》（GB 50608—2020）[230]。这两部标准中对 FRP 筋增强混凝土结构设计的规范提出了具体要求，包括材料性能、构造安装、受力性能和验收标准等方面。其中，前者更适用于桥梁用 FRP 筋增强混凝土结构的设计、施工及验收，后者则更适用于 FRP 材料在结构加固和新建结构的设计与使用。所涉及的 FRP 材料不再仅限于筋材，还包括片材、板材和纤维布等。

与钢筋相比，FRP 筋的弹性模量较低。因此，FRP 筋混凝土构件的裂缝宽度要求和挠度要求通常成为设计的控制因素。根据 GB 50608 规定，复材筋混凝土构件应进行正常使用极限状态下的裂缝宽度、变形计算和承载能力极限状态的验算。预应力复材筋混凝土构件应进行承载能力极限状态的计算和正常使用极限状态的验算。在荷载效应准永久组合情况下，FRP 筋的应力或预应力 FRP 筋的应力不宜大于式（6-34）中的应力限值。

$$\sigma_{\mathrm{fs,lim}} = f_{\mathrm{fk}} / (\gamma_{\mathrm{fc}}\gamma_{\mathrm{e}}) \tag{6-34}$$

式中，f_{fk} 为复材筋的抗拉强度标准值；γ_{fc} 为正常使用状态下复材筋或预应力复材筋的蠕变断裂折减系数。

蠕变断裂是 FRP 筋在低于其承载力的长期作用下发生断裂的现象，是 FRP 筋特有的问题。为了保证在 FRP 筋设计基准期内不发生断裂，其长期承受的应力不能大于某一限值。根据国内外已有的试验数据和相关规范，CFRP 筋、AFRP 筋、GFRP 筋和 BFRP 筋的蠕变断裂折减系数分别为 1.25、2.0、3.5 和 2.0。考虑到 CFRP 筋的材料分项系数为 1.4，CFRP 筋在荷载效应标准组合下的应力限值不应超过抗拉强度设计值，因此将 CFRP 筋、AFRP 筋、GFRP 筋和 BFRP 筋的蠕变断裂折减系数分别修正为 1.4、2.0、3.5 和 2.0，如表 6-11 所示。

表 6-11　正常使用状态下复材筋及预应力复材筋的蠕变断裂折减系数 γ_{fc}

筋材类型	GFRP 筋	CFRP 筋	BFRP 筋	AFRP 筋
γ_{fc}	3.5	1.4	2.0	2.0

γ_{e} 为复材筋的环境影响系数，复材在长期所处环境的酸碱盐、湿度、温度、日照等作用下，性能会有不同程度地降低。由于不同环境情况对不同品种纤维材料劣化影响程度不同，考虑到耐久性的要求，采用不同的系数给予折减，环境影

响系数是根据我国试验研究成果并参考了 ACI 相关规范和国外学者的试验研究数据确定的。环境影响系数 γ_e 按表 6-12 取值。

表 6-12　FRP 筋环境影响系数 γ_e

环境条件	复材类型	γ_e
室内环境	CFRP 筋	1.0
	BFRP 筋	1.0
	AFRP 筋	1.2
	GFRP 筋	1.25
一般室外环境	CFRP 筋	1.1
	BFRP 筋	1.2
	AFRP 筋	1.3
	GFRP 筋	1.4
海洋环境 侵蚀性环境	CFRP 筋	1.2
	BFRP 筋	1.2
	AFRP 筋	1.5
	GFRP 筋	1.6（强碱环境中取 2.0）

预应力复材筋的张拉控制应力 σ_{con} 的限值应符合表 6-13 的规定。

表 6-13　预应力复材筋的张拉控制应力 σ_{con} 上下限值

筋材类型	CFRP 筋	BFRP 筋
σ_{con} 上限值	$0.65f_{fk}$	$0.50f_{fk}$
σ_{con} 下限值	$0.40f_{fk}$	$0.35f_{fk}$

考虑蠕变断裂及环境影响，FRP 筋和预应力 FRP 筋在荷载效应标准组合下的应力不能超出限值 $\sigma_{fs,lim}$。

关于 FRP 筋混凝土构件的混凝土强度等级应按照边长为 150 mm 立方体试件的抗压强度标准值确定。FRP 筋混凝土构件混凝土强度等级应符合下列规定：

（1）普通 FRP 筋混凝土构件不应低于 C30；

（2）预应力 FRP 筋混凝土构件不应低于 C40。

6.5.5　FRP 筋增强海水海砂混凝土设计的几点建议

对于 FRP 筋增强海水海砂混凝土结构的设计，应充分参考国内外现有设计规范和标准中的相关规定。结合普通钢筋混凝土结构设计规范[231]的要求，针对海水海砂混凝土材料的特点，制定专门的设计方案。首先，应确定 FRP 筋增强海水海砂混凝土结构的设计工作年限、结构安全等级、抗震设防类别以及结构上的作用和作用组合。应进行结构的承载能力极限状态、正常使用极限状态和耐久性设计，并确保符合工程的功能和结构性能要求。具体内容如下：

（1）混凝土结构设计应包含以下内容：结构方案设计，包括结构选型、构件布置及传力途径；作用及作用效应分析；结构的极限状态设计；结构及构件的构造和连接措施；耐久性及施工要求；满足特殊要求结构的专门性能设计。

（2）FRP 筋增强混凝土结构的混凝土强度等级应满足工程结构的承载力、刚度及耐久性需求。可以采用基于概率理论的极限状态设计方法，以可靠指标度量结构构件的可靠度，并使用分项系数的设计表达式进行设计。对于设计工作年限为 50 年的混凝土结构，结构混凝土的强度等级应符合表 6-14 中的取值规定；对于设计工作年限大于 50 年的混凝土结构，结构混凝土的最低强度等级应比表 6-14 中的取值规定提高。

表 6-14　结构混凝土耐久性基本要求

环境等级	最大水胶比	最低强度等级	最大碱含量/(kg/m^3)
一	0.60	C20	不限制
二 a	0.55	C25	3.0
二 b	0.50（0.55）	C30（C25）	
三 a	0.45（0.50）	C35（C30）	
三 b	0.40	C40	

注：1）其最低混凝土强度等级宜按表中的规定提高两个等级；

2）素混凝土构件的水胶比及最低强度等级的要求可适当放松；

3）有可靠工程经验时，二类环境中的最低混凝土强度等级可降低一个等级；

4）处于严寒和寒冷地区二 b、三 a 类环境中的混凝土应使用引气剂，并可采用括号中的有关参数；

5）当使用非碱活性骨料时，对混凝土中的碱含量可不作限制

（3）承受疲劳荷载作用的 FRP 筋增强海水海砂混凝土结构构件中，混凝土立方体抗压强度的标准值是指按标准方法制作和养护的边长为 150 mm 的立方体试件，在 28 天或设计规定的龄期内，通过标准试验方法测得的具有 95%保证率的抗压强度值。混凝土强度等级不得低于一定的最低限值，具体的低限值需通过试验确定。混凝土强度等级应根据立方体抗压强度标准值来确定。

（4）FRP 筋增强海水海砂混凝土结构的耐久性设计应根据设计使用年限和环境类别进行，包括以下内容：确定结构所处的环境类别；提出混凝土材料的耐久

性基本要求；确定构件中钢筋的混凝土保护层厚度；制定不同环境条件下的耐久性技术措施；提出结构使用阶段的检测与维护要求。

（5）在设计海水海砂混凝土配比时，需要充分考虑海水和海砂对混凝土强度、耐久性等基本性能的影响，进而考虑其对 FRP 筋长期性能的影响。应采取措施，以保证混凝土拌合物的性能、混凝土的力学性能和耐久性，确保 FRP 筋增强海水海砂混凝土结构的安全性。

（6）FRP 的选择和布置：可以选用 GFRP 筋、CFRP 筋、AFRP 筋或 HFRP 筋，筋材表面形式可选用光圆筋、光圆磨砂筋、带肋筋及表面螺旋缠绕筋等。根据设计要求和结构需要，合理布置并确定 FRP 的增强量，可以基于普通 FRP 筋增强混凝土和预应力 FRP 筋增强混凝土的具体要求进行针对性设计。

（7）施工质量控制：在 FRP 增强混凝土的施工中，应严格按照设计要求和施工规范进行操作，注意控制施工过程中的温度、湿度等环境因素。

（8）结构监测和维护：完成 FRP 增强海水海砂混凝土结构后，建议定期进行结构监测和维护。关注 FRP 的粘接状况、混凝土的腐蚀状况及结构的性能变化，如裂缝和变形。及时采取必要的维护和修复措施，以延长结构寿命，确保结构的安全可靠性。

6.6 FRP 增强海水海砂混凝土示范应用

6.6.1 FRP 增强混凝土国内外应用现状

自 20 世纪 80 年代以来，FRP 筋的实际应用不断增加，目前已在试验研究和工程应用中取得了一些成果。1982 年，瑞士人 Meier[232] 首次尝试采用粘贴 FRP 筋对桥梁结构进行补强和加固的研究。随后，使用 FRP 进行结构补强和加固的方法在日本、美国和欧洲等发达国家得到了突飞猛进的发展，许多学者和科研机构对 FRP 材料在补强和加固修补结构技术方面进行了大量研究。1991 年，美国混凝土协会成立了 ACI440 委员会，负责开展纤维增强复合材料在混凝土和砌体结构补强与加固中的研究。加拿大也成立了一个与 FRP 补强和加固土建结构相关的国家重点研究开发基地。1993 年，ACI 在加拿大主办了第一届国际 FRP 专题会议，此后每两年举办一次 FRP 混凝土国际学术研讨会。1999 年 3 月，日本土木学会成立了 FRP 补强与加固委员会，并完成了应用 FRP 材料对混凝土结构进行补强和加固修复的设计规范。其他国家，如德国和瑞士等，也进行了大量的研究和应用工作，并成立了相应的研究机构[233]。

FRP 筋在一般建筑物中的应用实例包括地板、墙壁、栏杆、扶手、层檐等现浇构件，如图 6-34 所示。除此之外，FRP 筋还被用来制造预制混凝土构件。美国佛罗里达州某建筑物的预制构件中，原先使用的钢筋产生了腐蚀斑点，因此用 FRP 筋替代了钢筋。靠近加拿大多伦多的一家工厂也使用 FRP 筋预制公路隔离墙，以取代寿命较短的钢筋制件[234]。

图 6-34　FRP 筋在混凝土中的应用

在近海区域，混凝土中钢筋易受到海雾腐蚀而发生明显的早期劣化。沿海地区许多建筑物阳台的钢筋，都会受到海风中海盐粒子所含氯化物离子的侵蚀。在美国，已有研究使用 FRP 筋替代被腐蚀的钢筋以修复这些阳台。在日本，某个靠近海岸的混凝土煤仓使用 FRP 筋作为防裂筋。此外，由于氯离子的侵蚀及冻融作用，港口及水道的钢筋混凝土护岸桩、承载桩和板桩容易受损，而采用 FRP 筋可以有效解决这一问题。

在一些较冷的地区，为了防止道路结冰，通常在桥梁和路面上撒盐，以降低冰冻风险。然而，盐分中的氯化物离子会导致钢筋腐蚀，从而加剧腐蚀问题，因此需要采取措施防止腐蚀。使用 FRP 筋能够显著降低腐蚀问题，进而减少维修成本。美国最大的 FRP 筋应用工程是位于西弗吉尼亚州的 Mackinleyville 桥，该桥是美国第一座使用 FRP 筋增强桥面板的公路桥。美国 RJD 工业公司在伊利诺伊州、艾奥瓦州和威斯康星州的公路上已投入使用 FRP 筋。1980 年，德国在一座实验性人行桥上采用了玻璃纤维增强筋；1986 年，在杜塞尔多夫的一座重型货车通行桥梁上使用了玻璃纤维增强预应力筋；1991 年，在路德希港建造了一座跨度为 80 米的预应力碳纤维增强混凝土桥梁。除了德国外，欧洲其他国家如英国、法国、荷兰和挪威等也进行了相关研究与应用[235]。

6.6.2　HFRP 筋增强混凝土在高盐渍土区域暴露试验

石家庄至衡水至沧州至黄骅港城际铁路（简称石衡沧港城际铁路）位于河北省中部，起自石家庄，途经衡水、沧州，终至渤海新区黄骅港区。

工程位于渤海新区黄骅港区范围内的部分桥梁工程途经盐田区域。该区域地表水中硫酸根离子含量已超过 17000 mg/L，高于普通海水（2200 mg/L）七倍，远超《铁路混凝土结构耐久性设计规范》（TB 10005—2010）规定的 Y4 等级。此外，氯盐环境的作用等级为 L3，化学侵蚀环境的作用等级为 H4，均为严重侵蚀环境，属于强腐蚀环境。加之本区域属于冻融环境，盐冻腐蚀损伤尤为显著。因此，上述强腐蚀区域的桥梁桥墩、承台和桩基等受到超高浓度腐蚀离子、冻融及干湿循环的复合作用，耐久性问题十分突出，导致混凝土结构安全性降低，从而影响桥梁铁路的运营。

针对课题组开发的 HFRP 筋增强混凝土进行工程现场暴露试验研究。HFRP 筋直径为 16 mm，HFRP 筋中碳纤维与玄武岩纤维的比为 1∶3。

针对实际工程中承台基墩身所处现场环境的不同腐蚀区域，考虑现场暴露试验及施工现场的实际情况和特点，设计缩尺试验承台及桥墩，尺寸、埋设方案如图 6-35 所示，其中桥墩尺寸为 150 cm×40 cm×40 cm 的棱柱体结构，承台尺寸为 100 cm×100 cm×100 cm 的棱柱体结构，所用混凝土为 C50 混凝土。承台每个侧面距离混凝土表面 40 mm 处均布 5 根直径为 16 mm 的普通钢筋，墩侧面距离混凝土表面 40 mm 处均布 2 根，墩底部四根钢筋伸入承台至少 25 mm 深度，部分缩尺承台及桥墩采用耐蚀钢筋或 HFRP 筋代替。

综上所述，FRP 筋通过提升树脂基体的耐蚀性能进行改性，采用玻璃纤维/玄武岩纤维与碳纤维的混合，可以增强其力学性能和耐久性能。基于实验研究，获得了加速实验条件下 FRP 筋力学性能劣化的规律，并提出了回归预测模型及环境影响折减系数。通过工程示范应用研究，可以得到实际环境中 FRP 筋性能的时变规律，以及室内外加速系数的关系。进一步基于劣化机理的揭示，可以建立更加科学可靠的寿命预测模型，从而为 FRP 筋增强混凝土的耐久性设计提供指导，实现其工程应用。

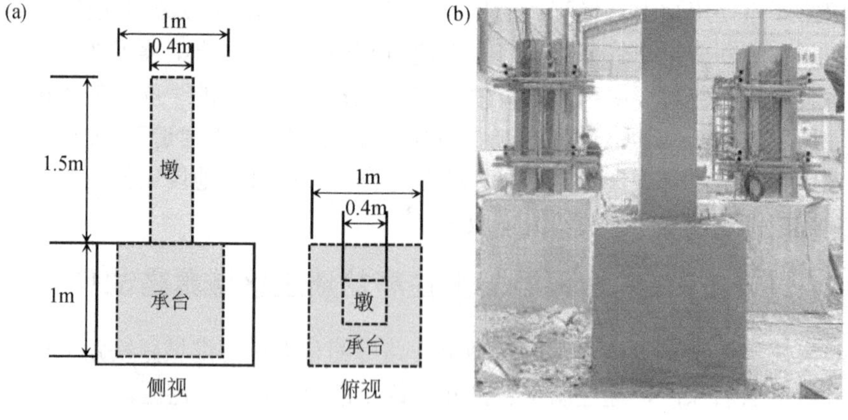

(c)

图 6-35　石衡沧港城际铁路 HFRP 筋增强混凝土现场暴露试验

（a）制备示意图；（b）浇筑完成的缩尺桥墩；（c）暴露现场

参考文献

[1] Lu C, Jin W, Liu R. Probabilistic lifetime assessment of marine reinforced concrete with steel corrosion and cover cracking[J]. China Ocean Engineering, 2011, 25(2): 305-318.

[2] Hou B, Li X, Ma X, et al. The cost of corrosion in China[J]. NPJ Materials Degradation, 2017, 1(1): 4.

[3] 王胜年, 黄君哲, 张举连, 等. 华南海港码头混凝土腐蚀情况的调查与结构耐久性分析[J]. 水运工程, 2000, (6): 8-12.

[4] 黄君哲, 曾志文, 王胜年, 等. 华南某海港油气码头混凝土构件腐蚀破坏调查及维修[J]. 水运工程, 2002, (9): 39-43.

[5] 金伟良, 赵羽习. 混凝土结构耐久性研究的回顾与展望[J]. 浙江大学学报(工学版), 2002, (4): 27-36+59.

[6]周继凯, 何旭, 王泽宇, 等. 海水海砂混凝土与潜在危害研究进展[J]. 科学技术与工程, 2018, 18(24): 179-187.

[7] 王圣洁, 刘锡清, 戴勤奋, 等. 中国海砂资源分布特征及找矿方向[J]. 海洋地质与第四纪地质, 2003, (3): 83-89.

[8] Nishida T, Otsuki N, Ohara H, et al. Some considerations for applicability of seawater as mixing water in concrete[J]. Journal of Materials in Civil engineering, 2015, 27(7): B4014004.

[9] 洪乃丰. 海砂腐蚀与“海砂屋”危害[J]. 工业建筑, 2004, (11): 65-67.

[10] 施养杭, 王丹芳, 吴泽进. 海砂混凝土及其耐久性保护[J]. 工程力学, 2010, 27(S2): 212-216.

[11] 傅建彬. 海砂建筑材料资源化几个关键技术的研究[D]. 武汉: 武汉大学, 2005.

[12] Reddy V V, Ramana N V, Gnaneswar K, et al. Effect of magnesium chloride ($MgCl_2$) on ordinary Portland cement concrete[J]. Indian Journal of Science and Technology, 2011, 4(6): 643-645.

[13] Thomas J J, Allen A J, Jennings H M. Hydration kinetics and microstructure development of normal and $CaCl_2$-accelerated tricalcium silicate pastes[J]. The Journal of Physical Chemistry C, 2009, 113(46): 19836-19844.

[14] 沈蔚, 刘文渊, 段文峰, 等. 不锈钢管混凝土研究及应用[J]. 吉林建筑大学学报, 2016, 33(3): 17-21.

[15] Li C, Yin X, Wang Y, et al. Mechanical property evolution and service life prediction of pultruded carbon/glass hybrid rod exposed in harsh oil-well condition[J]. Composite Structures,

2020, 246: 112418.

[16] Ahmed A, Guo S, Zhang Z, et al. A review on durability of fiber reinforced polymer (FRP) bars reinforced seawater sea sand concrete[J]. Construction and Building Materials, 2020, 256: 119484.

[17] Dong Z, Wu G. Research progress on durability of FRP bars reinforced concrete structures[J]. China Civil Egineering Journal, 2019, 52: 1-19.

[18] Pan Y, Yan D. Study on the durability of GFRP bars and carbon/glass hybrid fiber reinforced polymer (HFRP) bars aged in alkaline solution[J]. Composite Structures, 2021, 261: 113285.

[19] 董志强, 吴刚. FRP 筋增强混凝土结构耐久性能研究进展[J]. 土木工程学报, 2019, 52(10): 1-19+29.

[20] Feng G, Zhu D, Guo S, et al. A review on mechanical properties and deterioration mechanisms of FRP bars under severe environmental and loading conditions[J]. Cement and Concrete Composites, 2022, 134: 104758.

[21] Chen Y, Davalos J F, Ray I, et al. Accelerated aging tests for evaluations of durability performance of FRP reinforcing bars for concrete structures[J]. Composite Structures, 2007, 78(1): 101-111.

[22] Chen Y, Davalos J F, Ray I. Durability prediction for GFRP reinforcing bars using short-term data of accelerated aging tests[J]. Journal of Composites for Construction, 2006, 10(4): 279-286.

[23] Benmokrane B, Wang P, Ton-That T M, et al. Durability of glass fiber-reinforced polymer reinforcing bars in concrete environment[J]. Journal of Composites for Construction, 2002, 6(3): 143-153.

[24] Wang Z, Zhao X L, Xian G, et al. Long-term durability of basalt-and glass-fibre reinforced polymer (BFRP/GFRP) bars in seawater and sea sand concrete environment[J]. Construction and Building Materials, 2017, 139: 467-489.

[25] Li Y, Yin S, Lu Y, et al. Experimental investigation of the mechanical properties of BFRP bars in coral concrete under high temperature and humidity[J]. Construction and Building Materials, 2020, 259: 120591.

[26] Wang Y C, Wong P M H, Kodur V. An experimental study of the mechanical properties of fibre reinforced polymer (FRP) and steel reinforcing bars at elevated temperatures[J]. Composite Structures, 2007, 80(1): 131-140.

[27] Spagnuolo S, Meda A, Rinaldi Z, et al. Residual behaviour of glass FRP bars subjected to high temperatures[J]. Composite Structures, 2018, 203: 886-893.

[28] Ashrafi H, Bazli M, Najafabadi E P, et al. The effect of mechanical and thermal properties of FRP bars on their tensile performance under elevated temperatures[J]. Construction and Building

Materials, 2017, 157: 1001-1010.

[29] Kashwani G A, Al-Tamimi A K. Evaluation of FRP bars performance under high temperature[J]. Physics Procedia, 2014, 55: 296-300.

[30] Najafabadi E P, Oskouei A V, Khaneghahi M H, et al. The tensile performance of FRP bars embedded in concrete under elevated temperatures[J]. Construction and Building Materials, 2019, 211: 1138-1152.

[31] Robert M, Benmokrane B. Behavior of GFRP reinforcing bars subjected to extreme temperatures[J]. Journal of Composites for Construction, 2010, 14(4): 353-360.

[32] Abbasi A, Hogg P J. Temperature and environmental effects on glass fibre rebar: Modulus, strength and interfacial bond strength with concrete[J]. Composites Part B: Engineering, 2005, 36(5): 394-404.

[33] Khaneghahi M H, Najafabadi E P, Shoaei P, et al. Effect of intumescent paint coating on mechanical properties of FRP bars at elevated temperature[J]. Polymer testing, 2018, 71: 72-86.

[34] Wu G, Dong Z Q, Wang X, et al. Prediction of long-term performance and durability of BFRP bars under the combined effect of sustained load and corrosive solutions[J]. Journal of Composites for Construction, 2015, 19(3): 04014058.

[35] Al Rifai M, El-Hassan H, El-Maaddawy T, et al. Durability of basalt FRP reinforcing bars in alkaline solution and moist concrete environments[J]. Construction and Building Materials, 2020, 243: 118258.

[36] Lu Z, Su L, Xian G, et al. Durability study of concrete-covered basalt fiber-reinforced polymer (BFRP) bars in marine environment[J]. Composite structures, 2020, 234: 111650.

[37] Lu Z, Tan S, Huang P, et al. Durability of cement mortar-covered BFRP bars in simulated seawater environment[J]. Construction and Building Materials, 2020, 234: 117803.

[38] Lu Z, Li Y, Xie J. Durability of BFRP bars wrapped in seawater sea sand concrete[J]. Composite Structures, 2021, 255: 112935.

[39] Kaushik S K, Islam S. Suitability of sea water for mixing structural concrete exposed to a marine environment[J]. Cement and Concrete Composites, 1995, 17(3): 177-185.

[40] Yang E I, Yi S T, Leem Y M. Effect of oyster shell substituted for fine aggregate on concrete characteristics: Part I. Fundamental properties[J]. Cement and Concrete Research, 2005, 35(11): 2175-2182.

[41] Limeira J, Agulló L, Etxeberria M. Dredged marine sand as a new source for construction materials[J]. Materiales de Construcción, 2012, 62(305): 7-24.

[42] Chen C, Ji T, Zhuang Y, et al. Workability, mechanical properties and affinity of artificial reef concrete[J]. Construction and Building Materials, 2015, 98: 227-236.

[43] Bachtiar E, Tjaronge M W, Djamaluddin R, et al. Compressive strength and slump flow of self compacting concrete uses fresh water and sea water[J]. ARPN Journal of Engineering and Applied Science, 2015, 10(6): 2373-2377.

[44] Safi B, Saidi M, Daoui A, et al. The use of seashells as a fine aggregate (by sand substitution) in self-compacting mortar (SCM)[J]. Construction and Building Materials, 2015, 78: 430-438.

[45] Etxeberria M, Gonzalez-Corominas A, Pardo P. Influence of seawater and blast furnace cement employment on recycled aggregate concretes' properties[J]. Construction and Building Materials, 2016, 115: 496-505.

[46] Montanari L, Suraneni P, Tsui-Chang M, et al. Hydration, pore solution, and porosity of cementitious pastes made with seawater[J]. Journal of Materials in Civil Engineering, 2019, 31(8): 04019154.

[47] Younis A, Ebead U, Suraneni P, et al. Performance of seawater-mixed recycled-aggregate concrete[J]. Journal of Materials in Civil Engineering, 2020, 32(1): 04019331.

[48] Lv W, Sun Z, Su Z. Study of seawater mixed one-part alkali activated GGBFS-fly ash[J]. Cement and Concrete Composites, 2020, 106: 103484.

[49] Chen G, Liu P, Jiang T, et al. Effects of natural seawater and sea sand on the compressive behaviour of unconfined and carbon fibre-reinforced polymer-confined concrete[J]. Advances in Structural Engineering, 2020, 23(14): 3102-3116.

[50] Li P, Li W, Yu T, et al. Investigation on early-age hydration, mechanical properties and microstructure of seawater sea sand cement mortar[J]. Construction and Building Materials, 2020, 249: 118776.

[51] Wang J, Liu E, Li L. Multiscale investigations on hydration mechanisms in seawater OPC paste[J]. Construction and Building Materials, 2018, 191: 891-903.

[52] Younis A, Ebead U, Suraneni P, et al. Fresh and hardened properties of seawater-mixed concrete[J]. Construction and Building Materials, 2018, 190: 276-286.

[53] Li H, Farzadnia N, Shi C. The role of seawater in interaction of slag and silica fume with cement in low water-to-binder ratio pastes at the early age of hydration[J]. Construction and Building Materials, 2018, 185: 508-518.

[54] Wegian F M. Effect of seawater for mixing and curing on structural concrete[J]. The IES Journal Part A: Civil & Structural Engineering, 2010, 3(4): 235-243.

[55] 李田雨, 张玉梅, 刘小艳, 等. 海水海砂高性能海工混凝土力学及早期工作性研究[J]. 混凝土, 2019, (11): 1-5.

[56] Ratnayake N P, Puswewala U G A, Chaminda S P, et al. Evaluation of the potential of sea sand as an alternative to river sand for concrete production in Sri Lanka[J]. Journal of Geological

Society of Sri Lanka, 2014, 16: 109-117.

[57] 姚惠红. 海砂混凝土的力学及耐久性能研究[D]. 青岛: 青岛理工大学, 2011.

[58] Mohammed T U, Hamada H, Yamaji T. Performance of seawater-mixed concrete in the tidal environment[J]. Cement and Concrete Research, 2004, 34(4): 593-601.

[59] 刘伟, 谢友均, 董必钦, 等. 海砂特性及海砂混凝土力学性能的研究[J]. 硅酸盐通报, 2014, 33(1): 15-22.

[60] 秦斌. 海水海砂混凝土基本力学性能研究[J]. 混凝土, 2019(2): 90-91.

[61] Limeira J, Etxeberria M, Agulló L, et al. Mechanical and durability properties of concrete made with dredged marine sand[J]. Construction and Building Materials, 2011, 25(11): 4165-4174.

[62] Tjaronge M W, Irmawaty R, Adisasmita S A, et al. Compressive strength and hydration process of self compacting concrete (SCC) mixed with sea water, marine sand and Portland composite cement[J]. Advanced Materials Research, 2014, 935: 242-246.

[63] Guo M, Hu B, Xing F, et al. Characterization of the mechanical properties of eco-friendly concrete made with untreated sea sand and seawater based on statistical analysis[J]. Construction and Building Materials, 2020, 234: 117339.

[64] Li Y T, Zhou L, Jiang M, et al. Experimental study on mechanical property of concrete based on seawater and sea sand[J]. Advanced Materials Research, 2013, 641: 574-577.

[65] Huang Y, He X, Wang Q, et al. Mechanical properties of sea sand recycled aggregate concrete under axial compression[J]. Construction and Building Materials, 2018, 175: 55-63.

[66] Teng J G, Xiang Y, Yu T, et al. Development and mechanical behaviour of ultra-high-performance seawater sea-sand concrete[J]. Advances in Structural Engineering, 2019, 22(14): 3100-3120.

[67] He X, Zhou J. Mechanical characteristics of sea-sand concrete in simulated marine environment[J]. Construction and Building Materials, 2021, 274: 122098.

[68] Etxeberria M, Fernandez J M, Limeira J. Secondary aggregates and seawater employment for sustainable concrete dyke blocks production: Case study[J]. Construction and Building Materials, 2016, 113: 586-595.

[69] Vafaei D, Hassanli R, Ma X, et al. Sorptivity and mechanical properties of fiber-reinforced concrete made with seawater and dredged sea-sand[J]. Construction and Building Materials, 2021, 270: 121436.

[70] He X, Zhou J, Wang Z, et al. Study on mechanics and water transport characteristics of sea-sand concrete based on the volume analysis of each solid composition[J]. Construction and Building Materials, 2020, 257: 119591.

[71] Dang V Q, Ogawa Y, Bui P T, et al. Effects of chloride ions on the durability and mechanical

properties of sea sand concrete incorporating supplementary cementitious materials under an accelerated carbonation condition[J]. Construction and Building Materials, 2021, 274: 122016.

[72] Ting M Z Y, Wong K S, Rahman M E, et al. Mechanical and durability performance of marine sand and seawater concrete incorporating silicomanganese slag as coarse aggregate[J]. Construction and Building Materials, 2020, 254: 119195.

[73] 卢福海. 淡化海砂高性能混凝土耐久性试验研究[D]. 上海: 同济大学, 2003.

[74] 姜科峰. 淡化海砂混凝土的耐久性研究[D]. 南京: 南京理工大学, 2013.

[75] 肖建庄, 卢福海, 孙振平. 淡化海砂高性能混凝土氯离子渗透性研究[J]. 工业建筑, 2004, 34(5): 4-6.

[76] 蔡红明. 海洋原材料制备的混凝土基本性能研究[D]. 镇江: 江苏科技大学, 2019.

[77] 刘斯凤, 孙振平, 蒋正武, 等. 海砂混凝土的抗氯离子性能研究[J]. 新型建筑材料, 2020, 47(1): 18-20, 46.

[78] Yang S, Zang C, Xu J, et al. Determination of fracture parameters of seawater sea sand concrete based on maximum fracture load[J]. Journal of Materials in Civil Engineering, 2020, 32(1): 04019315.

[79] Modupeola A G, Olutoge F A. The effect of seawater on shrinkage properties of concrete[J]. International Journal of Research in Engineering & Technology, 2014, 2(10): 1-12.

[80]王中平, 彭相, 赵亚婷, 等. 海水对不同矿物组成的铝酸盐水泥水化的影响[J]. 硅酸盐学报, 2020, 48(8): 1240-1248.

[81] 王中平, 赵亚婷, 杨浩宇, 等. 铝酸盐水泥抗海水侵蚀性能研究进展[J]. 新型建筑材料, 2018, 45(9): 7-11.

[82] Jin S H, Yang H J, Hwang J P, et al. Corrosion behaviour of steel in CAC-mixed concrete containing different concentrations of chloride[J]. Construction and Building Materials, 2016, 110: 227-234.

[83] Li G, Zhang A, Song Z, et al. Study on the resistance to seawater corrosion of the cementitious systems containing ordinary Portland cement or/and calcium aluminate cement[J]. Construction and Building Materials, 2017, 157: 852-859.

[84] Ann K Y, Kim T S, Kim J H, et al. The resistance of high alumina cement against corrosion of steel in concrete[J]. Construction and Building Materials, 2010, 24(8): 1502-1510.

[85] 朱海威, 余红发, 麻海燕. 阻锈剂对海洋环境下混凝土中钢筋腐蚀影响的电化学研究[J]. 东南大学学报(自然科学版), 2020, 50(1): 109-119.

[86] Tang Z. A review of corrosion inhibitors for rust preventative fluids[J]. Current Opinion in Solid State and Materials Science, 2019, 23(4): 100759.

[87] Tedim J, Kuznetsova A, Salak A N, et al. Zn-Al layered double hydroxides as chloride nanotraps

in active protective coatings[J]. Corrosion Science, 2012, 55: 1-4.

[88] Wang Y, Zhang D. Synthesis, characterization, and controlled release anticorrosion behavior of benzoate intercalated Zn-Al layered double hydroxides[J]. Materials Research Bulletin, 2011, 46(11): 1963-1968.

[89] Raki L, Beaudoin J J, Mitchell L. Layered double hydroxide-like materials: nanocomposites for use in concrete[J]. Cement and Concrete Research, 2004, 34(9): 1717-1724.

[90] Yang Z, Polder R, Mol J M C, et al. The effect of two types of modified Mg-Al hydrotalcites on reinforcement corrosion in cement mortar[J]. Cement and Concrete Research, 2017, 100: 186-202.

[91] Yang Z, Fischer H, Cerezo J, et al. Modified hydrotalcites for improved corrosion protection of reinforcing steel in concrete–preparation, characterization, and assessment in alkaline chloride solution[J]. Materials and corrosion, 2016, 67(7): 721-738.

[92] Cao Y, Dong S, Zheng D, et al. Multifunctional inhibition based on layered double hydroxides to comprehensively control corrosion of carbon steel in concrete[J]. Corrosion Science, 2017, 126: 166-179.

[93] Double D D. New developments in understanding the chemistry of cement hydration[J]. Philosophical Transactions of the Royal Society of London. Series A, Mathematical and Physical Sciences, 1983, 310(1511): 53-66.

[94] Wilding C R, Walter A, Double D D. A classification of inorganic and organic admixtures by conduction calorimetry[J]. Cement and Concrete Research, 1984, 14(2): 185-194.

[95] Kondo R, Daimon M, Sakai E, et al. Influence of inorganic salts on the hydration of tricalcium silicate[J]. Journal of Applied Chemistry and Biotechnology, 1977, 27(1): 191-197.

[96] Brown P W, Harner C L, Prosen E J. The effect of inorganic salts on tricalcium silicate hydration[J]. Cement and Concrete Research, 1986, 16(1): 17-22.

[97] 熊卫锋, 杨晓峰, 段文锋, 等. 可溶性氯盐对掺不同结构聚羧酸减水剂水泥浆体流变性的影响[J]. 新型建筑材料, 2011, 38(11): 90-93.

[98] 万煜, 王智, 郭清春, 等. 硫酸盐对聚羧酸减水剂分散性能的影响[J]. 硅酸盐通报, 2011, 30(3): 634-638.

[99] 江楠, 王智, 王林龙, 等. 硫酸盐对聚羧酸减水剂分散性及吸附量的影响[J]. 硅酸盐学报, 2013, 41(11): 1521-1526.

[100] 刘娟红, 宋少民, 高霞, 等. 硫酸盐对聚羧酸减水剂分散性能的影响[J]. 建筑材料学报, 2013, 16(3): 410-415.

[101] 何燕, 张雄, 张永娟. 硫酸盐对掺聚羧酸减水剂水泥浆体流变性的影响[J]. 建筑材料学报, 2015, 18(6): 930-934.

[102] 刘娟红, 高霞, 纪洪广. 无机盐对硫酸盐与聚羧酸减水剂相互作用的影响[J]. 沈阳建筑大学学报(自然科学版), 2013, 29(4): 687-692, 697.

[103] Yamada K, Ogawa S, Hanehara S. Controlling of the adsorption and dispersing force of polycarboxylate-type superplasticizer by sulfate ion concentration in aqueous phase[J]. Cement and Concrete Research, 2001, 31(3): 375-383.

[104] Dhondy T, Xiang Y, Yu T, et al. Effects of mixing water salinity on the properties of concrete[J]. Advances in Structural Engineering, 2021, 24(6): 1150-1160.

[105] Park S S, Kwon S J, Song H W. Analysis technique for restrained shrinkage of concrete containing chlorides[J]. Materials and Structures, 2011, 44: 475-486.

[106] 曹丰泽, 阎培渝. 氧化镁膨胀剂对混凝土长期体积变化的影响[J]. 硅酸盐学报, 2018, 46(8): 1126-1132.

[107] Yan P, Qin X. The effect of expansive agent and possibility of delayed ettringite formation in shrinkage-compensating massive concrete[J]. Cement and Concrete Research, 2001, 31(2): 335-337.

[108] 刘加平, 张守治, 田倩, 等. 氧化镁复合膨胀剂对高性能混凝土变形特性的影响[J]. 东南大学学报(自然科学版), 2010, 40(S2): 150-154.

[109] 陈永丰. 混凝土中钢筋锈蚀应力应变场分析[D]. 青岛: 青岛理工大学, 2016.

[110] Shoukry S N, William G W, Downie B, et al. Effect of moisture and temperature on the mechanical properties of concrete[J]. Construction and Building Materials, 2011, 25(2): 688-696.

[111] 赵蕊, 金祖权, 曹杰荣, 等. 海洋环境中温湿度变化对混凝土氯离子传输研究[J]. 海洋工程, 2018, 36(1): 99-106.

[112] Xu S, Chen Z, Zhang B, et al. Facile preparation of pure CaAl-layered double hydroxides and their application as a hardening accelerator in concrete[J]. Chemical Engineering Journal, 2009, 155(3): 881-885.

[113] Geng J, Pan C, Wang Y, et al. Chloride binding in cement paste with calcined Mg-Al-CO_3 LDH (CLDH) under different conditions[J]. Construction and Building Materials, 2021, 273: 121678.

[114] Zhang J, Shi C, Zhang Z. Chloride binding of alkali-activated slag/fly ash cements[J]. Construction and Building Materials, 2019, 226: 21-31.

[115] Mangat P S, Ojedokun O O. Free and bound chloride relationships affecting reinforcement cover in alkali activated concrete[J]. Cement and Concrete Composites, 2020, 112: 103692.

[116] ACI 440. 3R-12. Guide Test Methods Forfiber-Reinforced Polymers (FRPs) for Reinforcing or Strengthening Concrete Structures[S]. ACI Committee, 2012.

[117] Li Y, Yin S, Lu Y, et al. Experimental investigation of the mechanical properties of BFRP bars in coral concrete under high temperature and humidity[J]. Construction and Building Materials, 2020, 259: 120591.

[118] 代力. 持续荷载与环境作用下混凝土梁中 GFRP 筋抗拉性能研究[D]. 武汉: 武汉理工大学, 2017.

[119] Feng P, Wu Y, Liu T Q. Non-uniform fiber-resin distributions of pultruded GFRP profiles[J]. Composites Part B: Engineering, 2022, 231: 109543.

[120] ASTM D4475-02, Standard Test Method for Apparent Horizontal Shear Strength of Pultruded Reinforced Plastic Rods by the Short-Beam Method [S]. American Society for Testing and Materials, West Conshohocken, PA: ASTM, 2016.

[121] Wang Z, Zhao X L, Xian G, et al. Durability study on interlaminar shear behaviour of basalt-, glass-and carbon-fibre reinforced polymer (B/G/CFRP) bars in seawater sea sand concrete environment[J]. Construction and Building Materials, 2017, 156: 985-1004.

[122] Yi Y, Zhu D, Shuaicheng G, et al. Mitigating the deterioration of BFRP bars in seawater sea sand mortar by reducing alkalinity[J]. Construction and Building Materials, 2022, 317: 125885.

[123] Manalo A, Maranan G, Benmokrane B, et al. Comparative durability of GFRP composite reinforcing bars in concrete and in simulated concrete environments[J]. Cement and Concrete Composites, 2020, 109: 103564.

[124] Wang Z, Zhao X L, Xian G, et al. Long-term durability of basalt-and glass-fibre reinforced polymer (BFRP/GFRP) bars in seawater and sea sand concrete environment[J]. Construction and Building Materials, 2017, 139: 467-489.

[125] ASTM D570-18, Water Absorption of Plastics[S]. American Society for Testing and Materials, West Conshohocken, Philadelphia, PA: ASTM, 2018.

[126] Wang Z, Zhao X L, Xian G, et al. Durability study on interlaminar shear behaviour of basalt-, glass-and carbon-fibre reinforced polymer (B/G/CFRP) bars in seawater sea sand concrete environment[J]. Construction and Building Materials, 2017, 156: 985-1004.

[127] Bao L R, Yee A F. Effect of temperature on moisture absorption in a bismaleimide resin and its carbon fiber composites[J]. Polymer, 2002, 43(14): 3987-3997.

[128] Yi Y, Guo S, Li S, et al. Effect of alkalinity on the shear performance degradation of basalt fiber-reinforced polymer bars in simulated seawater sea sand concrete environment [J]. Construction and Building Materials, 2021, 299: 123957.

[129] Crank J. The mathematics of diffusion[M]. Oxford University Press, 1979.

[130] Crank J. A theoretical investigation of the influence of molecular relaxation and internal stress on diffusion in polymers[J]. Journal of Polymer Science, 1953, 11(2): 151-168.

[131] Wan Y Z, Wang Y L, Huang Y, et al. Hygrothermal aging behaviour of VARTMed three-dimensional braided carbon-epoxy composites under external stresses[J]. Composites Part A: Applied Science and Manufacturing, 2005, 36(8): 1102-1109.

[132] Tsenoglou C J, Pavlidou S, Papaspyrides C D. Evaluation of interfacial relaxation due to water absorption in fiber–polymer composites[J]. Composites science and technology, 2006, 66(15): 2855-2864.

[133] Al-Salloum Y A, El-Gamal S, Almusallam T H, et al. Effect of harsh environmental conditions on the tensile properties of GFRP bars[J]. Composites Part B: Engineering, 2013, 45(1): 835-844.

[134] American Society of Civil Engineers (ASCE)-2010, Pre-standard for Load and Resistance Factor Design (LRFD) of Pultruded Fiber Reinforced Polymer [S]. New York: American Society of Civil Engineers, 2010.

[135] EUR27666—2016. Prospect for New Guidance in the Design of FRP [S]. Brussels, Publications Office of the European Union, 2016.

[136] T/CECS 692—2020. 复合材料拉挤型材结构技术规程[S]. 2020.

[137] Duo Y, Liu X, Liu Y, et al. Environmental impact on the durability of FRP reinforcing bars[J]. Journal of Building Engineering, 2021, 43: 102909.

[138] Wang F, Yang J, Cheng H, et al. Study on Mechanism of Desorption Behavior of Saturated Superabsorbent Polymers in Concrete[J]. ACI Materials Journal, 2015, 112(3).

[139] Kamal A S M, Boulfiza M, ASCE A M. Durability of GFRP rebars in simulated concrete solutions under accelerated aging conditions[J]. Journal of Composites for Construction, 2011, 15(4): 473-481.

[140] Lu Y, Miller J D. Carboxyl stretching Vibrations of spontaneously adsorbed and LB-transferred calcium carboxylates as determined by FTIR internal reflection spectroscopy[J]. Journal of Colloid and Interface Science, 2002, 256(1): 41-52.

[141] Jar P, Wu Y. Effect of counter-ions on swelling and shrinkage of polyacrylamide-based ionic gels[J]. Polymer, 1997, 38(10): 2557-2560.

[142] Kim H Y, Park Y H, You Y J, et al. Short-term durability test for GFRP rods under various environmental conditions[J]. Composite Structures, 2008, 83(1): 37-47.

[143] De'Nève B, Shanahan M. Water absorption by an epoxy resin and its effect on the mechanical properties and infra-red spectra[J]. Polymer, 1993, 34(24): 5099-5105.

[144] Kumar A, Gupta A. Fundamentals of Polymer Engineering, Revised and Expanded[M]. Springer, 2003.

[145] Hojo H, Tsuda K, Ogasawara K. Form and rate of corrosion of corrosion-resistant FRP resins[J].

Advanced Composite Materials, 1991, 1(1): 55-67.

[146] Micelli F, Nanni A. Durability of FRP rods for concrete structures[J]. Construction and Building Materials, 2004, 18(7): 491-503.

[147] Li, Yao, Atomistic modeling of environmental aging of epoxy resins[D]. Atlanta: Georgia Institute of Technology, 2012.

[148] Guo F, Al-Saadi S, Raman R K S, et al. Durability of fiber reinforced polymer (FRP) in simulated seawater sea sand concrete (SWSSC) environment[J]. Corrosion Science, 2018, 141: 1-13.

[149] Inc A S. Materials studio release notes, Release 6.1[Z]. Accelrys Software Inc., San Diego, 2012.

[150] Stoffels M T, Staiger M P, Bishop C M. Equilibrium moisture content of a crosslinked epoxy network via molecular dynamics simulations[J]. Modelling and Simulation in Materials Science and Engineering, 2016, 24(5): 055002.

[151] Goudeau S, Charlot M, Vergelati C, et al. Atomistic simulation of the water influence on the local structure of polyamide 6, 6[J]. Macromolecules, 2004, 37(21): 8072-8081.

[152] 黎迪晖. 水碱浸泡条件下环氧树脂的性能演化与分子动力学模拟[D]. 哈尔滨: 哈尔滨工业大学, 2015.

[153] Tam L, Lau D, Wu C, et al. Understanding interaction and dynamics of water molecules in the epoxy via molecular dynamics simulation[J]. Molecular Simulation, 2018, 45(2): 120-128.

[154] Tam L, Wu C. Molecular mechanics of the moisture effect on epoxy/carbon nanotube nanocomposites[J]. Nanomaterials, 2017, 7(10): 324.

[155] Suh D W, Ku M K, Nam J D, et al. Equilibrium water uptake of epoxy/carbon fiber composites in hygrothermal environmental conditions[J]. Journal of Composite Materials, 2001, 35(3): 264-278.

[156] Davalos J F, Chen Y, Ray I. Effect of FRP bar degradation on interface bond with high strength concrete[J]. Cement and Concrete Composites, 2008, 30(8): 722-730.

[157] Wel G K, Adan O C G. Moisture in organic coatings-a review[J]. Progress in Organic Coatings, 1999, 37(1-2): 1-14.

[158] Dong Z Q, Wu G, Zhao X L, et al. Long-term bond durability of fiber-reinforced polymer bars embedded in seawater sea-sand concrete under ocean environments[J]. Journal of Composites for Construction, 2018, 22(5): 04018042.

[159] Hou D, Li T, Wang P. Molecular dynamics study on the structure and dynamics of NaCl solution transport in the nanometer channel of CASH gel[J]. ACS Sustainable Chemistry & Engineering, 2018, 6(7): 9498-9509.

[160] Zhu Q, Barney C W, Erk K A. Effect of ionic crosslinking on the swelling and mechanical response of model superabsorbent polymer hydrogels for internally cured concrete[J]. Materials and Structures, 2014, 48(7): 2261-2276.

[161] 王耀先, 程树军. 高性能有机纤维增强复合材料的界面粘结性能研究[J]. 玻璃钢/复合材料, 2012, (S1): 25-29.

[162] 王自柯. FRP 筋在模拟海水—海砂混凝土孔溶液浸泡下的耐久性研究[D]. 哈尔滨: 哈尔滨工业大学, 2018.

[163] 杨序纲. 复合材料界面[M]. 北京: 化学工业出版社, 2010.

[164] 杨怡, 黄炽辉, 吴作栋. 基于双剪实验的 CFRP-钢板界面粘结性能研究[J]. 中山大学学报(自然科学版), 2021, 60(6): 62-70.

[165] Mourad A H I, Abdel-Magid B M, El-Maaddawy T, et al. Effect of seawater and warm environment on glass/epoxy and glass/polyurethane composites[J]. Applied Composite Materials, 2010, 17: 557-573.

[166] Wei B, Cao H, and Song S. Degradation of basalt fibre and glass fibre/epoxy resin composites in seawater[J]. Corrosion Science, 2011, 53(1): 426-431.

[167] Hou D, Li Z, Zhao T, et al. Water transport in the nano-pore of the calcium silicate phase: reactivity, structure and dynamics [J]. Physical Chemistry Chemical Physics, 2014, 17(2): 1411-1423.

[168] Wu W, He X, Yang W, et al. Long-time durability of GFRP bars in the alkaline concrete environment for eight years[J]. Construction and Building Materials, 2022, 314: 125573.

[169] Al Rifai M, El-Hassan H, El-Maaddawy T, et al. Durability of basalt FRP reinforcing bars in alkaline solution and moist concrete environments[J]. Construction and Building Materials, 2020, 243: 118258.

[170] Zhao Y, Hu X, Shi C, et al. A review on seawater sea-sand concrete: Mixture proportion, hydration, microstructure and properties [J]. Construction and Building Materials, 2021, 295: 123602.

[171] Yi Y, Zhu D, Rahman M Z, et al. Tensile properties deterioration of BFRP bars in simulated pore solution and real seawater sea sand concrete environment with varying alkalinities [J]. Composites Part B: Engineering, 2022, 243(15): 110115.

[172] Lorenzis L D, A Rizzo, Tegola A L. A modified pull-out test for bond of near-surface mounted FRP rods in concrete[J]. Composites Part B: Engineering, 2002, 33(8): 589-603.

[173] Jiang Y, Jin Z, Zhao T. Strain field of reinforced concrete under accelerated corrosion by digital image correlation technique[J]. Journal of Advanced Concrete Technology, 2017, 15(7): 290-299.

[174] Achillides Z, Pilakoutas K. Bond behavior of fiber reinforced polymer bars under direct pullout conditions[J]. Journal of Composites for Construction, 2004, 8(2): 173-181.

[175] 张海霞, 朱浮声, 孙丽, 等. FRP 筋与混凝土粘结滑移试验研究[J]. 沈阳建筑大学学报(自然科学版), 2008, (6): 989-992.

[176] 张望喜, 胡彬彬, 王冠杰, 等. FRP 筋与混凝土粘结性能研究进展及本构模型改进[J]. 土木与环境工程学报(中英文), 2023, 45(2): 111-122.

[177] Allen A J, Thomas J J, Jennings H M. Composition and density of nanoscale calcium-silicate-hydrate in cement[J]. Nature materials, 2007, 6(4): 311-316.

[178] Kirkpatrick R J, Yarger J, Mcmillan P F, et al. Raman spectroscopy of CSH, tobermorite, and jennite[J]. Advanced Cement Based Materials, 1997, 5(3-4): 93-99.

[179] Chen J J, Thomas J J, Taylor H F, et al. Solubility and structure of calcium silicate hydrate[J]. Cement and Concrete Research, 2004, 34(9): 1499-1519.

[180] Shahsavari R. Hierarchical modeling of structure and mechanics of cement hydrate[D]. Cambridge: Massachusetts Institute of Technology, 2011.

[181] Skinner L, Chae S, Benmore C, et al. Nanostructure of calcium silicate hydrates in cements[J]. Physical Review Letters, 2010, 104(19): 195502.

[182] Hamid S A. The crystal structure of the 11 Å natural tobermorite $Ca_{2.25}[Si_3O_{7.5}(OH)_{1.5}]\cdot H_2O$[J]. Zeitschrift für Kristallographie-Crystalline Materials, 1981, 154(3-4): 189-198.

[183] Taylor H, Howison J. Relationships between calcium silicates and clay minerals[J]. Clay Minerals Bulletin, 1956, 3(16): 98-111.

[184] Kumar A, Walder B J, Kunhi Mohamed A, et al. The atomic-level structure of cementitious calcium silicate hydrate[J]. The Journal of Physical Chemistry C, 2017, 121(32): 17188-17196.

[185] Pellenq R J M, Kushima A, Shahsavari R, et al. A realistic molecular model of cement hydrates[J]. Proceedings of the National Academy of Sciences of the United States of America, 2009, 106(38): 16102-16107.

[186] Bonnaud P, Ji Q, Coasne B, et al. Thermodynamics of water confined in porous calcium-silicate-hydrates[J]. Langmuir, 2012, 28(31): 11422-11432.

[187] Feuston B P, Garofalini S H. Oligomerization in silica sols[J]. The Journal of Physical Chemistry, 1990, 94(13): 5351-5356.

[188] Hou D, Ma H, Zhu Y, et al. Calcium silicate hydrate from dry to saturated state: structure, dynamics and mechanical properties[J]. Acta Materialia, 2014, 67: 81-94.

[189] Hou D, Zhang J, Li Z, et al. Uniaxial tension study of calcium silicate hydrate (C–S–H): structure, dynamics and mechanical properties[J]. Materials and structures, 2015, 48(11): 3811-3824.

[190] Thomas J J, Jennings H M, Allen A J. Relationships between composition and density of tobermorite, jennite, and nanoscale CaO-SiO_2-H_2O[J]. The Journal of Physical Chemistry C, 2010, 114(17): 7594-7601.

[191] Dolado J S, Griebel M, Hamaekers J. A molecular dynamic study of cementitious calcium silicate hydrate (C-S-H) gels[J]. Journal of the American Ceramic Society, 2007, 90(12): 3938-3942.

[192] Constantinides G, Ulm F J. The nanogranular nature of C-S-H[J]. Journal of the Mechanics and Physics of Solids, 2007, 55(1): 64-90.

[193] Hou D, Wu C, Yang Q, et al. Temperature effect of hydration and microstructure of tricalcium silicate-slag powder hydrated composites: An experimental and molecular dynamics investigation[J]. ACS Sustainable Chemistry & Engineering, 2021, 9(41): 13773-13787.

[194] Yaphary Y L, Lau D, Sanchez F, et al. Effects of sodium/calcium cation exchange on the mechanical properties of calcium silicate hydrate (CSH)[J]. Construction and Building Materials, 2020, 243: 118283.

[195] Chen W Y, Wang Y Z, Kuo S W, et al. Thermal and dielectric properties and curing kinetics of nanomaterials formed from poss-epoxy and meta-phenylenediamine[J]. Polymer, 2004, 45(20): 6897-6908.

[196] Tam L, Lau D. A molecular dynamics investigation on the cross-linking and physical properties of epoxy-based materials[J]. RSC Advances, 2014, 4(62): 33074-33081.

[197] Hirschl C, Biebl-Rydlo M, Debiasio M, et al. Determining the degree of crosslinking of ethylene vinyl acetate photovoltaic module encapsulants-A comparative study[J]. Solar Energy Materials and Solar Cells, 2013, 116: 203-218.

[198] Rao V, Drzal L T. The dependence of interfacial shear strength on matrix and interphase properties[J]. Polymer Composites, 1991, 12(1): 48-56.

[199] Zhou J, Lucas J P. Hygrothermal effects of epoxy resin. Part II: variations of glass transition temperature[J]. Polymer, 1999, 40(20): 5513-5522.

[200] Garcia F G, Soares B G, Pita V J, et al. Mechanical properties of epoxy networks based on DGEBA and aliphatic amines[J]. Journal of Applied Polymer Science, 2007, 106(3): 2047-2055.

[201] Du J, Bu Y, Shen Z. Interfacial properties and nanostructural characteristics of epoxy resin in cement matrix[J]. Construction and Building Materials, 2018, 164: 103-112.

[202] Jiang F, Yang Q, Wang Y, et al. Insights on the adhesive properties and debonding mechanism of CFRP/concrete interface under sulfate environment: From experiments to molecular dynamics[J]. Construction and Building Materials, 2021, 269: 121247.

[203] Au C, Büyüköztürk O. Peel and shear fracture characterization of debonding in FRP plated concrete affected by moisture[J]. Journal of Composites for Construction, 2006, 10(1): 35-47.

[204] Hosseini E, Zakertabrizi M, Habibnejad Korayem A, et al. Orbital overlapping through induction bonding overcomes the intrinsic delamination of 3D-printed cementitious binders[J]. ACS Nano, 2020, 14(8): 9466-9477.

[205] Amidi S, Wang J. Deterioration of the FRP-to-concrete interface subject to moisture ingress: effects of conditioning methods and silane treatment[J]. Composite Structures, 2016, 153: 380-391.

[206] Hou D, Yang Q, Wang P, et al. Concentration-induced wettability alteration of nanoscale NaCl solution droplets on the CSH surface[J]. Physical Chemistry Chemical Physics, 2021, 23(12): 7449-7461.

[207] Dadfar M R, Ghadami F. Effect of rubber modification on fracture toughness properties of glasss reinforced hot cured epoxy composites[J]. Materials and Design, 2013, 47: 16-20.

[208] Brooker R D, Kinloch A J, Taylor A C. The morphology and fracture properties of thermoplatic-toughened epoxy ploymers[J]. The Journal of Adhesion, 2010, 86: 726-741.

[209] Chen S, Wang Q, Wang T. Damping, thermal, and mechanical properties of montmorillonite modified castor oil-based polyurethane/epoxy graft IPN composites[J]. Materials Chemistry and Physics, 2011, 130(1-2): 680-684.

[210] Blankenship L T, White M N, Puckett P M. Vinyl ester resins: Versatile resins for composites[J]. Tomorrow's Materials: Today, 1989, 34: 234-245.

[211] Wang M Q, Yan J, Cui H P, et al. Preparation and properties of silicone modified epoxy resin, nano-TiO_2 and nano-TiO_2/micron-Al_2O_3 polymer alloys putty[J]. Advanced Materials Research, 2011, 239: 3009-3013.

[212] Wan J G, Li S H, Ma C Y, et al. Study and Application of Hydrophobic Coatings of Epoxy Resin Modified by Nano-SiO_2[J]. Advanced Materials Research, 2013, 807: 2797-2800.

[213] Chen Y, Davalos J F, Ray I, et al. Accelerated aging tests for evaluations of durability performance of FRP reinforcing bars for concrete structures[J]. Composite Structures, 2007, 78(1): 101-111.

[214] Dong Z, Wu G, Zhao X L, et al. Durability test on the flexural performance of seawater sea-sand concrete beams completely reinforced with FRP bars[J]. Construction and Building Materials, 2018, 192: 671-682.

[215] Koutsawa Y, Tiem S, Yu W, et al. A micromechanics approach for effective elastic properties of nano-composites with energetic surfaces/interfaces[J]. Composite Structures, 2017, 159: 278-287.

[216] Koller R, Chang S, Xi Y. Fiber-reinforced polymer bars under freeze-thaw cycles and different loading rates[J]. Journal of composite materials, 2007, 41(1): 5-25.

[217] ASTM I. D3171-15; Standard Test Methods for Constituent Content of Composite Materials[S]. ASTM International: West Conshohocken, PA, USA, 2015.

[218] Whitney J M, Riley M B. Elastic properties of fiber reinforced composite materials[J]. Aiaa Journal, 1966, 4(9): 1537-1542.

[219] Bank L C, Gentry T R, Thompson B P, et al. A model specification for FRP composites for civil engineering structures[J]. Construction and Building Materials, 2003, 17(6-7): 405-437.

[220] Phani K K, Bose N R. Temperature dependence of hydrothermal ageing of CSM-laminate during water immersion[J]. Composites Science and Technology, 1987, 29(2): 79-87.

[221] Tannous F E, Saadatmanesh H. Environmental effects on the mechanical properties of E-glass FRP rebars[J]. Materials Journal, 1998, 95(2): 87-100.

[222] GB 50608—2020, 纤维增强复合材料工程应用技术标准[S]. 北京: 中国计划出版社, 2020.

[223] Bakht B, Al-Bazi G, Banthia N, et al. Design provisions for fibre reinforced structures in the Canadian highway bridge design code[C]//Second International Conference on Advanced Composite Materials in Bridges and Structures, Montreal, Canada. 1996.

[224] ACI 440. 1R-06. Guide for the design and construction of concrete structures reinforced with fiber-reinforced polymer (FRP) bars[S]. ACI Committee, 2006.

[225] ACTRC, Guide for the design and construction ot concrete structures reinforced with fiberreintorced polymer bars: CNR-DT 203/2006S[S]. Rome: Advisory Committee on Echnical Recommendations for Construction, 2006.

[226] FIB Bulletin 40. FRP reinforcement in RC structures[S]. Technical report by TG 9. 3. Lausanne: FIB, 2007.

[227] Machida A, Uomoto T. Recommendation for design and construction of concrete structures using continuous fiber reinforcing materials[S]. Tokyo, Japan: Japan Society of Civil Engineers, 1997.

[228] Fib-federation internationale du beton. fib Model Code for Concrete Structures 2010[S]. Ernst & Sohn, 2013.

[229] CJJ/T 280—2018. 纤维增强复合材料筋混凝土桥梁技术标准[S]. 北京: 中国计划出版社, 2018.

[230] GB 50608—2020. 纤维增强复合材料工程应用技术标准[S]. 北京: 中国计划出版社, 2020.

[231] GB 55008—2021. 混凝土结构通用规范[S]. 北京: 中国计划出版社, 2021.

[232] Meier U. Strengthening of structures using carbon fibre/epoxy composites[J]. Construction and Building Materials, 1995, 9(6): 341-351.

[233] 余流. FRP 规范和标准进展[C]/第六届全国现代结构工程学术研讨会[A]. 工业建筑(增刊), 2006: 1567-1570.

[234] Seible F. Advanced composites materials for bridges in the 21st century[A]. In: Elbadry M M, eds. Advanced Composite Materials Bridges and Structures[C]. New York: Elsevier, 1996: 17-30.

[235] 曹征, 张俊海, 曹晓静. 土木工程中 FRP 的应用状况及发展动向[J]. 南通职业大学学报(综合版), 2002, (2): 36-38.